21天告别低效人生

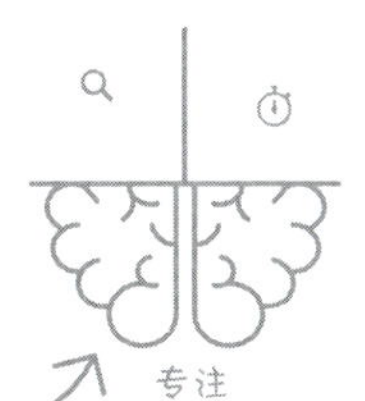

黄河清◎编著

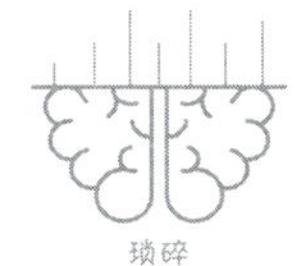

手册

北京大学出版社
PEKING UNIVERSITY PRESS

内容简介

这是一本系统地帮助人们彻底告别低效人生的实用手册。当你的人生遭遇低效困境，常常受困于情绪、分心、拖延、精力懈怠、缺少时间管理……这时必须依靠行之有效的工具和思维方式进行训练，从而唤醒高效能的自己，开启全新的生活。

图书在版编目(CIP)数据

高效手册：21天告别低效人生 / 黄河清编著. —北京：北京大学出版社，2023.1

ISBN 978-7-301-33604-5

Ⅰ. ①高… Ⅱ. ①黄… Ⅲ. ①成功心理－通俗读物 Ⅳ. ①B848.4-49

中国版本图书馆CIP数据核字（2022）第217508号

书　　名　高效手册：21天告别低效人生

GAOXIAO SHOUCE：ERSHIYI TIAN GAOBIE DIXIAO RENSHENG

著作责任者　黄河清　编著

责任编辑　王继伟　刘　倩

标准书号　ISBN 978-7-301-33604-5

出版发行　北京大学出版社

地　　址　北京市海淀区成府路205号　100871

网　　址　http://www. pup. cn　　新浪微博：@ 北京大学出版社

电子邮箱　编辑部 pup7@pup. cn　　总编室 zpup@pup.cn

电　　话　邮购部 010-62752015　发行部 010-62750672　编辑部 010-62570390

印 刷 者　大厂回族自治县彩虹印刷有限公司

经 销 者　新华书店

880毫米×1230毫米　32开本　9.75印张　251千字

2023年1月第1版　2023年12月第2次印刷

印　　数　4001-6000册

定　　价　59.00 元

前言

21 天，重塑高效人生

你之所以会拿起这本书，是因为你在某种程度上受到了低效、拖延的困扰，你看过很多书，试过很多方法，但要么根本无效，要么提升效率并不明显，其中很大的原因在于学习方法出了问题。

行为心理学提到过一个“21 天效应”，指的是一个新的习惯、理念的养成至少需要 21 天，基于该理论我写了这本书，试图通过 21 天的专业学习与训练，真正帮助读者提升效率。

然而，像其他书籍一样，寄希望于读一遍书就能迅速提升效率是非常不现实的。在接下来的阅读过程中，我会详细讲一下具体原因。

我曾经也是一个饱受拖延症困扰的人，以下是我的故事。

我毕业于北京大学，毕业那年，同时获得了凤凰卫视和中央电视台出镜记者的职位，还拿到了前往法国攻读博士学位的全额奖学金，但我都没有去。

我选择了进入国务院国有资产监督管理委员会（简称“国资委”）直属的一家大型央企，常驻非洲，刚毕业年薪就 20 多万元。在非洲，我和部长、总统级的人一起谈事情，也和当地生活在深山老林的人打交道。

几年后，我再次进入校园，就读的是欧洲最好的商学院，之后当过苹果公司的管培生，加入过创业公司，在职期间，我的项目业绩上涨了13倍。

听上去感觉一切都很顺利，但其实我曾经也是一个让父母很头疼的孩子。成绩最差的时候，全年级250人，我排倒数12。看到卷子上的分数，父亲气得全身发抖。

那时候我的学习状态是这样的：看着桌上的作业、该背诵的书，就是进入不了学习状态；于是掏出小说看一会儿，翻出杂志看一会儿，最后还是跟几个损友偷偷去了黑网吧。因为去网吧打游戏，检讨写过不知道多少篇。

你看，这是不是和很多人面对工作、生活的状态是一样的？明明知道需要准备明天会议上用的报告，明明知道客户给的最后期限就快到了，明明想要健身、学习、自我提升，但就是无法开始。

每天嚷嚷着要早睡，但晚上躺在床上不知为什么一刷手机，就到了凌晨三四点。

你必须意识到这种拖延、低效人生的糟糕，才会开始寻找改变的方法。高中的时候，身边的伙伴变成了一群“学霸”，这也成了我的人生转折点。当我开始寻求转变的时候，发现很多人都存在低效、拖延的问题，相关调查表明，70%～90%的人都有拖延症，并且其中25%的人认为自己的拖延症十分顽固。

美国心理学家简·博克和莱诺拉·袁，25年来专门研究拖延症，他们提出了一个理论，叫“拖延症怪圈”。什么意思呢？说的是拖延其实比我们想象的要复杂，它不但涉及心理学的问题，还涉及人的行为、情绪管理和所处环境。但是不管背后的原因多复杂，它呈现出来的是一个共性的过程，这个过程有几个关键节点，如下图所示。

是不是像极了你的状态？别怕，让你陷入低效、拖延的泥沼的每个节点，同时也是你跳出这个怪圈的机会。方法很简单，记住一个“烂开始”原则，不要期望一开始就做到完美，别想太多，不管你做得怎么样，做了就是成功。

在接下来的21天中，本书会通过具体训练一步步带你走出低效的状态，改善甚至治愈拖延的行为。

最后，我还要特别感谢本书视觉笔记的提供者镜子小姐，以及本书策划人，未铭图书的黄磊老师。正是由于整个团队的精心制作，才有了这本与众不同的高效手册。

温馨提示：

本书提供认知篇、信息提纯篇、知识组块篇和知识体系篇的视频教程，以上资源，读者可以通过扫描封底二维码，关注“博雅读书社”微信公众号，找到资源下载栏目，输入本书77页的资源下载码，根据提示获取。

本书使用方式

美国学者埃德加·戴尔在1946年提出了“学习金字塔”理论，指的是采用不同的学习方式，学习者在两周以后还能记住内容（学习内容平均留存率）的多少，如下图所示。

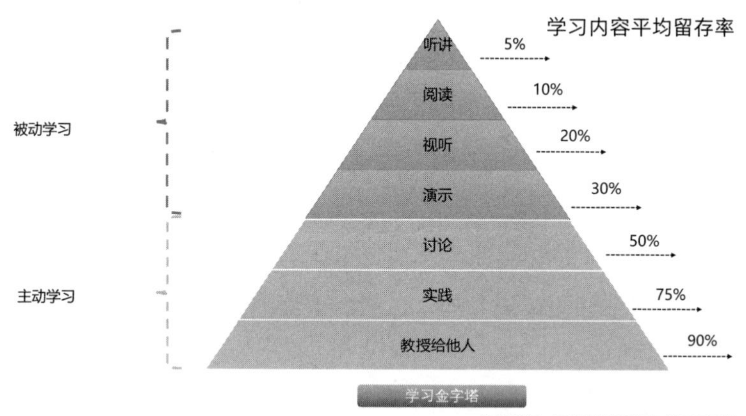

第一种，听讲。听讲的效果最差，也就是从小到大我们最熟悉最常用的方式，老师在上面讲，学生在下面听，两周以后可以记住所学内容的5%。

第二种，阅读。通过“阅读”方式学到的内容，按照这个理论，两周以后可以记住所学内容的10%，这就是很多人认为读书无用的原因。实际上，不是读书没用，而是你不会读。

第三种，视听。也就是通过“声音、图片”的方式学习，两周以后可以记住所学内容的20%。与枯燥的文字相比，声音、图片显然具备更高的价值与冲击力，也更容易被读者记住。因此，本书采用了视觉化的表现形式，通过应用大量的图片，让读者更容易理解内容，从而更好地记住所学内容。

第四种，演示。采用这种学习方式，两周以后可以记住所学内容的30%。

以上四种方式都属于被动学习，接下来的三种方式则属于主动学习。

第五种，讨论。采用这种学习方式，两周以后可以记住所学内容的50%。读者可以在线上加入相关社群，与读过这本书的人相互讨论。线下也可以加入读书会，面对面讨论的效果更好。

第六种，实践。根据所学内容进行实际操作，对于知识的吸收效果是惊人的，两周以后可以记住所学内容的75%。这也是我写这本书的初衷，除教授知识之外，以自我训练为主的输出式阅读，将更有效地帮助读者吸收知识。

第七种，教授给他人。也就是向别人讲授知识，这是最有效的学习方式，两周以后可以记住所学内容的90%。能够达到这一步的读者，才算真正把书读透了。当你已经可以将本书内容运用到实际工作中时，不要满足于此，还要把所学知识传授给他人，分享的过程实际上也是更好地吸收知识的过程。

除此之外，每一天的课程开始之前，都设计了一个【知识卡片】，方便读者快速了解这一天的全部训练内容。

关于积分

这是一本为期21天的高效训练手册，为了保持阅读的连贯性，需要读者每天完成一章（1天）的阅读任务（+1分），同时写一篇阅读笔记并分享至网络（+1 分）。总分为 42 分。如果其间出现间断，则按照如下标准扣分。

一天未打卡：–2（阅读任务 –1 分，读书笔记 –1 分）。

两天未打卡：–4（阅读任务 –2 分，读书笔记 –2 分）。

三天未打卡：–6（阅读任务 –3 分，读书笔记 –3 分）。

四天未打卡：归零（重新计分）。

请在知识卡片上记录自己的得分（知识卡片右上角）。

【输出式阅读训练】

为了提高读者的阅读效率，笔者专门设计了“输出式阅读”的方式，方便读者在短时间内更好地吸收图书的精华内容。

1. 阅读时间段推荐

最佳阅读时间

研究表明，起床之后的2-3小时，是大脑注意力最为集中的时间段。因此对于有空闲时间的读者来说，阅读时间设置为：起床之后的2~3小时。

职场人士

考虑到当代职场人睡觉晚、工作压力大等因素，在AM6:00—AM 9:00的黄金阅读时间要么还在睡觉，要么在赶往公司的路上，因此阅读时间建议设置为：周末AM6:00—AM10:00。

学生

对于学生来说，可以利用早自习的时间预习，效果最佳。

周中阅读时间段，则推荐每天晚上入睡前的1小时

研究表明，晚上9点开始，大脑会处于活跃状态。英国埃克塞特大学的研究人员做过一项实验，他们让一些志愿者在睡前背单词，让另一些志愿者在保持清醒后的 1 ~ 2 小时背单词。实验结果表明，前者的记忆效果更好。

为什么人在睡前的记忆力更好呢？心理学教授尼古拉斯·迪迈表示，睡眠期间，新记忆被“解封”，在海马体（主要负责回忆）内不断“回放”，所以人在清醒后对这部分的记忆会异常清晰。迪迈说：“睡眠让我们记住事情的机会翻倍。”

2. 阅读方式推荐

本书属于方法类书籍，必须配合实践才有效果，因此建议配合自我训练内容进行输出。你以为自己把书读懂、读透了，但如果没有配合实践训练，对知识的吸收效果仍是非常有限的。

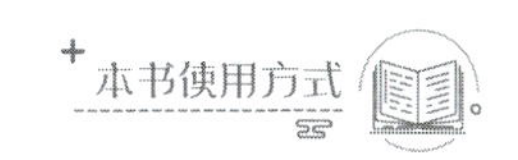

3. 输出式阅读

输出式阅读

建立读书仪式感

利用“喜欢的东西”建立仪式感

读书笔记

利用康奈尔笔记法做读书笔记

讨论、分享图书内容

讨论、分享读书笔记，加深对知识点的记忆与理解

在书上做批注，把灵感记录下来

在书上随手记录，不让灵感溜走

· 建立读书仪式感

读书是一件困难的事情，而逃避痛苦又是人类的天性，那么我们可以利用“喜欢的东西”建立仪式感。（在第 14 天的内容中我们会重点讲到这点）

这是读书之前的一个“热身”过程，目的是提升专注力，更好地进入读书状态。“喜欢的东西”是一个触发点，可以是物品、环境等。在接下来的导图中，填上那些有助于自己快速进入读书状态的内容吧。

· 读书笔记

为了提高阅读的理解力与记忆力，在每一天的训练结束之后，进行笔记输出。在本书的附录部分，采用了世界上公认最好用的康奈尔笔记法，设计了三栏式笔记页，方便读者进行输出。

· 讨论、分享图书内容

将书中内容制作为读书笔记后，可以采用讨论与分享的方式，加强对知识点的吸收。

线上：

（1）加入读书社群，分享本书内容，与大家共同讨论；

（2）将读书笔记的内容发布到各类网站，例如简书、豆瓣读书等；

（3）打造自己的读书 IP，如果你的粉丝越来越多，你还可以通过读书变现。

线下：加入读书会，分享图书信息的同时，还可以认识志同道合的朋友。

· 在书上做批注，把灵感记录下来

读书过程中产生的灵感转瞬即逝，所以建议直接在书上记录，也可以利用笔记本、智能手机、电脑等，根据个人习惯选择。选择在书上做批注的方式记忆效果最好，本书设计了很多自我训练的部分，都可以用来直接记录。

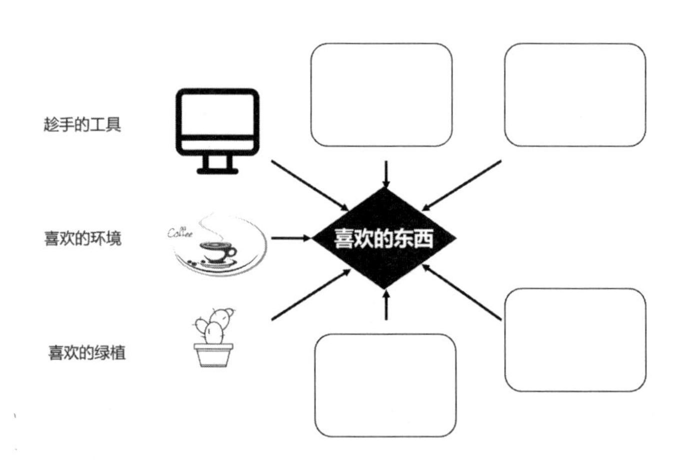

【阅读盲盒】

本书需要与实践结合才能达到更好的效果，很多读者又不清楚具体该做什么，“阅读盲盒”的设计就是为了激发读者的阅读兴趣，通过一个个神秘的奖励、任务，充分调动读者的参与感。

顺利完成第一天的阅读练习之后，就可以解锁“阅读盲盒”了。接下来，让我们一起开始有趣的阅读之旅吧！

目录

CONTENTS

第一天 掌控生活：如何高效地活在当下

第二天 告别纠结：让高效成为你不需要考虑的选择

第三天 时间与精力：为什么优秀的人永远精力充沛

第四天　睡眠训练：告别没有尽头的辗转反侧

第五天　自我接纳：不要与自我为敌

第六天　释放天性：只有真正看见问题才能解决问题

第七天 驾驭沮丧：避免被沮丧情绪所消耗

第八天 驾驭冲动：浪花再大，也会变为泡沫

第九天 驾驭焦虑——让美好的未来近在眼前

第十天 拒绝崩溃：情绪崩溃之前如何自救

第十一天 执念与他人：总是挥别错的，才能与对的相逢

第十二天 执念与主角心态：选择成长，选择不将就，也选择幸福

第十三天 关键要素：改变期望与任务赋值

第十四天 对抗干扰：克服分心，保持长时间专注

第十五天 摆脱推迟：时间紧才是突破的机会

第十六天 改变习惯：拖延行为的记录、改变与打破

第十七天 自我激励：用成功螺旋法建立自信

第十八天 奖赏机制：游戏化奖赏，工作也能变有趣

第一天

掌控生活：如何高效地活在当下

【知识卡片】

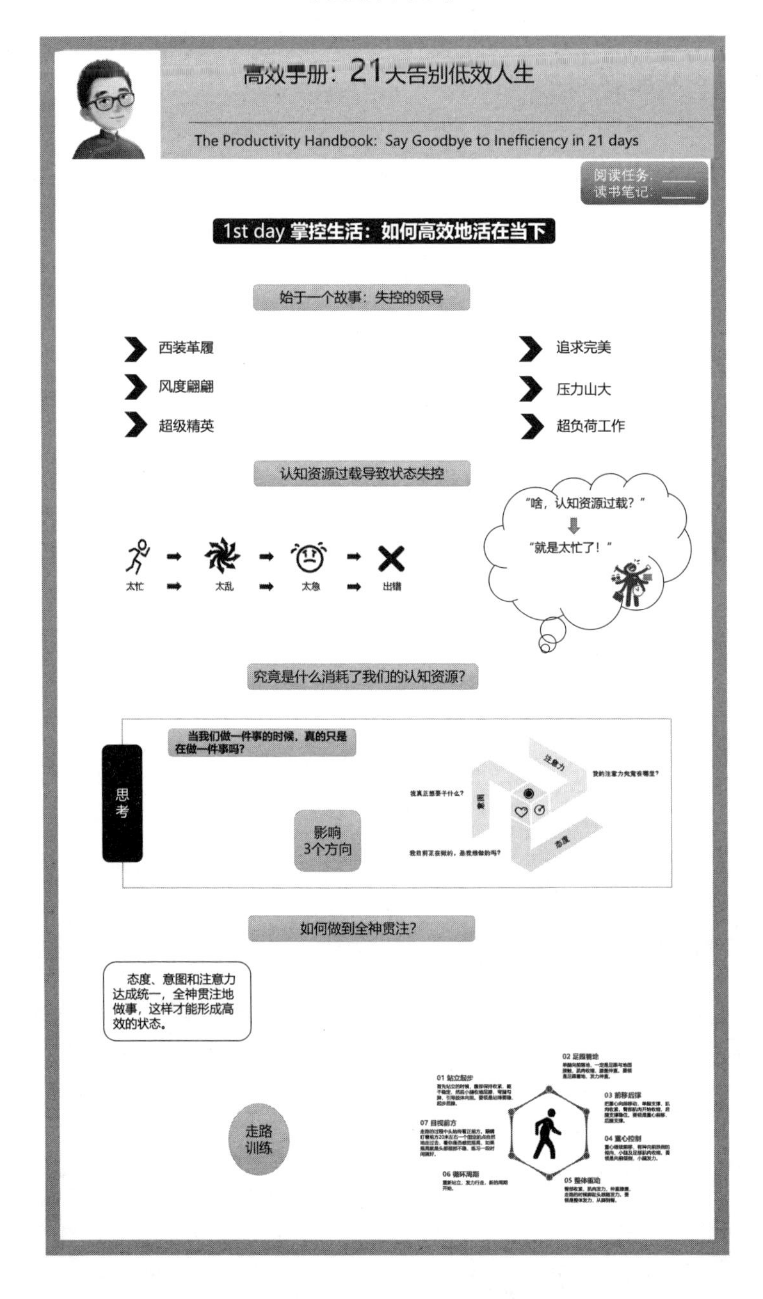
高效手册：21天告别低效人生
The Productivity Handbook: Say Goodbye to Inefficiency in 21 days
阅读任务：
读书笔记：
1st day 掌控生活：如何高效地活在当下
始于一个故事：失控的领导
西装革履
风度翩翩
超级精英
追求完美
压力山大
超负荷工作
认知资源过载导致状态失控
"啥，认知资源过载？"
"就是太忙了！"
太忙
太乱
太急
出错
究竟是什么消耗了我们的认知资源？
思考
当我们做一件事的时候，真的只是在做一件事吗？
影响3个方向
注意力
意图
态度
如何做到全神贯注？
态度、意图和注意力达成统一，全神贯注地做事，这样才能形成高效的状态。
走路训练
01 站立起步
02 足跟着地
04 重心控制
05 整体驱动
06 循环周期
07 目视前方

失控的领导

今天是我们提升状态，重新开启高效人生的第一天，我们先来关注这样一类人——成功人士。在你的脑海中，这些成功人士都是什么样子的？结合图 1-1 中的这些元素，展开你的想象。（试试看，你能写出几条）

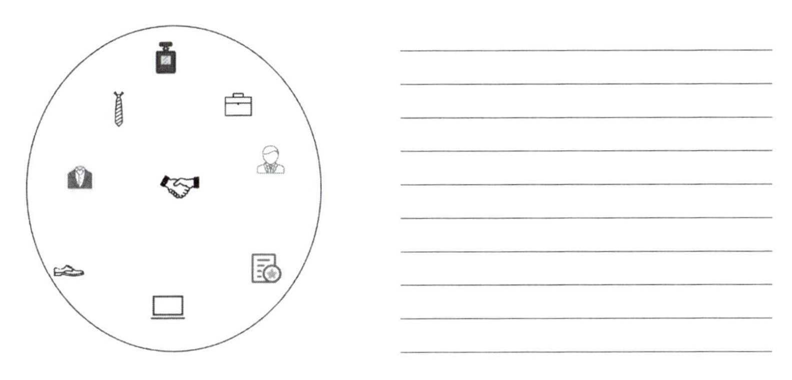

图 1-1　元素示意图

西装革履？香气袭人？谈笑自如？温文尔雅？低调奢华？总之，在大部分人的心中，成功人士都是那些对自己要求完美的人。他们可能从早到晚，衣食住行，各个方面都对自己有非常高的要求，力求一切都在自己的掌控之中，时时刻刻运转得就像一台完美的机器，如图 1-2 所示。

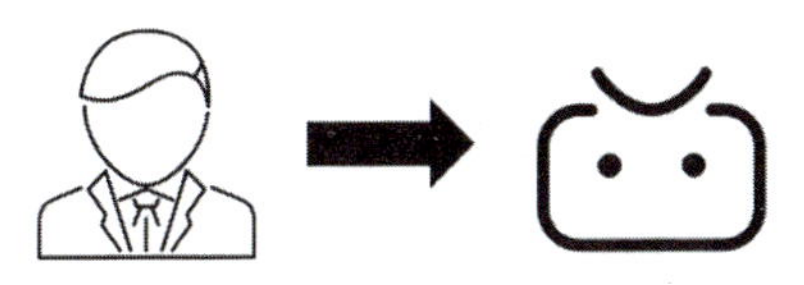

图 1-2　成功人士示意图

然而，回到现实世界，这样的人真的很成功吗？他们每时每刻都承受着巨大的压力，随时面临失控的风险。就像如图 1-3 所示的一样，光鲜亮丽的成功者，却随时担心会坠入深渊，万劫不复。

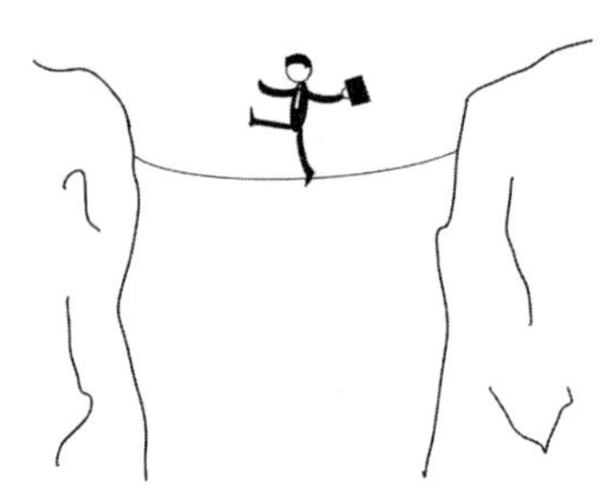

图 1-3　走钢索的精英

我曾经的领导就是这样一个人，他特别符合大家眼中成功人士的标准。生活上，他对自己要求很高，每天出门一定穿着笔挺的西装，头发梳得一丝不苟，还带着淡淡的香水味；他常年健身，虽已人到中年，但身材不走形；此外，他还报了不少课外学习的培训班，书法、游泳、攀岩等，每个项目他都做得不错，让人很是敬佩。

工作上，他对自己和同事的要求也很高。他几乎每天都是第一个到公司，最后一个走的；办事很讲究效率，走路很快，说话很快，吃饭很快；任何事情都要求立即执行，项目组里的人最怕他说的一句话是：“走！”因为这意味着你必须立刻放下手头的工作，跟着他出去，如果他走到电梯门口你还没到，你就要被他训了。他习惯不停地催工作进度，催到一种病态的地步，所有员工都要写每日工作总结，他还会针对每一份总结给反馈。项目中的所有细节都必须第一时间上报，由他确定，控制力非常强。

只要有他在，办公室没人敢闲聊，都在低头忙活，时刻处在高压之下。他还会要求所有人跟着他一起加班，一开会就是到深夜。

图 1-4 所示为一个“完美”领导的生活与工作。

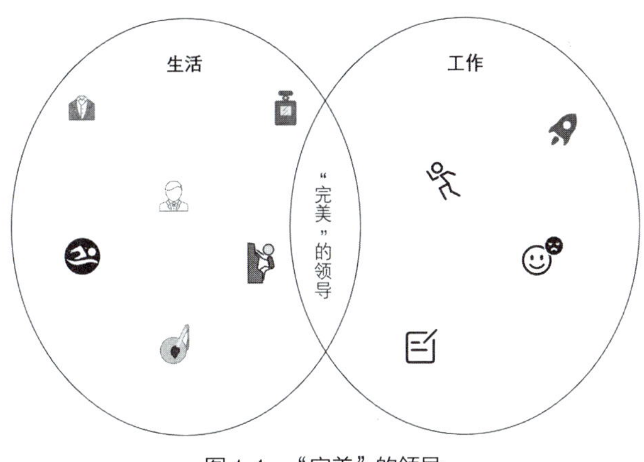

图 1-4　“完美”的领导

在很长的时间里，我们一方面真的讨厌他，一方面又真的佩服他，他虽然对我们要求严，但对自己也没有放松，这种“严以律己，严以待人”，总比有些领导“宽以律己，严以待人”的好。我们一度认为，只有这样的人才能当领导。

可又过了一段时间，我们听到了一些风声，工作中也逐渐发现了，这位领导好像正在被边缘化，如图 1-5 所示。

图 1-5　被边缘化的领导

他分管的项目和业务渐渐变少，一些重点项目也将他剔除出了决策层，甚至连他的得力下属都被以各种名义调到了别的部门。

这位领导依旧我行我素，只是明显更焦虑了，甚至白头发都多了起来。再往后不久，这位领导被彻底边缘化。终于，他自己受不了辞职走了。

大家都很好奇，为什么这位劳模会落得如此下场？结果让我们大跌眼镜，让他最终待不下去的原因主要有三点，如图 1-6 所示。

无法团结同事

这位领导经常口无遮拦，各种会上大肆批评别人，频频得罪人，很多想摸鱼或者被他骂得太狠的下属频频对他投诉。

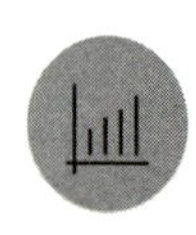

项目业绩一般

他虽然自己很努力，带着我们也一起努力，但是项目业绩其实很一般，没有特别突出。因为得罪的人多，其他部门不配合他的工作，下属也经常面上紧、暗地松的摸鱼，导致有些项目经常到期完不成。

直接激化矛盾

让他辞职的直接原因是在高管会上，他因为新项目分管问题和大老板的一个得力下属争吵，直接在会上就撕破脸，说对方就是个马屁精，大吵了一架。会上大老板直接让其他高层表态，高层中没有一个人为他说话，少数几个保持沉默，其他人甚至当众批评他。据说在送走他以后，领导们还纷纷拍手称快。

图 1-6　导致领导辞职的原因

认知资源过载导致状态失控

这个看起来完美的领导为什么最终落得如此下场？原因很简单，他的认知资源过载了，通俗地说就是“太忙了”。忙碌看起来似乎能在一定

时间里做更多的事情，但长期来看，太忙势必导致太乱，太乱就会太急，太急就容易失误甚至犯错误，如图 1-7 所示。

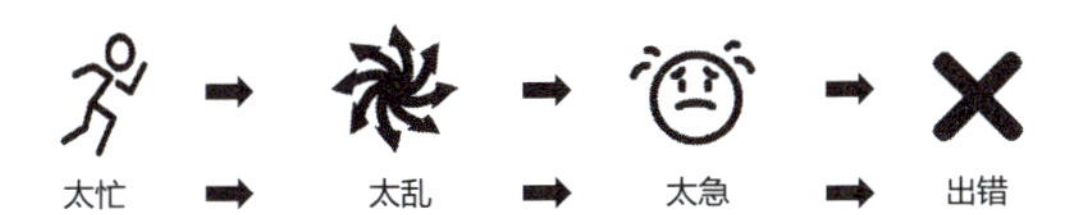

图 1-7　认知资源过载

他常年保持忙碌的状态，所以犯了很多比他职位低、能力差的人都不会犯的错误。而这些错误里有些是致命的，比如，得罪领导、辱骂下属、业绩没做好。

这其实也就告诉我们，一味地追求忙碌状态，看起来好像时间利用率很高，但并不是自我提升、保持高效率的唯一渠道。对生活的掌控也并不意味着我们要每天不停地解决琐事，而是要提高每一份认知资源的利用效率，如图 1-8 所示。

图 1-8　提高效率示意图

那么，什么是认知资源呢？认知资源就是调取我们的知识、经验，帮我们做决策的东西。简单地说就是我们大脑的“内存”。

通常来说，我们的认知资源，也就是大脑“内存”处理着两大类的信息：一类是长期信息，一类是短期信息，如图 1-9 所示。

长期信息
比如我们掌握的语言，学会的技能。需要我们反复存储和提取，才能保存在大脑中，虽然掌握起来比较困难，但是一旦掌握就很难忘记

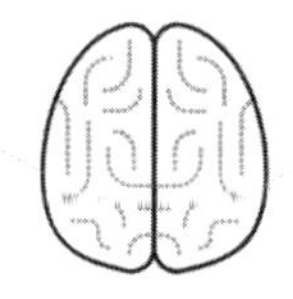

短期信息
比如我们手头上的工作信息。这个部分就需要用到长期信息中积累的能力和信息，帮助我们进行思考和判断

图 1-9　认知资源

然而，大脑能处理的信息是有限的，也就是说在一段时间内，你能同时思考的问题就那么多，就跟电脑一样，同时打开的网页和程序太多就会死机。如果同时思考的问题过多，处理问题的速度和结果就会大失水准，错误频出。

有些读者可能会觉得，没事，时间长了大脑就习惯了，但其实并不会，就像你每天争分夺秒地搬砖，时间久了，并不会成为健美达人，反倒会造成肌肉劳损，如图 1-10 所示。同样，如果大脑长期过载会怎么样呢？工作记忆会受到永久损伤，再难以形成有价值的判断，可以理解为大脑内存烧了，无法正常运行了。

回到开头讲的例子里，对于我的前领导来说，问题其实非常明显，他太忙了，短时间内处理的问题太多了。认知资源长时间、高负荷地运转，结果就是每件事都在干，每件事都干不好。这就是典型的认知资源失调。专注与琐碎示意图如图 1-11 所示。

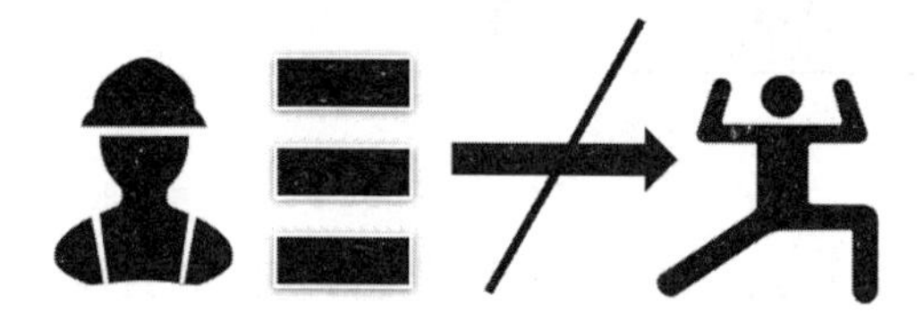

图 1-10　认知资源失调示意图

图 1-11　专注与琐碎示意图

而这种认知资源的失调，可以解释非常多的现实问题。比如，富人家

的孩子中小学学习成绩普遍高，因为他们不用思考生活里的日常琐碎，只要专心学习就够了。但如果照顾自己的能力太差，到了大学之后，一下子被各种生活中的琐事牵绊，根本无法兼顾学习，成绩就可能一落千丈。

以上是认知过载，反过来，很多事情你没有灵感，不知道怎么做，可以放下手机，不听歌、不看小说，安安静静地洗个澡，往往就会有灵感迸发出来，这就是认知资源空出来的效果。同理，富人越来越富，原因之一就是他们把琐碎的事情外包给了其他人，自己空出了更多认知资源去思考更有价值的内容，就更容易提升自己的价值。

接下来，请你仔细思考一下，将工作与生活中那些耗费个人精力，却又不得不做的低价值事项列出来，并思考是否有可能外包出去，见表 1-1。

表1-1　低价值事项记录表

低价值事项记录表			
生活琐事	外包方案	工作琐事	外包方案

然而，身为普通人的我们，没有办法把生活中琐碎的事情全都外包出去，柴米油盐酱醋茶我们都要考虑，那我们究竟该怎么做才能逃脱贫穷的魔咒呢？

究竟是什么消耗了我们的认知资源?

我们之所以要调整状态，就是为了更高效地工作与生活，实现更有价值的目标，这也是本书的核心目标。我们的方法是减量和集中，如图1-12所示。

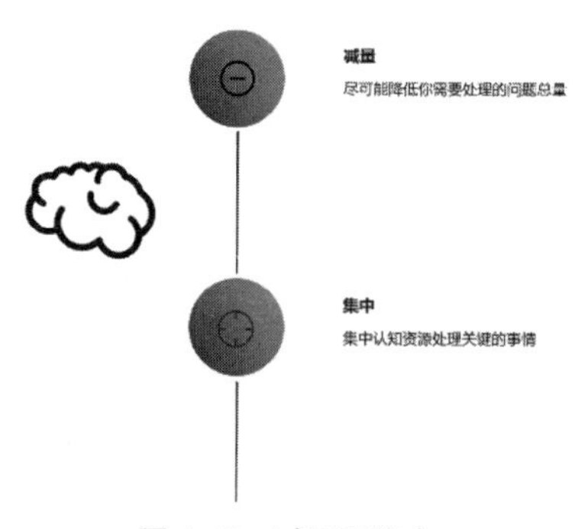

图1-12　减量和集中

那么，如何才能做到集中认知资源去处理关键的事情呢？在介绍具体方法之前，我们要先完成一个更深层次的认知——究竟是什么消耗了我们本不应该消耗的认知资源?

请大家思考一个问题，当我们做一件事的时候，真的只是在做一件事吗？这个问题有点拗口，但是需要大家认真思考。人真的和电脑一样，在毫无差错地执行一个又一个程序吗？当然不是，这其中有三个方向在影响我们，如图1-13所示。

我们假设，现在有两个人坐在教室里听讲，一个是理想的你，一个是现实的你。行动上看起来，这两个你是一致的，都坐在教室里听讲。我们来看两张图，图1-14和图1-15。

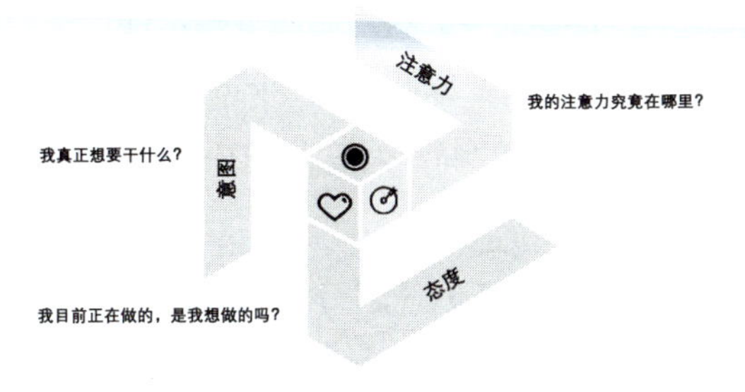

图 1-13 当我们做一件事的时候，真的只是在做一件事吗？

图 1-14 理想与现实

理想的你：我要好好读完这本书，提升我的能力，改善我的生活状态。

现实的你：我要赚很多的钱，我要追回我的前男友/女友，我要吃好的、穿好的，我要健身，我要打游戏，我要玩剧本杀。

理想的你：学会新知识，然后用新学会的知识与已经学到的知识相互印证。

现实的你：这老师讲的什么啊，太假了，编的吧；这老师怎么用这个口气说话，我不想听；这老师好帅，说的一定都是真的；这老师这么说，是不是对我有意见；这老师对我好，说的一定都是真的。

理想的你：我在看黑板上的内容，我要听老师讲课的内容。

现实的你：身上有点痒，口有点渴，肚子有点饿，哎呀这是什么味道，今天天气有点热，老师这身衣服不错，昨天的饭挺好吃的，明天我还要去再吃一顿，下课了打王者用什么角色好呢。

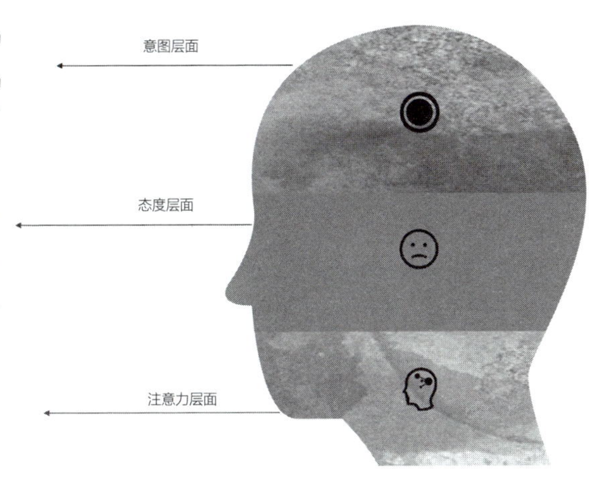

图 1-15 大脑所学知识分析图

同样坐在桌子前学习的两个人，他们看起来都在学习，但是他们脑子里的东西可能完全不同。就像此时此刻同时在读这一节的读者，你敢说每个人学到的知识是一样的吗？大概率是不一样的，如图 1-16 所示。

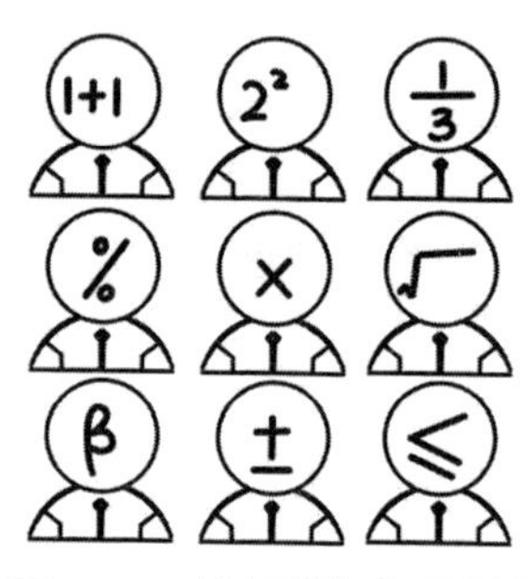

图 1-16　大脑所学知识示意图

那个现实的人，会有很多跟本节内容无关的意图、态度和注意力，这些大多时候是无意识形成的，没有特别注意的话发现不了。因为很多时候，人都是走神很久才意识到自己走神了，甚至也想不起来自己为什么走神、怎么能走这么远，但其实你的大脑一直在想这些内容。而我们需要做的，就是把这些东西全部归还到当前的事情、当前的你和当前的信息上来。态度、意图和注意力达成统一，全神贯注地做事，这样才能形成高效的状态。

如何做到全神贯注——走路训练

什么叫全神贯注？举个最简单的例子——走路，走路谁都会，可是全神贯注地走路该怎么走？很多人走了一辈子路，都没有全神贯注地走过。如果你全神贯注地走过一次路，就会有完全不同的感受。接下来，我们就通过走路的练习，帮助自己实现全神贯注的状态。

真正的全神贯注地走路应该做到以下 7 点，你可以试着按照这 7 点重新走一走，如图 1-17 所示。

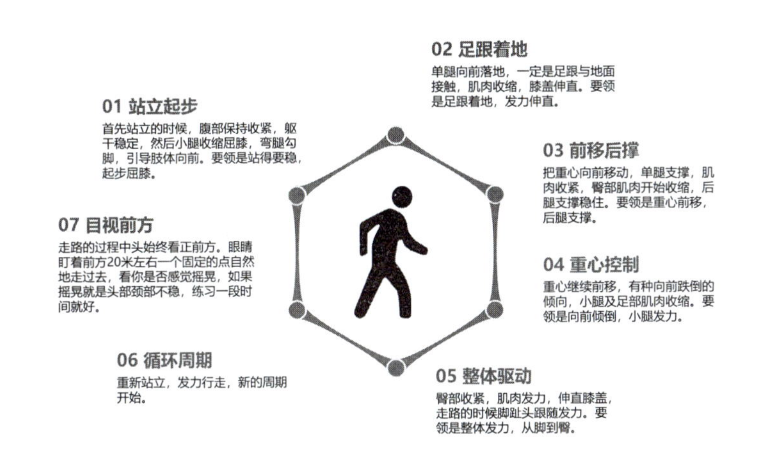

图 1-17 走路训练

通过这 7 点，可以将走路的意图、态度和注意力高度统一，真正实现了全神贯注地走路。这个时候，你走出来的感觉就是专注做事的感觉。

【今日训练营任务】

为了降低认知资源的消耗，首先需要减量，降低生活与工作中处理问题的总量。之后，集中认知资源处理最重要的事情。在之前的《低价值事项记录表》中已经筛选出所有耗费认知资源的事项，如果数量比较多，短时间内你可能无法改变习惯。

因此，在下面的思维导图中，请分别从生活与工作中筛选出最急切渴望改变的事件（不超过 4 件），将这些低价值任务填在左侧，右侧填写筛选出的高价值目标，如图 1-18 所示。

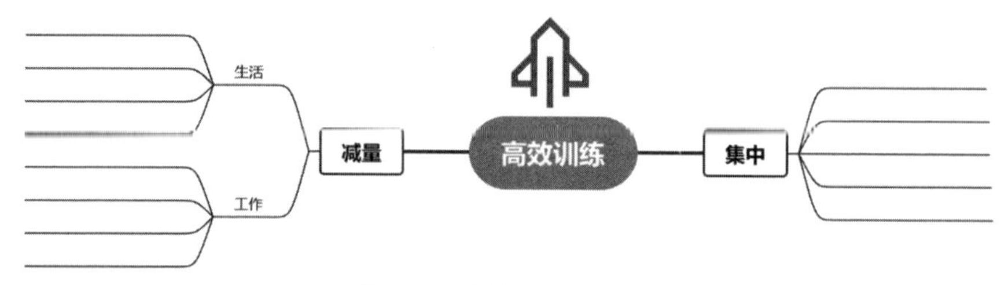

图 1-18　高效训练思维导图

示例：作为一名知识博主，你急切需要通过出书增加影响力，却受限于时间与精力，同时出书的收入相对于你的课程来说又十分有限。那么，你可以将写书这件事列在左侧，同时外包出去，而将主要精力放在课程研发方面，填在右侧。

【阅读盲盒】

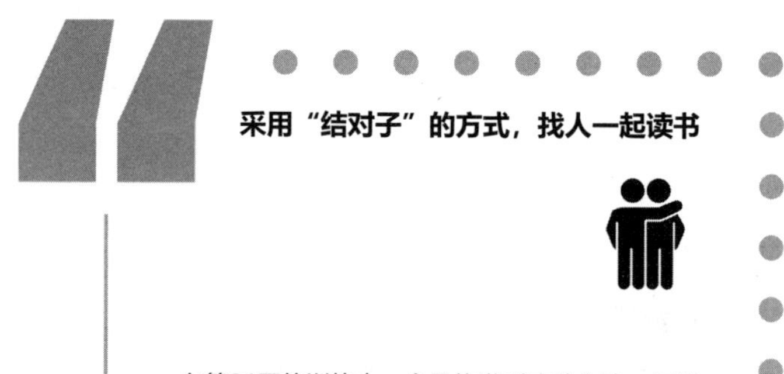

在第21天的训练中，会具体讲到这种方法，如果你感兴趣，也可以跳到最后，阅读一下这方面的内容。

你可以先从熟人开始“结对子”，比如都喜欢读书的家人、同学、同事，这样会比较容易一些。两个人一起读书，也可以相互讨论，这样更容易提升阅读的专注度。

第二天

告别纠结：让高效成为你不需要考虑的选择

【知识卡片】

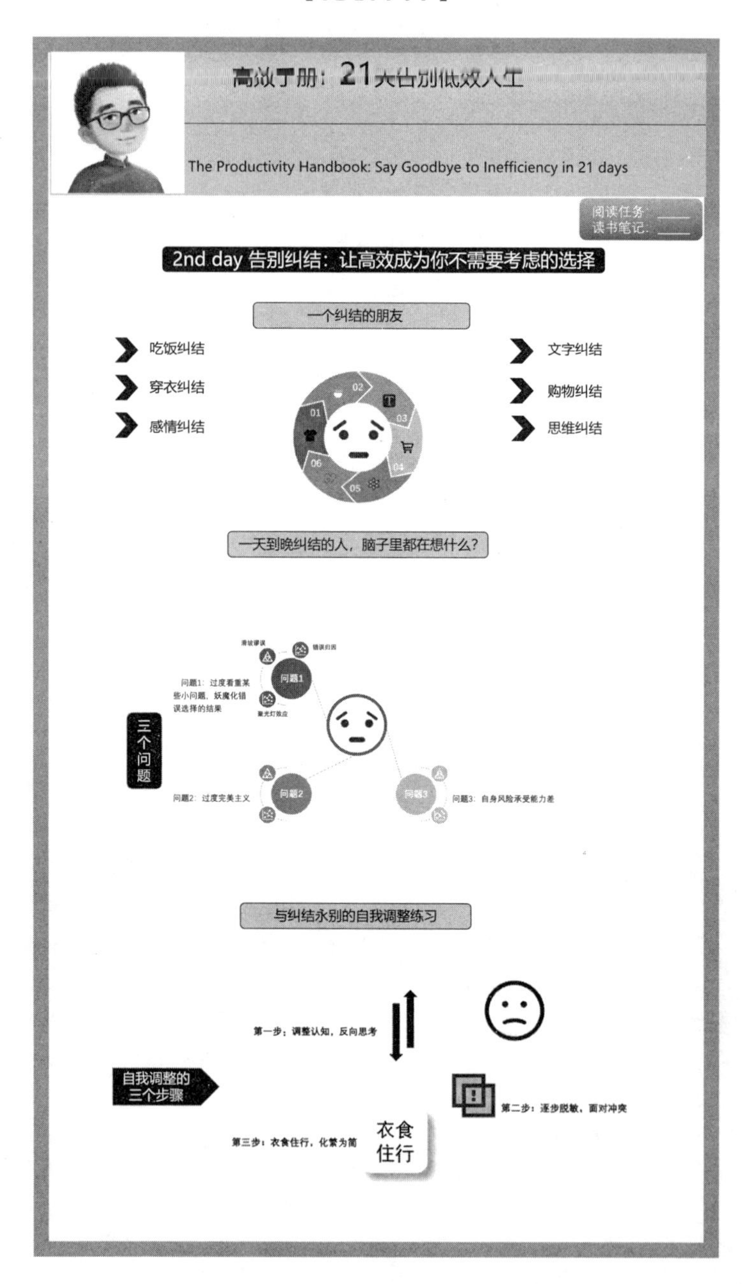
高效手册：21天告别低效人生
The Productivity Handbook: Say Goodbye to Inefficiency in 21 days
阅读任务：
读书笔记：
2nd day 告别纠结：让高效成为你不需要考虑的选择
一个纠结的朋友
吃饭纠结
穿衣纠结
感情纠结
文字纠结
购物纠结
思维纠结
01
02
03
04
05
06
一天到晚纠结的人，脑子里都在想什么？
三个问题
滑坡谬误
错误归因
聚光灯效应
问题1
问题1：过度看重某些小问题，妖魔化错误选择的结果
问题2
问题2：过度完美主义
问题3
问题3：自身风险承受能力差
与纠结永别的自我调整练习
自我调整的三个步骤
第一步：调整认知，反向思考
第二步：逐步脱敏，面对冲突
第三步：衣食住行，化繁为简
衣食住行

一个纠结的朋友

我有一个朋友，他是一个出了名的工作时间长，但效率极其低下的人。每天看着他累死累活地工作，但结果什么都干得一般般，远没有发挥出他的潜力。这一切都源于一个关键问题——纠结。

普通人平时纠结的事他都纠结，普通人一般不纠结的问题他也会纠结，如图 2-1 所示。

一个纠结的朋友

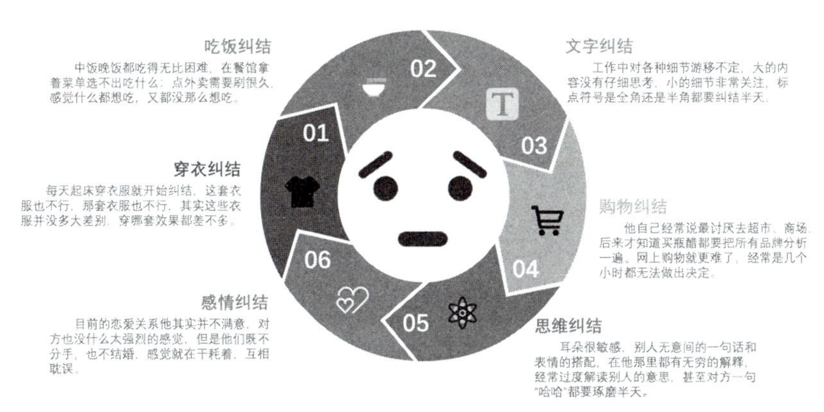

图 2-1　一个纠结的朋友

于是，这位国内顶级大学毕业的研究生，目前就职于一家不知名的小企业，月薪不到 1 万元，过着无时无刻不纠结的日子。慢慢地，他的状态越来越差，从做什么事都要花很长时间做决定，渐渐放弃到什么事都不做决定，然后觉得事事都不顺心，每天怨气满满，精神萎靡。甚至状况进一步升级，开始纠结于“自己为什么会这么纠结”的问题，也想不出什么头绪，彻底被自己的想法给缠住了。

一天到晚纠结的人，脑子里都在想什么?

我的这位朋友为什么会出现这些问题呢？对一般人来说，这些问题又有哪些值得引以为戒的地方呢？我们来分析他的三大问题，也是生活中很多纠结的人常见的问题，如图 2-2 所示。

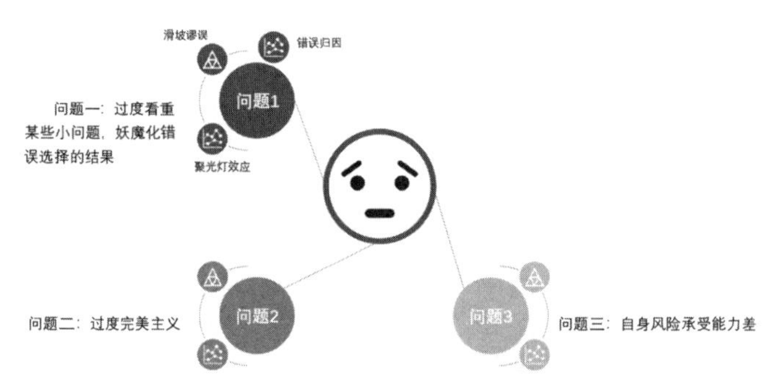

图 2-2　纠结者的常见问题

问题一　过度看重某些小问题，妖魔化错误选择的结果

这个问题的根本原因出在认知方面，这是三个大家经常犯的认知偏差，分别是聚光灯效应、滑坡谬误和错误归因。三个谬误组合生效，起到了非常奇幻的效果，导致了用放大镜去看问题，用照妖镜去分析结果，我们一个个来看。

第一个，聚光灯效应。觉得全世界的目光都在自己身上，自己身上有什么缺陷和不足，别人一下就能看出来。这些缺陷包括但不限于：衣服不合适，自己又长胖了，头发今天没有打理好，等等。

聚光灯效应，心理学名词，由汤姆·季洛维奇与肯尼斯·萨维斯基共同提出，指的是很多时候人们总是在不经意间把自己的问题无限放大，例如出丑时总以为别人会注意到。实际上，即便人家注意到，也会很快忘掉。简单来说，就是太把自己当回事儿了，如图 2-3 所示。

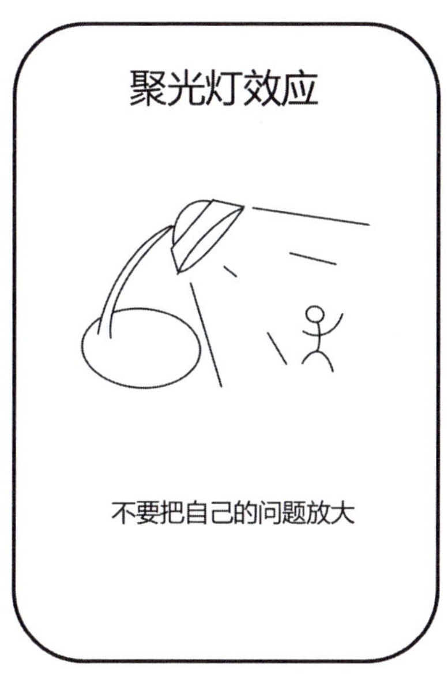

图 2-3　名词解释

第二个，滑坡谬误。一个小问题会带来一大堆后续问题，乃至人生都可能因为早上穿错了鞋子而被毁掉。比如，早上没刷牙，自己嘴里有味道，感觉在电梯里臭到了某某领导，影响了自己的中期考评，影响了自己年末升职，影响了自己整个职业生涯的发展。

滑坡谬误是一种逻辑谬论，指的是不合理地使用连串的因果关系，将“可能性”转化为“必然性”，夸大了每个环节的因果强度，从而得出某种不合理的结论，如图 2-4 所示。

第三个，错误归因。事情发生以后，一切好像都理所当然，好像真的是因为自己这些小选择犯了错，后来就完蛋了，似乎异常合理。还是上面那个例子，年末果然没有升职成功，原因就是那天早上没有刷牙。

错误归因，指的是人们在考察某些行为或后果的原因时，习惯性低估外部因素的影响，而高估内部或个人因素的影响，如图 2-5 所示。

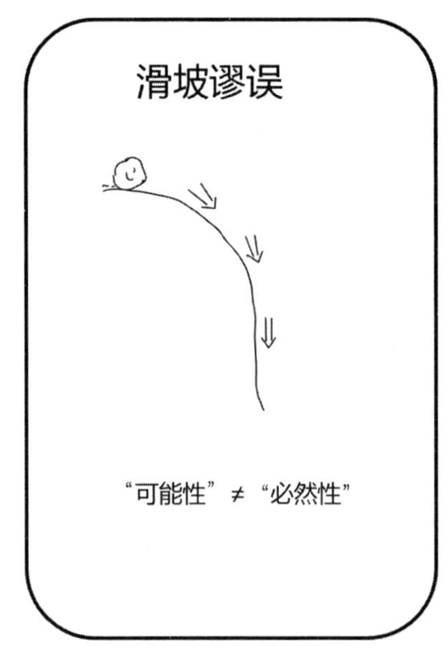

图 2-4　名词解释

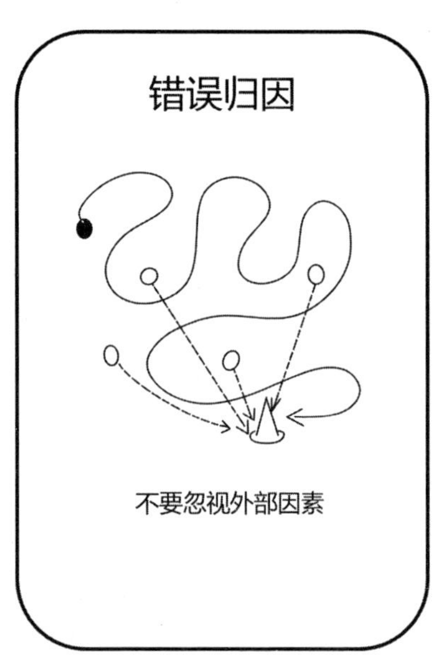

图 2-5　名词解释

你看，这三个谬误综合起来，你就会无限放大小事情的影响力，并且把遇见的不好的事情反过来找细小的原因，互相印证，觉得特别有道理。这种感觉就像是，一头大象摔了一跤，结果发现是因为路边的一只蚂蚁绊了它一下，从此大象走路都要特别仔细地看路上有没有蚂蚁，如图 2-6 所示。很荒谬，对不对？

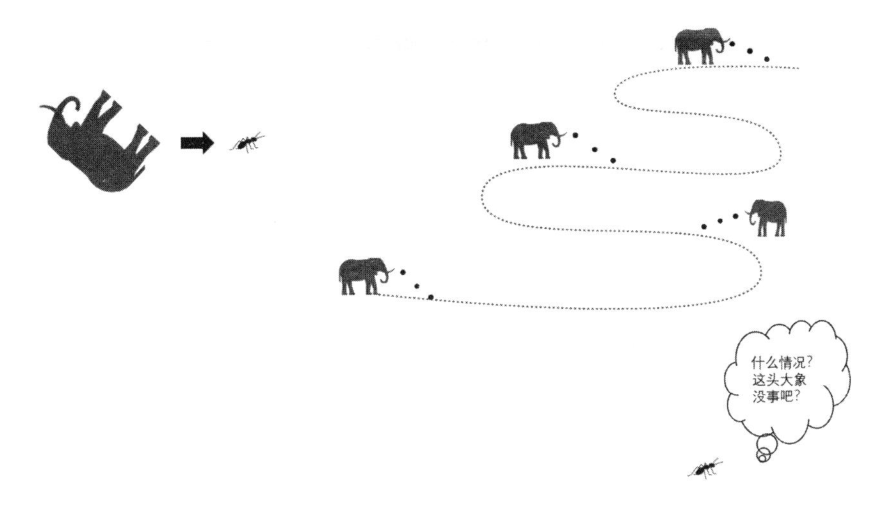

图 2-6　被蚂蚁绊倒的大象

问题二　过度完美主义

这个问题很好理解，简单来说就是什么都想要，或者认为存在所谓的完美选项，因此所有选择都被不合理化。比如：穿衣服要既正式又休闲；吃东西要既便宜又健康还好吃；自己干的工作要显得极其专业又轻松，等等。

可惜这个世界上并不存在完美的选项，这其实是一个小孩子都知道的常识。但是为什么还会有这种完美主义倾向的人呢？这种对于完美的过度追求，其实体现出来的是对自身的不自信，所以用完美主义预先准备好了一个万能的借口。我追求完美，但完美是做不到的，所以失败了也是正常的。而且停留在纠结的阶段，并没有做出任何选择，更能保护完美主义者的自尊心。毕竟，只要我不交卷子，谁也不知道我的水平，如图 2-7 所示。

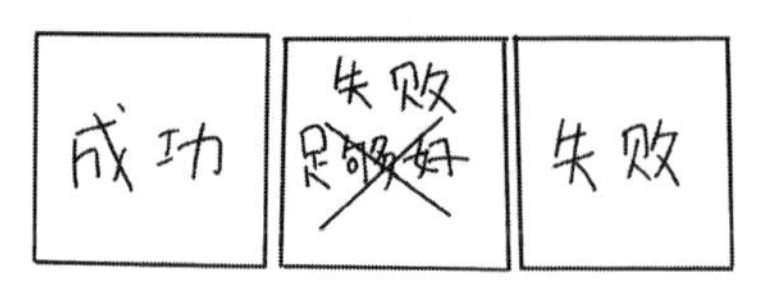

图 2-7　过度完美主义

问题三　自身风险承受能力差

自身风险承受能力差，主要体现在不会应对冲突，一旦处于剑拔弩张的状态中，就立刻想逃，如图 2-8 所示。

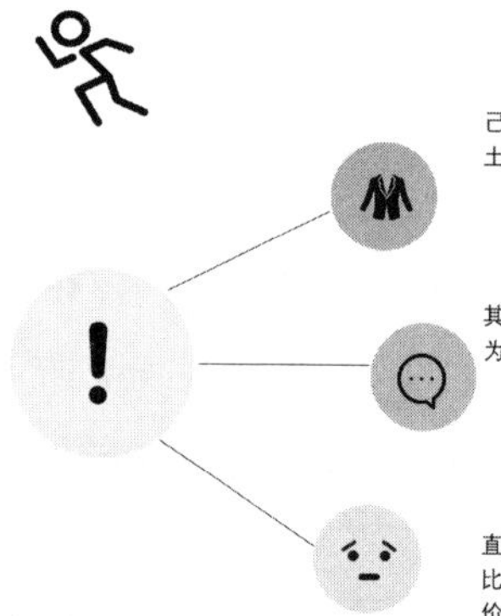

有些人受不了外表刺激，衣服穿得不合适，马上就要跑开；遇见比自己帅的、美的，就赶快回避；看到别人穿得光鲜亮丽，就感觉自己穿得又土又便宜，不自信。
有些人受不了观点刺激，别人一提出不同意见，自己就立刻更改立场，其实很多时候，对方只是想和你探讨。很多观点本来自己是对的，但是因为对方的观点不同，马上就放弃对观点的坚持。
有些人受不了麻烦刺激，任何时候都不想麻烦别人，只想要简单就好，最好一直处于这样的状态。即便合理的要求，只要觉得妨碍到了别人，也就不愿意做了。比如，在地摊上买一个东西，本来对方报的价格很高，可以讲价的，但是一想到讲价就觉得麻烦，要不就高价买了，要不就干脆不要了。

图 2-8　自身风险承受能力差

在这些情况下，人往往会自洽，说自己是自尊心强、比较清高、比较随和，看起来还站在了道德的高地上，但如果一个人只能随和，不能跟人吵架，那说明他是不得不随和的，因为他没有别的选择。而一个只能当老好人的人，是因为他本身不能承受跟其他人发生冲突的风险，这点大家要分清楚。

以上这三个问题，就是日常生活中纠结的具体表现形式。这种纠结

会让人处于非常苦恼的状态，继而对生活和工作造成很大影响。

【特殊情况】

我需要提出一种因特殊情况导致的纠结，就是真的因为某一次微小的选择，而造成了不可挽回的恶果，甚至进入类似的选择中就会失控。

比如，因为自己选择让父亲开车送自己回家，而造成了父亲的过世，从此无法选择出行方式。这种情况除了使用接下来的应对策略外，最好再搭配一下相关医院的专业心理健康咨询。因为这很可能不是一种浅层次的思维问题，而是重大创伤事件带来的心理问题。有类似情况的同学，可以拨打全国免费心理援助热线。

纠结状况自查

根据以上讲到的三个问题，结合自身的实际情况，将导致自身纠结的问题列出来，从而更清晰地意识到问题所在，并寻找相应的解决方法，见表 2-1。

表2-1　纠结状况自查表

序号	问题一	问题二	问题三
1			
2			
3			
4			
5			
6			
7			
8			
9			
10			

与纠结永别的自我调整练习

想要彻底告别纠结，只需要按照下面的三个步骤进行自我调整即可，如图 2-9 所示。

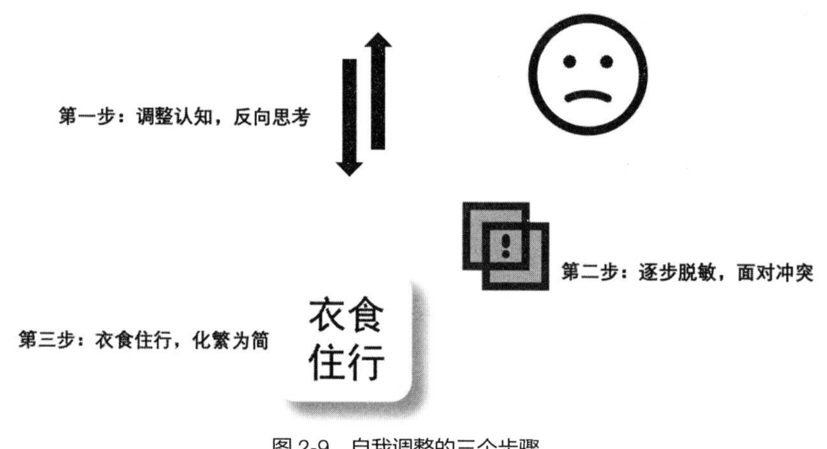

图 2-9　自我调整的三个步骤

第一步　调整认知，反向思考

这一步的关键是从无关紧要的细节中解脱出来，看见那个并不怎么重要的自己。

如何做呢？当你纠结的时候，停下手头的事情，闭上眼睛，什么也不想，然后尽力回忆你在街上见到的每一个人，你能记得他们的哪些细节呢？他们着装是否得体，谁胖谁瘦，谁蓬头垢面，谁早上没漱口，又有谁衣服上沾有油渍？如图 2-10 所示。

很有可能，你连一个特殊的人都想不起来，那么反过来，他们看你，

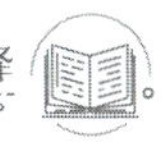

不也是一样的吗？他们在你眼里没有什么特殊的，你在他们眼里同样也没有什么特殊的。

图 2-10　闭眼，回忆

做一个测试，如果你平时刷抖音，你可以试着回想一下，上一段视频里面的人物穿的是什么颜色的鞋。

你的答案是：________________

翻回刚才的视频，看看你答对了吗？

除了上面的例子，其他很多行为也是一样的，你觉得回了领导一句不合理的话，领导在心里可能已经给你打了低分，准备再也不重用你了。其实很可能领导早就忘记了这件事，而你想太多，觉得领导对自己失望了，越来越自暴自弃，反而让领导轻视了你，如图 2-11 所示。

墨菲定律　凡事只要有可能出错，那就一定会出错

你以为说错话，导致差评

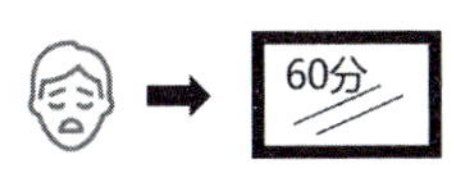

于是自暴自弃，用行动“赢”得了差评

图 2-11　案例示意图

怎么让你意识到一件事真正会有多大的影响呢？你可以试试事件重现，尽力回忆你自己觉得由于选择不当导致的灾难性后果，最好带上相关的朋友，一起分析一下在这个灾难性后果中，你到底有多重要。

比如，你认为自己在汇报的时候说错了一句话，导致领导最终没有批准项目的方案，但是通过分析发现，其实你的那句话没一个人注意到，项目最终失败还是方案本身的问题。然而，你很可能因为这个并不重要的原因内疚了很久。

事件重现：

____

你的错误：

____

你以为的后果：

____

客观原因：

____

第二步 逐步脱敏，面对冲突

这一步分两方面来进行训练，一方面对自己，另一方面对他人。

对自己，要认识到自己没那么重要。如果你能够接受的话，你可以马上穿上自己觉得最夸张的衣服，尝试去街上走一圈。当然也可以逐步来，先不要那么夸张，第一次在家门口转一圈，然后在附近几个小区走一圈，接下来去街上走一圈，最后再去商业街逛一圈，看看到底有多少人会专门盯着你看，如图 2-12 所示。

对他人，要在任何时候都捍卫自己的合理诉求。你依旧可以逐步来，先和好朋友模拟冲突，比如吃饭的场景，你不想吃辣的，你不爱吃辣的，

你就坚持自己的观点；在餐厅就餐，你不想挨着抽烟的人，你宁可不吃也要坚持自己的观点；你发现餐具脏了，坚持让服务员更换餐具，如果服务员不换，你就投诉，如图 2-13 所示。

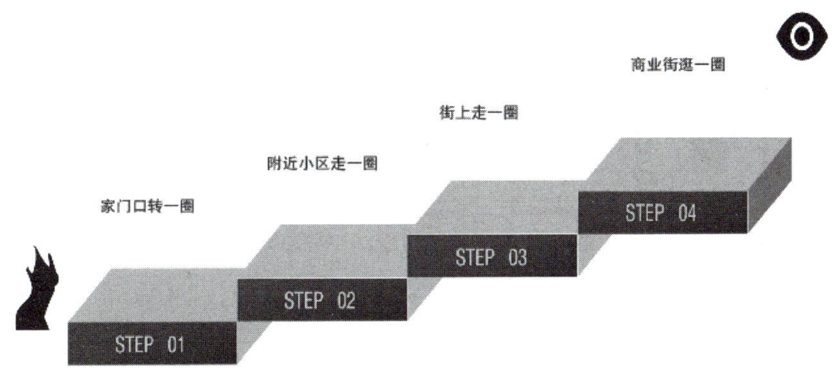

图 2-12　逐步脱敏示意图

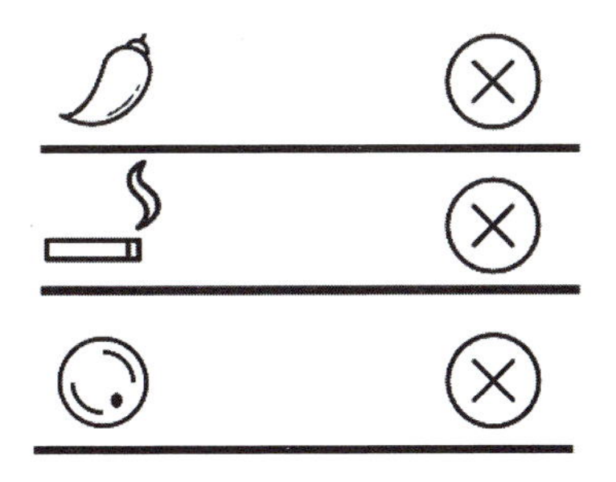

图 2-13　捍卫权利

通过这一系列的测试，你会逐渐提升对抗各种冲突的阈值，最后你会发现：选错了也没什么大不了的。你没那么重要，也没有人那么关心你。而且你的合理要求只要合理地坚持，就会收获好的结果。

第三步 衣食住行，化繁为简

要避免纠结，我们还要尽量减少自己的不必要选择，不给纠结机会。这里要注意三个原则，如图 2-14 所示。

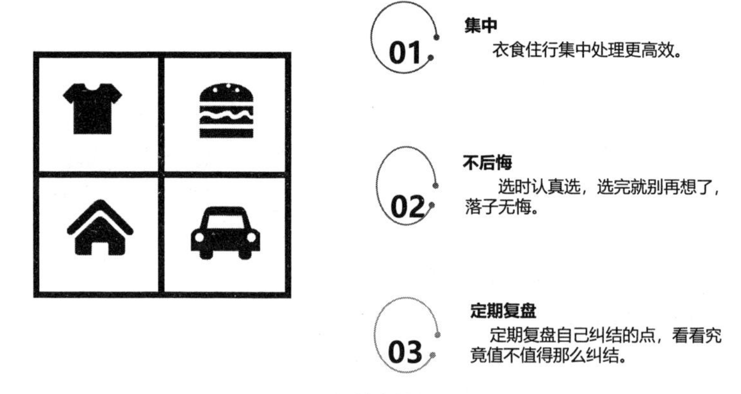

图 2-14 化繁为简的三个原则

具体而言，我们可以这样做，如图 2-15 所示。

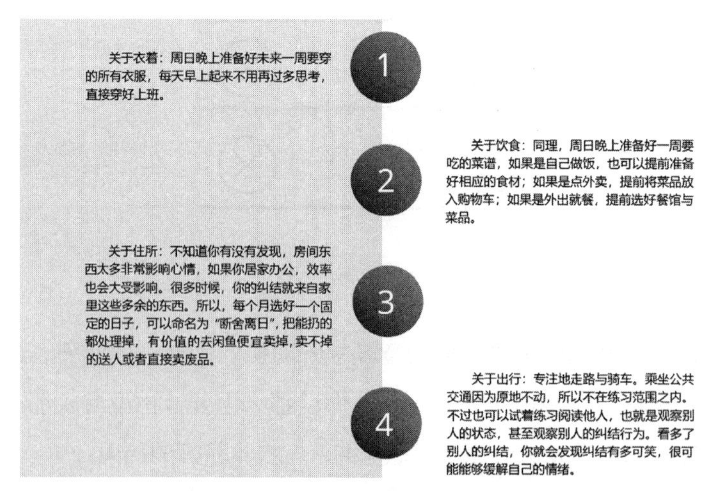

图 2-15 具体做法示意图

通过以上方法，经过一段时间的练习，如果你已经不纠结了，就不必执着于这种训练了。当你不再为生活中的琐事纠结，也就可以专注于学习和工作了，提升效率也就成为水到渠成之事。

【今日训练营任务】

心理学家巴里·施瓦茨认为，“过度的自由”反而导致人们对生活的满意度下降和临床抑郁症的增多。接下来，分别进入两个虚拟场景，如图 2-16 所示。

虚拟场景
你需要做出选择，你认为哪一个场景的选择满意度更高？

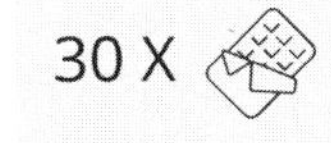
30 X
场景一：你进入一家大型购物中心，货架上摆着30种不同品牌的巧克力。

6 X
场景二：你进入一个小超市，货架上摆着6种不同品牌的巧克力。

图 2-16　虚拟场景

研究证实，从 6 种不同品牌的巧克力中做出选择的人满意度更高。很有意思吧，因为过多的选择可能会导致人们无所适从。

过多的信息会让你的大脑超载，从而让你的选择变得无比纠结。既然如此，为了让自己的生活与工作变得更加高效，就需要人为减少选项，定期进行“断舍离”。

接下来，我从几个方面设计了《断舍离（服饰）》清单表，如表 2-2 所示。读者也可以根据个人需求自行设计，核心目的就是简化工作与生活，提高效率。

在表 2-2 中，将平时不常穿的衣服整理出来，只保留生活与工作中经常穿的。这个清单对于女士可能有些困难，因为衣服太多，扔掉很可惜，所以可以与经常穿的服饰分开放，比如单独放置于一个衣物柜。

介绍一下表格的填写方法，比如你有 3 件白色衬衫，为了提升效率，需要处理掉其中的2件；你有4条黑色西裤，可以扔掉2条，留2条替换；你有 2 双黑色皮鞋，完全可以扔掉 1 双。

做完减法之后，还可以在表格最下面选择出每日最优搭配，这样每天出门之前就不用为了选择穿什么而耗费宝贵的认知资源了。

表2-2　断舍离（服饰）

断舍离（服饰）					
上装	数量	下装	数量	鞋子	数量
白色衬衫	2 件	黑色西裤	2 条	黑色皮鞋	1
周一穿搭	白色衬衫 + 黑色西裤 + 黑色皮鞋				
周二穿搭					
周三穿搭					
周四穿搭					
周五穿搭					
周六穿搭					
周日穿搭					

再举一个人脉断舍离的例子（只限于工作目的），如果你想在有限的时间内，利用有限的精力维护你的人脉资源，成就更高的价值，你需要仔细整理一下自己的人脉资源，如表 2-3 所示。

表2-3　断舍离（人脉）

断舍离（人脉）		
重要但不需要立即联系（第二象限）	不重要但需要立即联系（第三象限）	不重要且不需要立即联系（第四象限）

为了更清晰地进行梳理，还可以利用四象限法则对自己的人脉资源进行分类。以客户资源为例，如图 2-17 所示。

在这张四象限图中填入自己的客户资源，然后再设计人脉断舍离清单就会容易很多。

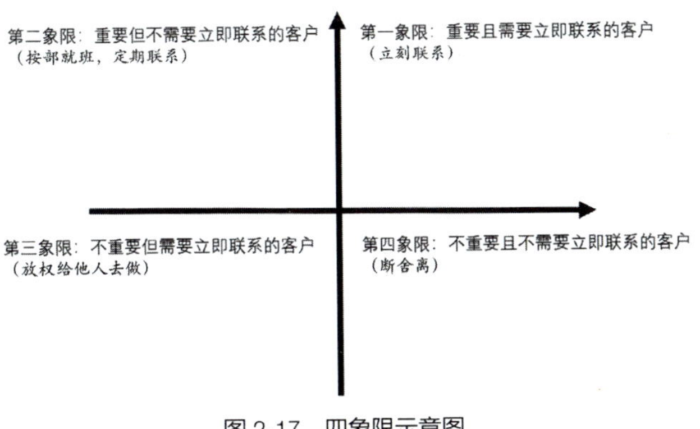

图 2-17　四象限示意图

理论上第一象限的客户资源是不必填入《断舍离（人脉）》的，其他三个象限的客户可以酌情填写。

【阅读盲盒】

找一个休息日，带上喜欢的书，选择你最喜欢的环境，安安静静地享受一个人的阅读时光。

一间复古的咖啡馆，老城区破旧的图书馆，郊区安静的湖畔……这是你最喜欢去的地方，在这里，你能够更加专注地读书。

第三天

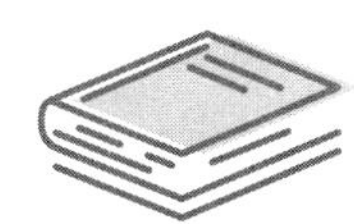

时间与精力：为什么优秀的人永远精力充沛

【知识卡片】

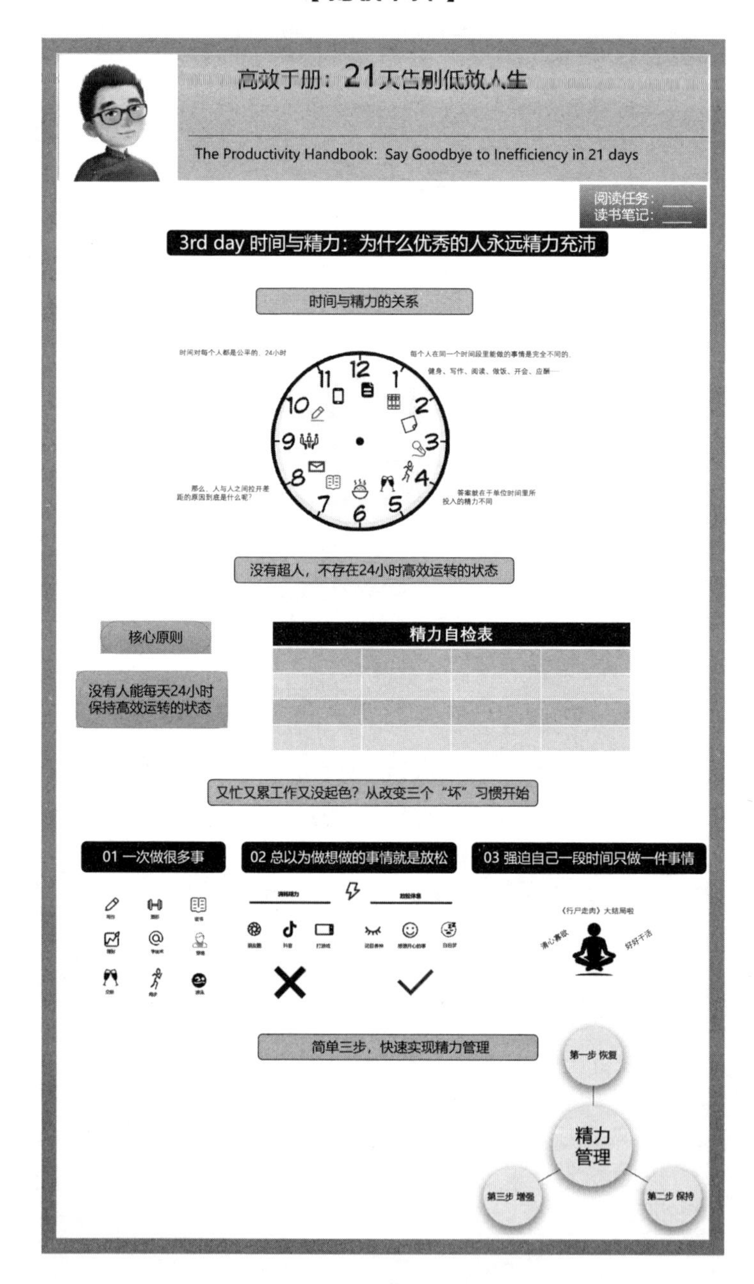
高效手册：21天告别低效人生
The Productivity Handbook: Say Goodbye to Inefficiency in 21 days
阅读任务：
读书笔记：
3rd day 时间与精力：为什么优秀的人永远精力充沛
时间与精力的关系
时间对每个人都是公平的，24小时
每个人在同一个时间段里能做的事情是完全不同的。
健身、写作、阅读、做饭、开会、应酬——
那么，人与人之间拉开差距的原因到底是什么呢？
答案就在于单位时间里所投入的精力不同
没有超人，不存在24小时高效运转的状态
核心原则
没有人能每天24小时保持高效运转的状态
精力自检表
又忙又累工作又没起色？从改变三个“坏”习惯开始
01 一次做很多事
02 总以为做想做的事情就是放松
03 强迫自己一段时间只做一件事情
简单三步，快速实现精力管理
第一步 恢复
精力管理
第三步 增强
第二步 保持

时间与精力的关系

写这本书的目的是帮助更多人提升状态，告别低效率的人生，而每个人的状态最直观的表现就是他的精力是否充沛。第三天的训练就要解决精力管理的问题。

要做好精力管理，首先我们要重新认识时间与精力的关系，如图 3-1 所示。

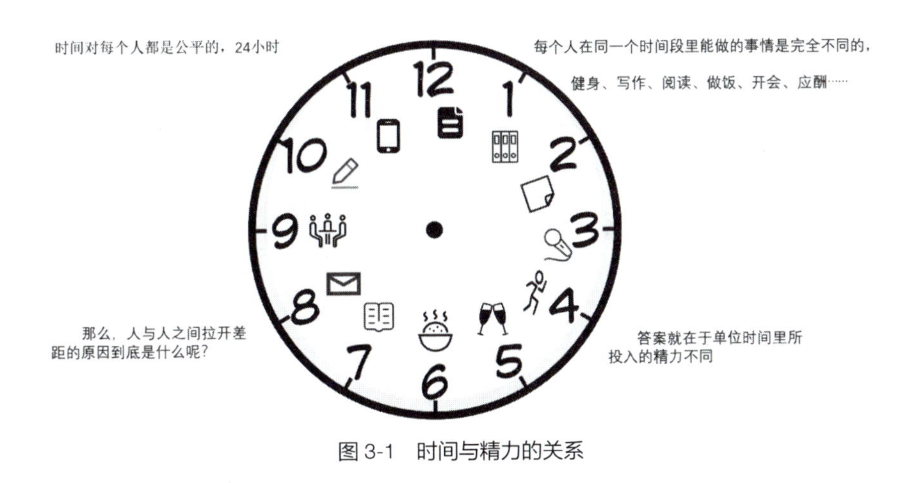

图 3-1　时间与精力的关系

再来看成功人士与普通人的时间线，如图 3-2 所示。

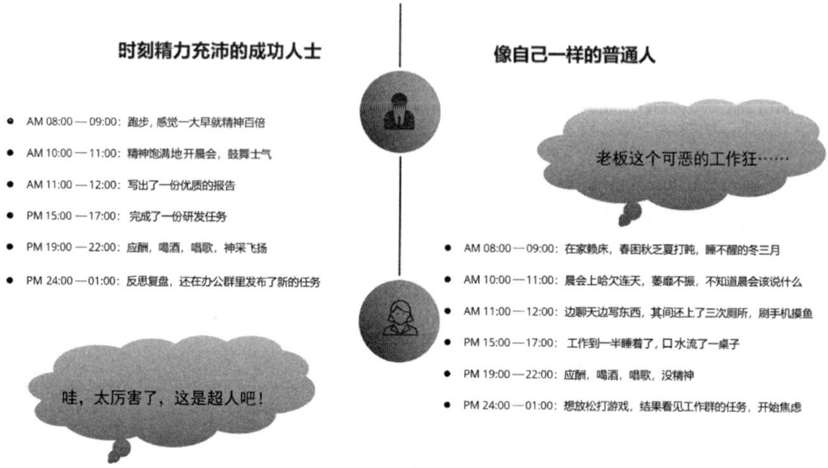

时刻精力充沛的成功人士

- AM 08:00 — 09:00：跑步，感觉一大早就精神百倍
- AM 10:00 — 11:00：精神饱满地开晨会，鼓舞士气
- AM 11:00 — 12:00：写出了一份优质的报告
- PM 15:00 — 17:00：完成了一份研发任务
- PM 19:00 — 22:00：应酬，喝酒，唱歌，神采飞扬
- PM 24:00 — 01:00：反思复盘，还在办公群里发布了新的任务

哇，太厉害了，这是超人吧！

像自己一样的普通人

老板这个可恶的工作狂……

- AM 08:00 — 09:00：在家赖床，春困秋乏夏打盹，睡不醒的冬三月
- AM 10:00 — 11:00：晨会上哈欠连天，萎靡不振，不知道晨会该说什么
- AM 11:00 — 12:00：边聊天边写东西，其间还上了三次厕所，刷手机摸鱼
- PM 15:00 — 17:00：工作到一半睡着了，口水流了一桌子
- PM 19:00 — 22:00：应酬，喝酒，唱歌，没精神
- PM 24:00 — 01:00：想放松打游戏，结果看见工作群的任务，开始焦虑

图 3-2　成功人士与普通人的时间线

最后得出结论：只有精力超群的工作狂才能事业有成，而自己不是。

没有超人，不存在 24 小时高效运转的状态

看完上一节的对比，难道普通人的精力天生不如那些成功人士吗？其实并不是，我们要记住精力管理的第一条核心原则：没有人能每天 24 小时保持高效运转的状态。

那些你没有看到的时间里，才是成功者与普通人拉开差距的真正原因，如图 3-3 所示。

你觉得这两份日程表的精力总量真的差距很大吗？其实并没有，只是精力消耗在了不同的地方。接下来请根据自己的实际情况，填写表 3-1，自我检验你的精力与时间都被浪费在哪里了。

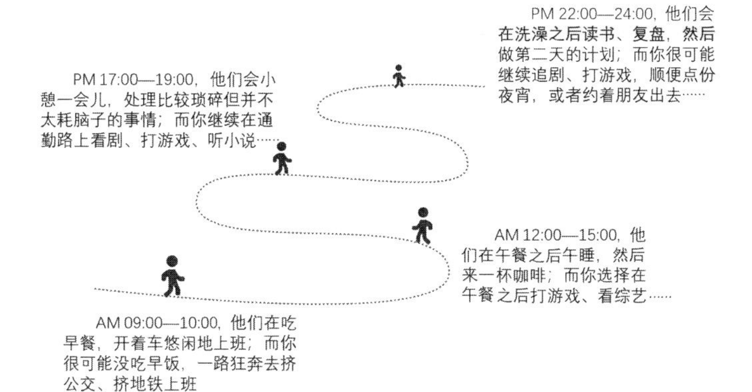

图 3-3　成功者与普通人拉开差距的原因

表3-1　日程表

时间段	周一	周二	周三	周四	周五
07:00—08:00					
08:00—09:00					
09:00—10:00					
10:00—11:00					
11:00—12:00					
12:00—13:00					
13:00—14:00					
14:00—15:00					
15:00—16:00					
16:00—17:00					
17:00—18:00					
18:00—19:00					
19:00—20:00					
20:00—21:00					
21:00—22:00					
22:00—23:00					

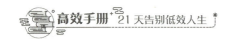

又忙又累工作又没起色？从改变三个“坏”习惯开始

精力管理出现问题的我们，经常是因为以下三个“坏”习惯，也可以理解为三个误区。

误区一 一次做很多事

日常颓废，间歇鸡血，不仅没效率，还容易把人搞出问题。

比如，我的前同事，典型的“咸鱼”小张。小张“咸鱼”的时候非常“咸鱼”，下班了就在玩游戏、刷短视频。他某天受到一个朋友的刺激，发现原本跟自己差不多的一个人现在比自己过得好——收入比自己高，是个小领导了，身材依旧保持得很好，有个漂亮温柔的女朋友，还计划两年内在武汉买房子。对方很认真地分享了自己这几年的成长，讲了自己是怎么成为一个互联网公司的运营主管的。

于是小张回家就打了鸡血：要学技术，要学理财，要学穿搭，要健身，要完善简历……结果，这样的生活不仅没有给自己带来多大的改变，反而差点让他丢了工作，如图 3-4 所示。

这种打鸡血式的超负荷运转对于精神的消耗是非常大的。精力调整要慢慢开始，就像很久没运动的人不能上来就高强度对抗，容易受伤，甚至猝死。

图 3-4　一次做很多事

误区二　总以为做想做的事情就是放松

好不容易开始学了一会儿，有了点成效，就想着休息一会儿，看看朋友圈、玩把游戏、刷会儿短视频……于是一切就结束在了这里，很快你就要睡觉了，如图 3-5 所示。

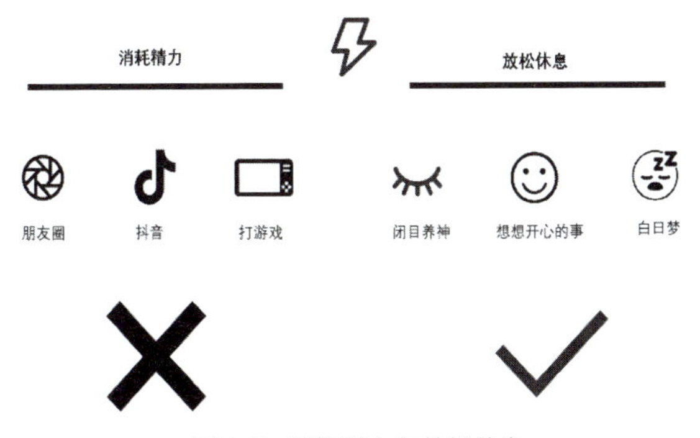

图 3-5　消耗精力与放松休息

其实，放松是积蓄而不是消耗精力的过程。我们反复强调，玩游戏或者其他对抗性竞技都不是用来休息的，刷抖音、追剧都是在反复刺激你的神经，也不算很好的休息方式。最简单的休息方法就是闭着眼睛躺一会儿，想想开心的事情，做做白日梦，成语“闭目养神”就是这个意思。

误区三 强迫自己一段时间只做一件事情

如果我对你说“不要去想《行尸走肉》大结局啦”，你试试能否控制自己的思维，真的不去想，如图 3-6 所示。

图 3-6　控制意念

人越是想要控制自己的思绪，越是控制不住。在日常生活中，这种情况也很常见：你或许可以努力克制不去看新一期的综艺或者热播偶像剧，但是几乎很难控制自己不去想象脑补：“这周更新的剧情会怎么发展呢……”

所以可能从表面上看，你跟其他人一样过着清心寡欲的日子，但心里已经演了好几百出戏了，甚至还会因为过度克制，等到某天疯狂地补偿自己，而这些脑补和纠结都在消耗你的精力。

所以，精力管理是我们的目标，但前期不要太苛求自己。可以分阶段逐级推进，即便有点小反复也要坚持下去，千万不要因此产生负面情绪。

简单三步，快速实现精力管理

如何快速实现精力管理呢？主要分为三步，如图 3-7 所示。

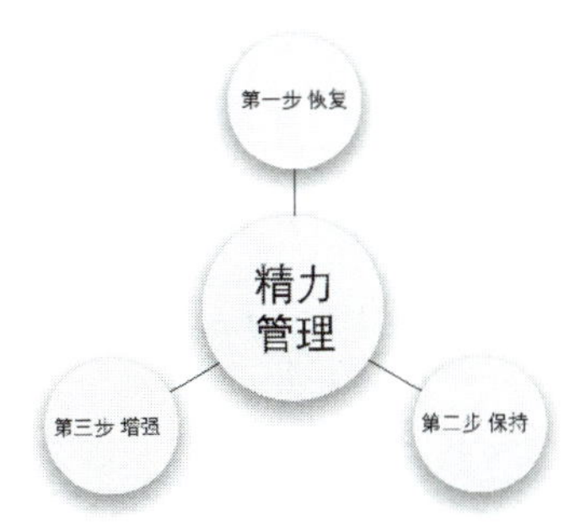

图 3-7 快速实现精力管理

第一步，恢复。这一步主要把握两个关键点，一个是什么时间该恢复精力，一个是怎样恢复精力，如图 3-8 所示。

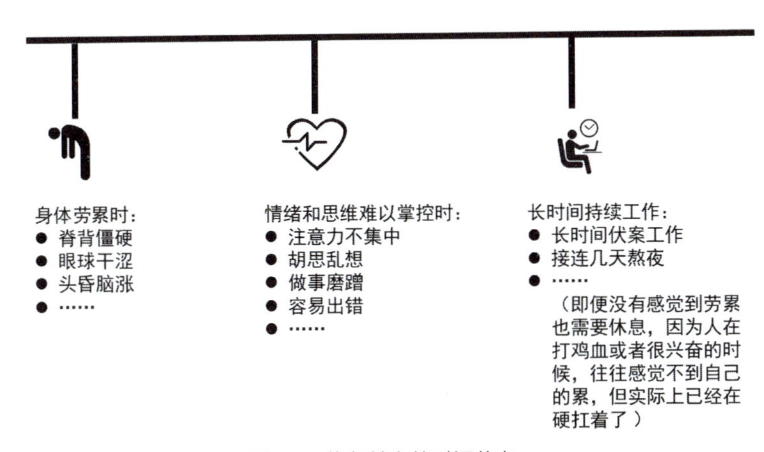

图 3-8 恢复精力的时间节点

出现以上信号时，就需要引起足够的重视了。接下来讲一下具体的恢复方法。

立刻停止消耗，短暂但彻底地抽离出来。记住，并不是要达到身体的临界点才开始恢复精力，而是当你感觉自己的精力有消耗的时候，就可以利用碎片时间休息，让自己从消耗精力的项目中短暂但彻底地抽离出来，比如利用会议间隔闭目养神。介绍几个碎片时间休息的方法，非常有效，如图 3-9 所示。

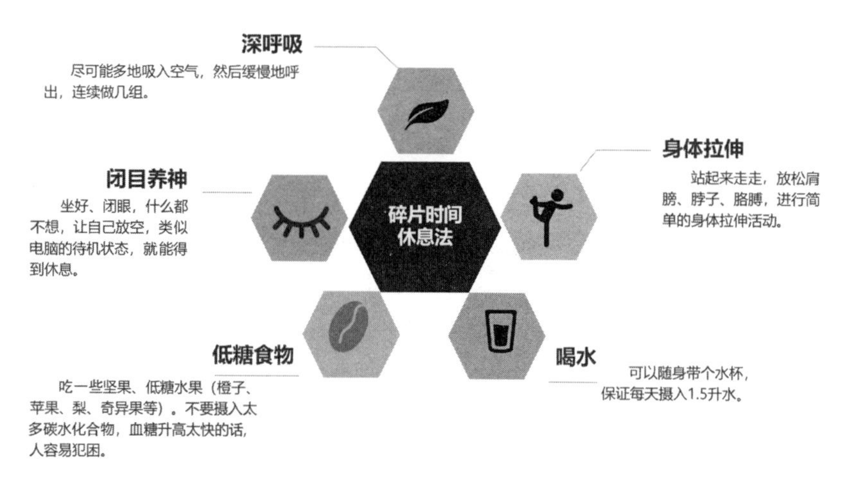

图 3-9　碎片时间休息法

以上恢复精力的方法都不难，很容易做到。真正的难点是，要养成自我恢复精力的习惯和意识，不要等到耗光精力才允许自己休息。

第二步，保持。精力本身是在周期性波动的，有消耗、有恢复。精力保持从“量”的角度讲，要注意消耗和恢复之间的动态平衡，也就是第一步说的精力不足时要及时恢复；从“质”的角度讲，就是要尽可能延长精力比较好的状态。那么，我们应该怎样从“质”上保持自己的精力呢？

先看一个例子，同样一场会议，不同表现的两类人，如图3-10所示。

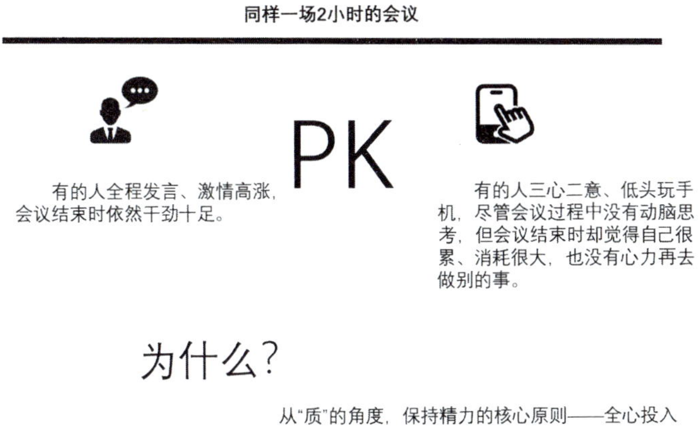

同样一场2小时的会议

有的人全程发言、激情高涨，会议结束时依然干劲十足。

PK

有的人三心二意、低头玩手机，尽管会议过程中没有动脑思考，但会议结束时却觉得自己很累、消耗很大，也没有心力再去做别的事。

为什么？

从“质”的角度，保持精力的核心原则——全心投入

图 3-10　对比图

你需要清楚，那些犹犹豫豫、三心二意、有所保留的状态，并不是节约精力，而是在干耗精力、放空，非常不利于精力的保持。反倒是非常享受、全心投入的时候，能让人进入类似心流状态，延长精力饱满的状态。以开车类比，在城里堵车，跑不起来，频繁刹车导致高油耗；反倒是在高速上，虽然速度快得多，油耗反而少了很多。精力保持也是同样的道理。

第三步，增强。这里的增强是指精力增强，是指在较长的时间尺度里，不断提高精力总量的上限。

精力增强的方法有点类似肌肉训练，比如说，100kg 的杠铃，你现在最多能卧推 5 次，这是你目前的上限，那在接下来的训练里，可以重复推 5 次的训练，以及在保证安全的情况下提高到 6 次、7 次，通过这样的方式告诉自己的身体要长出更多的肌肉纤维。在每次突破极限之后，都要配合有效的补偿。这样短期内会有些不适应或者不舒服，但长期来看，会不断提高自己的上限。

精力增强也是这个逻辑，但前提一定是适度增量，保证自己的健康和安全，切忌用力过猛、操之过急，精力管理如图 3-11。

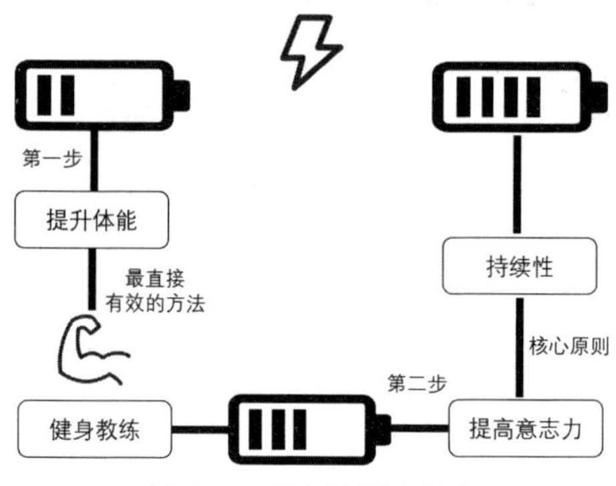

图 3-11　精力管理示意图

精力增强的第一步是提升体能状况，而最直接有效的方法，就是找个健身教练。如果想自己训练，一定要注意根据自己的体重、体脂、心率等生理情况，选择合适的运动强度。

这里的运动强度和运动量是两个概念，比如说同样都是跑 10 公里，有的人 1 个小时跑完，有的人 5 个小时跑完，运动量是一样的，但运动强度则完全不同。关于运动强度的控制与判断，介绍两种方法，如图 3-12 所示。

图 3-12　运动强度的控制与判断

精力增强的另外一个切入点是：提高意志力和做事情的耐心程度。

大家不要觉得自己对事情不耐烦只是因为自己不喜欢，或者幻想如果做喜欢的事情就能坚持到底。任何事情的客观难度并不会因为人的主观喜欢与否而改变，其中枯燥乏味的部分都会让你感到不耐烦，除非你本身忍耐力就足够高。

当然，日常体能训练本身就能提高意志力，更有效的方法是，培养习惯或者以年为单位持续做一件事情。其中的核心原则就是：持续做某件事情。不管开头有多烂，或者过程有多不稳定，重点是持续。比如，坚持每天快步走 5km，或者坚持晚上 9 点钟之后不再吃夜宵，或者坚持不喝带白砂糖的饮料或奶茶，如图 3-13 所示。

图 3-13　案例示意图

我设计了一张《习惯养成表》（表 3-2），为了提升意志力，将适合自己的项目列出来，长期坚持做这件事，直至养成习惯。例如跑步，每天坚持跑 5km，风雨无阻，意志力就会逐步提升。

表3-2 习惯养成表

习惯	周一	周二	周三	周四	周五	周六	周日
跑步	5km	5km	5km	5km	5km	5km	5km

如果没有思路，不知道哪些习惯有助于提升意志力，可以从图 3-14 中选择。

在这张图里，有身体训练的项目，如果你觉得这些对于你来说太难了，还有一些很简单的事，比如多喝水、不熬夜。总之，每个人先从最简单的、适合自己的项目入手，逐渐提升意志力。

图 3-14 提升意志力示意图

【今日训练营任务】

今天的训练任务是测试自己的精力状况，完成下面的测试题，检验自己目前所处的状态，并进行相应的自我调整。

1. 是否能够保持充足的睡眠时间（7～8 小时）？

A. 是　　B. 不是

2. 每天睡醒之后是否会感到疲惫？

A. 是　　B. 不是

3. 是否有吃早餐的习惯（非垃圾食品）？

A. 是　　B. 不是

4. 每周是否能够保证充足的运动量？（世界卫生组织建议，18～64 岁的成年人，每周要保持 150 分钟中等强度运动或 75 分钟高强度运动）

A. 是　　B. 不是

5. 在学习、工作过程中，如果状态不好，没有思路的时候，是否会选择休息一会儿？

A. 是，有这样的习惯　　B. 不是，没有这种习惯

6. 当遇到棘手的问题时，是否经常出现焦虑、急躁等情绪问题？

A. 是　　B. 不是

7. 除了工作，是否很少有时间做其他事？

A. 是　　B. 不是

8. 在学习、工作中，是否很难集中精力处理一件事？

A. 是　　B. 不是

9. 是否总是将精力用于应付迫在眉睫的事，无法专注于长远有价值的目标？

A. 是　　B. 不是

10. 是否每天都很忙，没有时间自省以及从更长远的角度考虑问题？

A. 是　　　　　　　　　　B. 不是

11. 是否没有时间与精力做自己喜欢的事情?

A. 是　　　　　　　　　　B. 不是

12. 是否每天都在加班，周末也在工作，甚至假期也需要处理工作?

A. 是　　　　　　　　　　B. 不是

评分标准:

1、3、4、5

选 A 得 1 分，选 B 不得分

2、6、7、8、9、10、11、12

选 A 不得分，选 B 得 1 分

参考答案

0 ～ 4 分：你的精力状况很差，完全不懂精力管理的方法，如果不及时调整状态，对于未来的影响会进一步加剧。

5 ～ 8 分：你的精力状况一般，目前能够应对学习与工作方面的压力，但是缺少更进一步的提升空间，需要学习更科学的方法，调整自己的状态，并将精力放在更长远、更有价值的目标上面。

9 ～ 12 分：你的精力状况不错，擅长精力管理，即便面对较大的学习与工作压力也能够应对自如，还有充足的时间做自己喜欢的事情，并将更多的精力用来考虑更长远、更有价值的目标。

【阅读盲盒】

锁定阅读目标

带着目的读书，能够让你更专注，同时更有动力。

阅读目标不能过于宽泛，要具体，例如这本书，如果你的目标定位在“解决拖延、低效的问题”，这个目标就过于宽泛了。

你需要一个更具体的目标，例如“如何实现精力管理”，带着这个问题，你就能够更专注地投入第三天的阅读训练之中。

阅读目标：________________

第四天

睡眠训练：告别没有尽头的辗转反侧

【知识卡片】

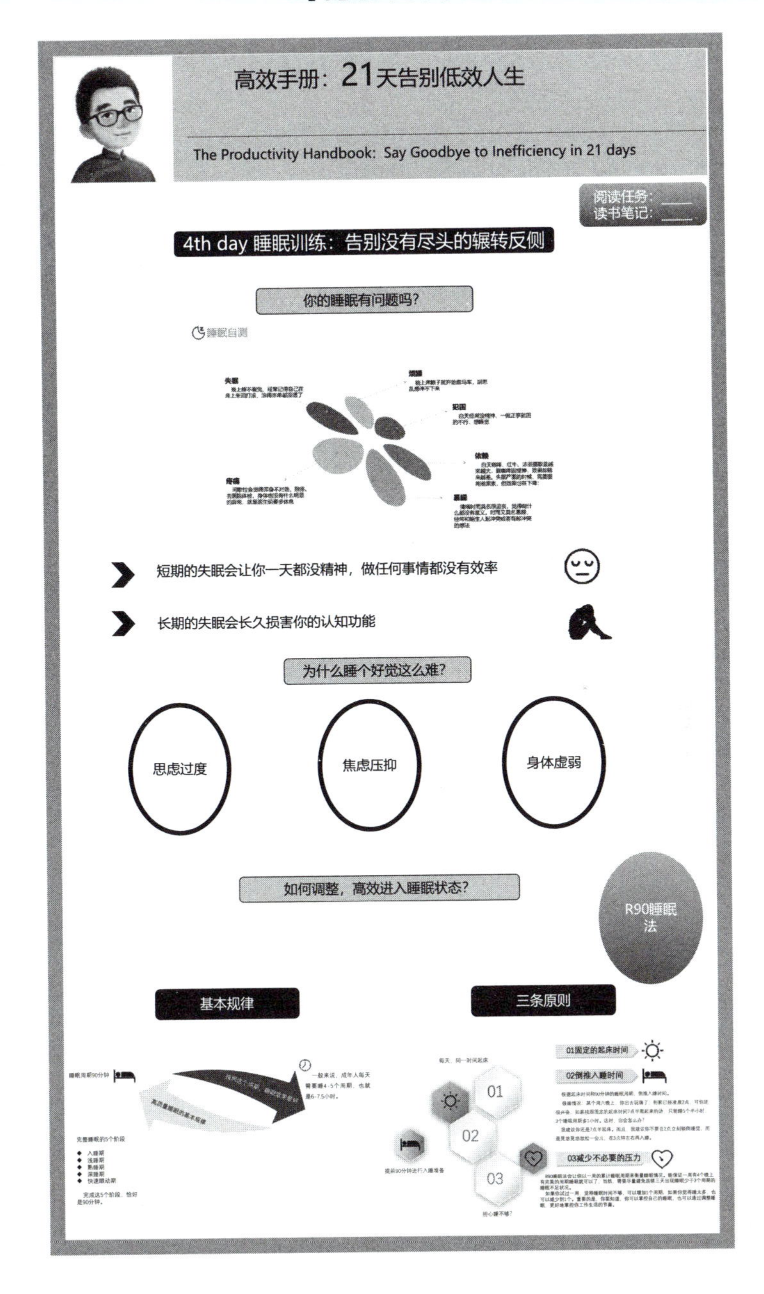
高效手册：21天告别低效人生
The Productivity Handbook: Say Goodbye to Inefficiency in 21 days
阅读任务：____
读书笔记：____
4th day 睡眠训练：告别没有尽头的辗转反侧
你的睡眠有问题吗？
睡眠自测
短期的失眠会让你一天都没精神，做任何事情都没有效率
长期的失眠会长久损害你的认知功能
为什么睡个好觉这么难？
思虑过度
焦虑压抑
身体虚弱
如何调整，高效进入睡眠状态？
R90睡眠法
基本规律
三条原则
睡眠周期90分钟
一般来说，成年人每天需要睡4-5个周期，也就是6-7.5小时。
完整睡眠的5个阶段
入睡期
浅睡期
熟睡期
深睡期
快速眼动期
完成这5个阶段，恰好是90分钟。
每天，同一时间起床
提前90分钟进行入睡准备
担心睡不够？
01
02
03
01固定的起床时间
02倒推入睡时间
03减少不必要的压力

你的睡眠有问题吗?

我们都知道，好的睡眠是好的精神状态的前提，然而在现代社会，我们或多或少都面临着睡眠的问题。这些问题不同程度地困扰着我们，让我们白天没精神，晚上很焦虑。如果你也有下面这些问题，你的睡眠就在给你的精神状态拖后腿，如图 4-1 所示。

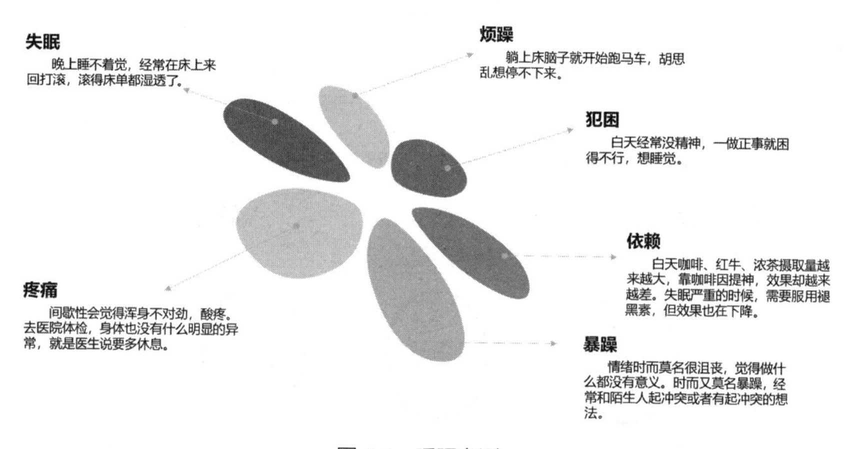

图 4-1 睡眠自测

如果你存在上面这些问题，说明你的睡眠出了问题。你向他人诉苦，他们却经常跟你说：你明天好好睡不就好了，睡不着觉算是什么毛病啊。睡眠的苦，真的只有懂的人才懂。

但是，失眠带来的不仅仅是痛苦，其本身的危害也是非常大的。短期的失眠会让你一天都没有精神，做任何事情都没有效率；长期的失眠会损害你的认知功能，这是个非常需要重视的问题。

为什么睡个好觉这么难？

为什么现代人越来越难以睡个好觉呢？

首先，思虑过度。我们好像生活在一个事情史无前例地多，每个人都史无前例地忙的时代，我们每个人过去经历的事，现在要处理的事，未来要面对的可能出现的情况，都史无前例地多，如图 4-2 所示。

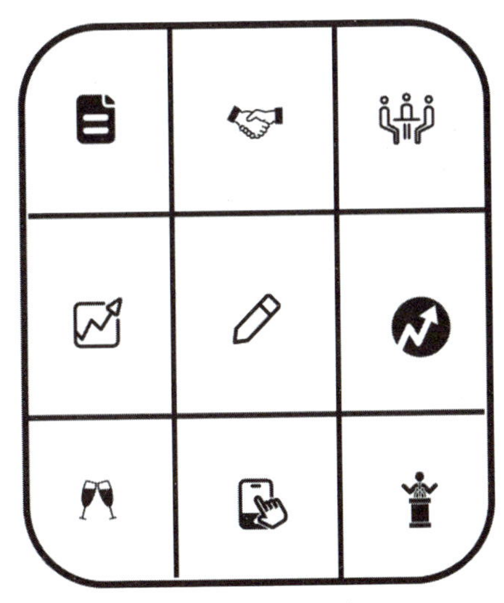

图 4-2　忙不完的事

睡前我们究竟可以想多少事情？

临睡前看了一眼天气预报，明天要下雨降温，很可能你就开始想了。明天要降温，我要不要加件外套？明天下雨，肯定堵车，我不能骑电动车上班了，我坐公交还是地铁？明天坐公交地铁的人更多了，那不得挤死，要不打车？不对啊，打车更堵，还不如我的电动车。但我没有雨衣，明天骑电动车不得湿透了？湿透了还怎么上班？还容易感冒，最近是项目收尾的时候，可不能感冒，到时候影响我的奖金。那骑电动车不行，我还是挤地铁？地铁人肯定多，我要不早点起来，人会不会少点……如图 4-3 所示。

图 4-3　睡前的胡思乱想

你看，一个天气预报就让你睡不着了。

其次，焦虑压抑。不愿意这一天就此结束。精神分析里关于“睡眠”有个说法：在潜意识里，把睡眠理解为“一天的死亡”，人无法睡着，是因为不甘心这一天就这样结束，想要延长时间、多做点事情。特别是如果一天都没什么属于自己的时间，睡前好不容易空闲的人，更加珍惜睡前难得的清闲又清醒的时间段，舍不得入睡。

最典型的情况就是，越是忙得不可开交，越需要休息的时候，越是熬夜不睡觉。比如，年底项目特别忙，上班忙完加班忙，加班忙完熬夜忙。好不容易忙完了，都夜里两三点了，该睡觉了吧？舍不得，忙了一天了，不得打打游戏、刷刷抖音、看看剧慰劳一下自己？所以就继续熬

夜，到了四五点，发现离上班还有 4 个小时了，这怎么睡得好？更加焦虑，越焦虑越睡不着，就此恶性循环，如图 4-4 所示。

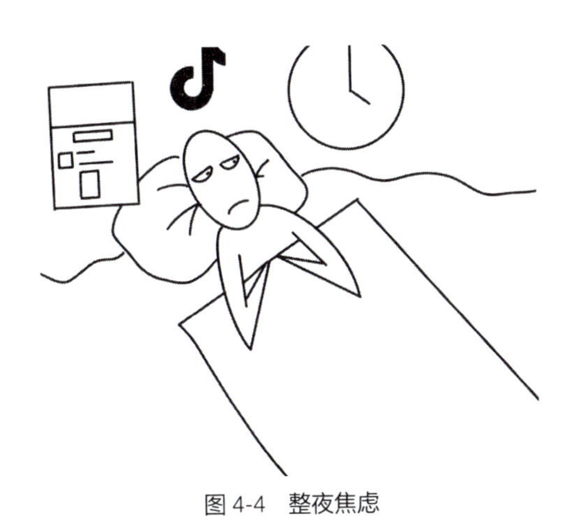

图 4-4 整夜焦虑

最后，身体虚弱。导致失眠的一个重要原因就是身体虚弱，如果你久坐不动，长期不运动，很可能你的身体机能已经退步，身体状况也会出现问题。这个时候，如果你还有暴饮暴食或者经常吃夜宵的习惯，那么你很可能就会经常失眠。

如何调整，高效进入睡眠状态？

那么，既然搞清楚了睡不着的原因，我们应该如何调整睡眠，让自己进入正确又高效的睡眠状态呢？

首先，明确对睡眠的认知。睡眠究竟是什么、不是什么呢？常见的错误认知主要如图 4-5 所示。

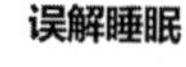

期待太高
×睡醒了=有精神
√能否精力充沛取决于睡眠质量，睡得好，6个小时就能很有精神，睡得不好，12个小时也头疼头晕没精神。
贬低睡眠
×睡眠是偷懒、懒惰，贪睡的人都是懒人。
√人困了要睡觉，睡觉是人的基本权利。
误解睡眠
×睡眠时间越长越好或者越短越好。
支持多睡的人认为，乌龟长寿是因为乌龟长时间地睡觉，睡得长，命就长。
支持少睡的人认为，根本不用睡那么长，人生1/3的时间都睡过去了，多浪费啊。
√关于乌龟的例子没有任何科学依据，人和乌龟物种都不同，怎么能作比较?更何况乌龟中也有寿命短的，最常见的巴西龟，就只有15~20年的寿命。
√关于少睡的例子，你让他们每天只睡两三个小时，看看他们的身体能坚持几天。
3
2
1
SAMPLE TEXT

图 4-5　睡眠的误区

那么，怎样才能睡得好呢？我们通过对睡眠的正确认知来找方法。其实，睡眠是身体的修正机制，小的病痛或者身体损伤的修复大都在这个时候完成，如图 4-6 所示。

睡眠提高免疫力

在白天承受压力的情况下，体内的肾上腺素水平升高，降低了免疫系统的工作效率。

进入睡眠状态后，能够保证免疫细胞之间的沟通更加畅快，也就意味着你的免疫反应会更加快速、有效。

因此，入眠困难的失眠者免疫系统通常比较虚弱，更容易受到慢性压力和抑郁的影响。

睡眠减少大脑损伤

睡眠时，大脑可以通过脑脊液排出白天产生的废弃物，减轻其对脑细胞的损伤；良好的睡眠能有效降低阿尔茨海默病的发病率。

睡眠促进肌肉发展

身体每天95%的生长激素会在非快速眼动睡眠期从内分泌系统的垂体释放出来。因此，深度睡眠被认为是身体主动修复和自我恢复的时间。

睡眠帮助巩固记忆

当大脑进入睡眠时，会交替进入两个阶段：非快速眼动睡眠期和快速眼动睡眠期。通过对神经突触的研究发现：非快速眼动睡眠期，有助于程序性记忆；快速眼动睡眠期，有助于情景记忆的巩固。

睡眠是情绪的修正机制

压力和负面情绪都可以通过睡眠得到释放。大脑有个区域是杏仁核，主管强烈的情绪反应（尤其是负面情绪），还有个区域是前额叶皮层，负责做自上而下的高级决策。脑成像研究发现，在睡眠中（尤其是快速眼动期），杏仁核和前额叶皮层可以得到更好的交流和联系，也就是情绪恢复期。相反，被剥夺睡眠的人，杏仁核反应比正常情况强烈60%，更容易情绪过激失控。

图 4-6　睡眠的正确认知

既然高质量的睡眠有这么多的好处，我们怎样才能实现高质量的睡眠呢？

推荐大家使用 R90 睡眠法，它是英超曼联（曼彻斯特联足球俱乐部）的御用运动睡眠教练——尼克・利特尔黑尔斯提出的。在尼克的指导下，很多世界顶级的体育名将如大卫・贝克汉姆，都采用了这样的睡眠方案，睡眠质量和工作效率得到很大提升。

R90 说的是，每个人需要的睡眠时长不同、入睡时间不同，这些都没有关系。但是高质量的睡眠有一个基本规律，就是睡眠周期为 90 分钟。按照这个周期进行睡眠，效果最好。一般来说，一个成年人每天需要睡 4 ～ 5 个周期，也就是 6 ～ 7.5 个小时。

一个完整的睡眠周期分为 5 个阶段，有入睡期、浅睡期、熟睡期、深睡期和快速眼动期。完成这 5 个阶段，恰好是 90 分钟，如图 4-7 所示。

图 4-7　睡眠周期示意图

R90 睡眠法告诉我们，高质量睡眠的关键不在于时间的长短，而在于能否保证睡眠周期的质量，也就是让 5 个睡眠阶段不被打断。那么，怎样实施 R90 睡眠法呢？有三条原则，如图 4-8 所示。

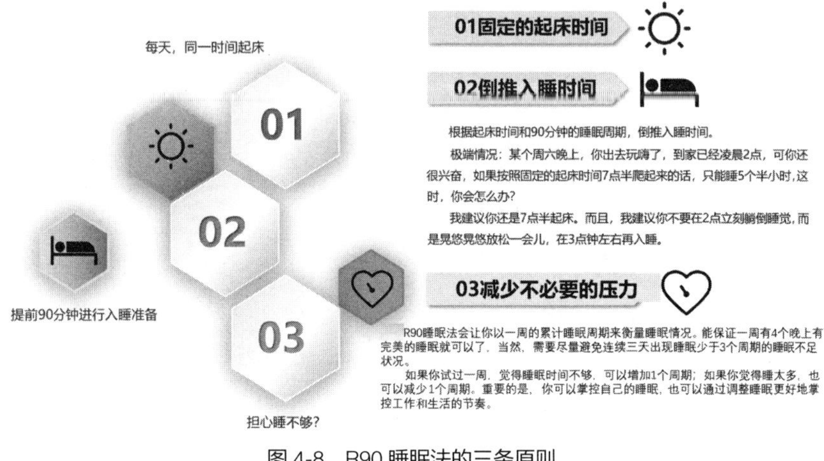

图 4-8　R90 睡眠法的三条原则

在实践 R90 睡眠方法的同时，我们也要优化睡眠环境，对睡眠场景进行如下布置，如图 4-9 所示。

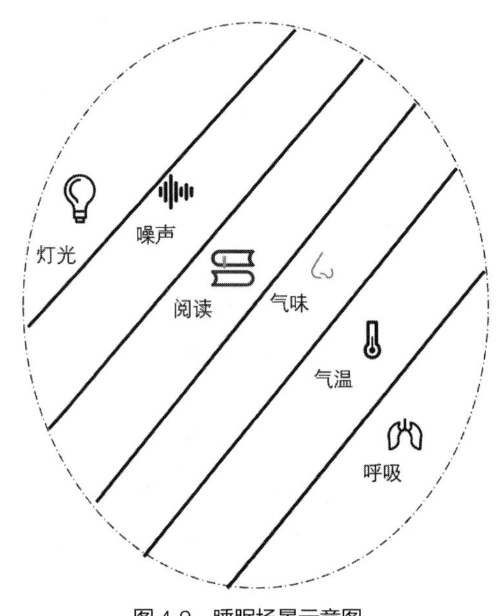

图 4-9　睡眠场景示意图

灯光：在准备睡觉前，提前将室内照明光源关闭，可保留夜灯或者壁灯等光线柔和的灯源，目的是提前释放即将入睡的信号。

噪声：远离噪声，必要时可以关上窗户；可以听一些舒缓的自然音乐，如潮汐声、森林声等。

阅读：睡觉之前可以看一些哲学、政治、经济等比较晦涩难懂的书籍，增加大脑的疲劳感，但不要看小说等情节比较紧凑的书。

气味：睡前可以在屋子里喷一些有助于睡眠的精油，如薰衣草精油等。如果不习惯，保持屋内空气清新是最低要求。

气温：温度稍低的环境更有助于睡眠，比较合适的温度是14℃～24℃，具体因人而异。睡前半小时可以洗一个热水澡，或者用热水泡脚。因为人是恒温动物，泡脚会使温度升高，但过一会儿体温就会降下来，体温降下来之后有助于睡眠。

呼吸：找一个舒服的姿势躺下，想象自己躺在一片柔软的草地上，做几组深呼吸；想象一股暖流从头顶缓慢地流到脚趾尖，非常细致地流过每个身体器官，头皮—额头—眉毛—眼眶—鼻子—嘴巴—牙齿—下巴—脸颊—脖子—肩膀—胸腔等，越细致越好，暖流每经过一个地方，那里就变得非常放松、非常舒展，最后它带着一身的疲惫，从脚趾尖流出。

通过R90睡眠法和环境的改善，我们的睡眠质量就能够大大提升。

【今日训练营任务】

睡眠质量高的人，记忆力、反应力都更出色，学习、工作的效率也更高。为了更好更快速地进入梦乡，就要学会从精神与身体两个方面进行放松。当我们躺在舒适柔软的床上，身体很快就会放松下来，所以我们主要进行精神方面的放松训练。

停止一切思考，10秒内清空大脑，如图4-10所示。

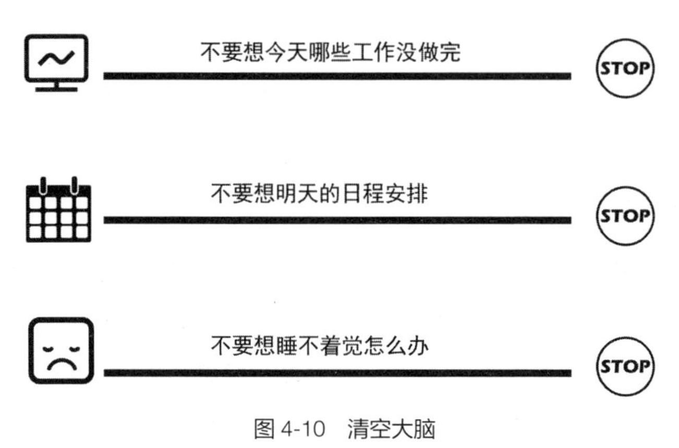

图 4-10　清空大脑

具体应该怎么做呢？美国海军少将温特发明了一种静止画面想象法，该方法曾经帮助身处战争中的飞行员快速入睡。

静止画面想象法，指的是通过想象一幅静止的画面，实现快速放松。该画面要让你感受到愉悦，保持对这个画面的想象，持续 10 秒钟。

刚开始训练的时候可能无法达到快速放松的效果，每个人可以根据自己的实际情况调整，比如持续更长的时间。

当你躺在床上，身体已经全部放松下来之后，接下来进入精神层面的放松训练。

幻想你在一个温暖的春日，躺在一片宁静湖泊上的独木舟上，一边晒着太阳，一边看着天空飘浮的白云。

专注于这个画面，持续 10 秒钟或者更长时间，将其他一切杂念清除出你的大脑。

关于静止画面的想象，可以结合曾经亲自去过的地方，如果没有，也可以结合自己在电视上看过的画面进行想象。

训练要点：

- 训练效果逐步增强，不要急于求成；

- 在睡前 30 ～ 60 分钟开始放松训练；
- 为了避免学习新知识、新技能带来的焦虑与失控感，刚开始建议在午休时练习，熟练之后再应用到夜晚的睡眠中。

【阅读盲盒】

第五天

自我接纳：不要与自我为敌

【知识卡片】

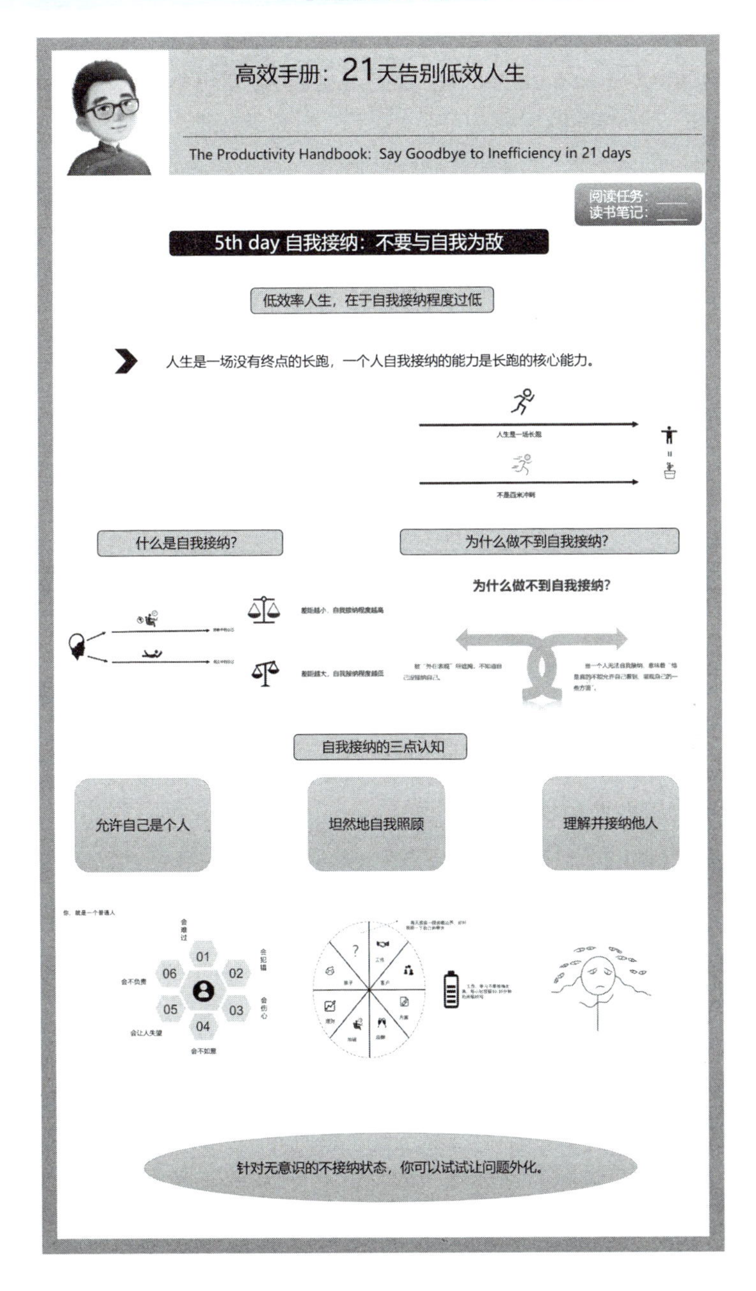

高效手册：21天告别低效人生
The Productivity Handbook: Say Goodbye to Inefficiency in 21 days
阅读任务：
读书笔记：
5th day 自我接纳：不要与自我为敌
低效率人生，在于自我接纳程度过低
人生是一场没有终点的长跑，一个人自我接纳的能力是长跑的核心能力。
人生是一场长跑
不是百米冲刺
什么是自我接纳？
差距越小，自我接纳程度越高
差距越大，自我接纳程度越低
为什么做不到自我接纳？
为什么做不到自我接纳？
自我接纳的三点认知
允许自己是个人
坦然地自我照顾
理解并接纳他人
01
02
03
04
05
06
针对无意识的不接纳状态，你可以试试让问题外化。

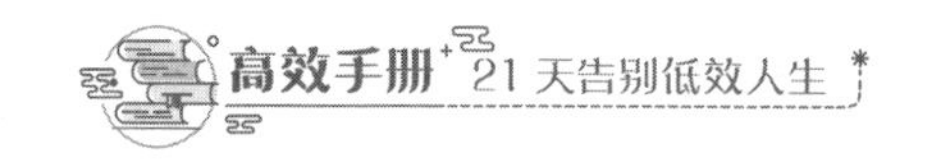

低效率人生，在于自我接纳程度过低

自我接纳是保持高效状态的核心环节。人生是一场没有终点的长跑，不是一次短程的百米冲刺，如图5-1所示。

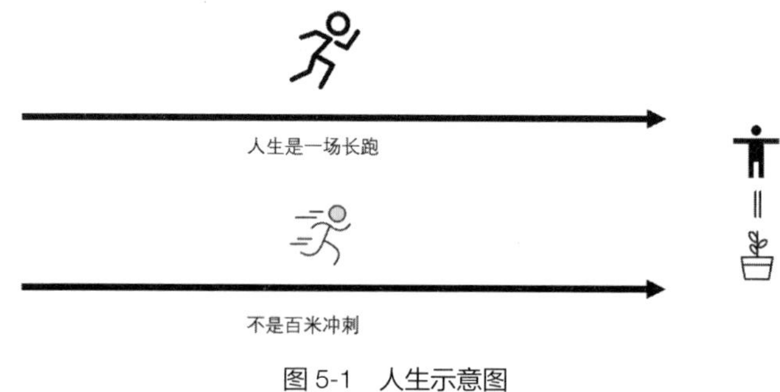

图5-1 人生示意图

而一个人自我接纳的能力，就是一个人在长跑中能多大程度上控制好自己呼吸的能力。这个能力看起来不是很重要，可真正跑过长跑的人知道，这个能力才是长跑的核心能力。

说到自我接纳，我想起一个既"佛系躺平"又经常给自己打鸡血的朋友。

他经常宣扬自己的"躺平"思想，以"咸鱼"自比，但是经常看励志小视频、书籍，又报了一大堆各种各样的培训班。有时觉得假期神圣不可侵犯，要玩就要放纵地玩；有时觉得假期就要自我提升，给自己列特别详细的提升计划。

上班的时候以带薪上厕所为荣，觉得要让老板为自己打工；背后又经常说自己升职的同事，觉得他们就会溜须拍马，自己才是真正干事的人。还要宣扬自己家里多有钱，分分钟回家啃老。但是一跟父母聊天，又明确表达了自己绝对不回家乡，不能啃老。

对待感情，一方面觉得没有人看得上自己。恋爱标准也是“女的就行”，但当有人对他示好的时候又开始挑剔，各种看不上。

而他这样生活的后果是：

- 假期玩得非常纠结，一边玩一边看书，一边玩一边学习课程。然而，假期看的书、学的课也没怎么帮到他，提升得无比挣扎，经常颓废大半时间，最后一天赶着去学。
- 工作不顺心，各种机会仿佛都和自己擦身而过。
- 和父母关系紧张，经常吵架。
- 没有健康的亲密关系。
- 最重要的是，即使一天什么也没做，每天也觉得自己特别累。

这种撕裂的人生，无时无刻不在损耗着他的精力，而究其根源，在于他的自我接纳程度太低了。

什么是自我接纳？

我们每个人身上都有两个自己：一个想象中的自己，一个真实的自己。这两者之间的差距越小，自我接纳程度越高；差距越大，自我接纳程度越低，如图 5-2 所示。

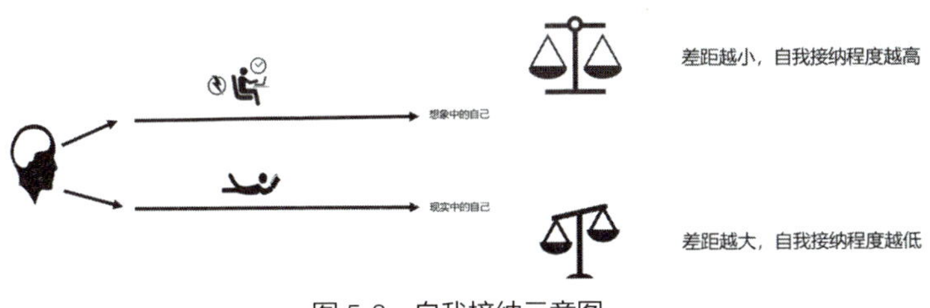

图 5-2　自我接纳示意图

以下是具体差别，如图 5-3 所示。

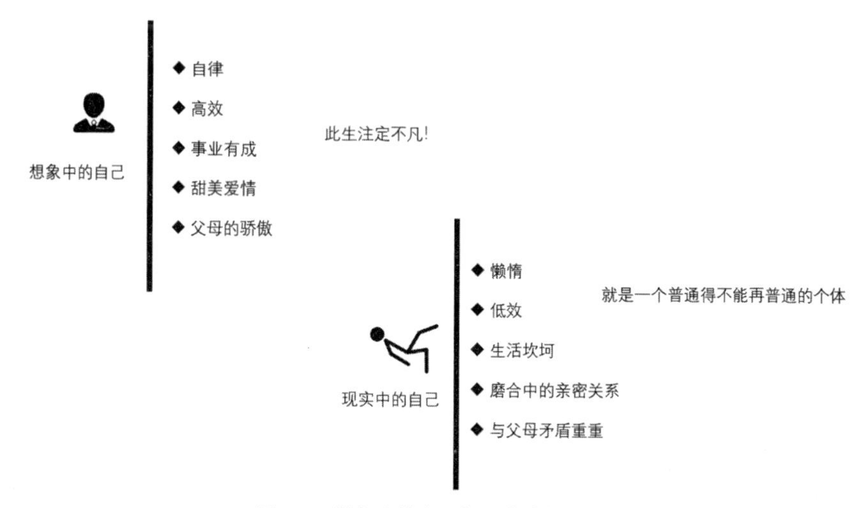

图 5-3　想象中的自己与现实中的自己

理想与现实的差距，产生了巨大的撕裂感。内心越是无法接受，撕裂感就会变得越大。下一次就会以更严苛的理想自我的形象来约束自己，于是撕裂感进一步加大。而要同时维持这两个自我，势必要耗费巨大的能量，就像一直在变速跑一样，人很容易就喘不上气来。

当我们无法接纳自己的时候，就会出现以下“症状”。

看待自己：拧巴、较劲、觉得自己不够好而为难自己、自我隔离，不擅长处理自己的感受和情感、不会照顾自己。

对待他人：无论是对父母还是对恋人，关系都不顺利，无法和他人建立深度关系、觉得他人对自己不满意。

为什么做不到自我接纳?

其实，每个人都“知道”要自我接纳，知道这就是自己，是无法改变的事实，肯定要接受，但真正能做到的人少之又少。为什么呢？如图 5-4 所示。

图 5-4 为什么做不到自我接纳

一方面，是因为被“外在表现”所遮掩，不知道自己没接纳自己。自我接纳，常常被误解为以下形式或表象，如图 5-5 所示。

所以，你可能也会经常遇到一些朋友，非常不甘心地说“我‘躺平’了”，这其实并不是自我接纳，而是在逼自己表演“自我接纳”。很多人不仅做不到自我接纳，甚至连自己做不到这点都不能接受。于是，只能自欺欺人地表演释然、豁达。

而真正的自我接纳是指：充分了解自己以及当下的情况，不批判自己，客观层面上好的坏的都能接受，这就是自己。当然，这里的接受，并不意味着放弃“发展”，而是不强行改变，因为强行改变也是一种不接纳。

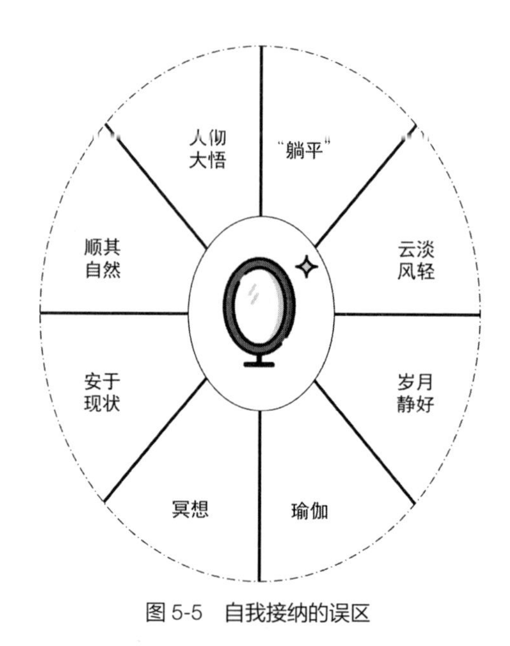

图 5-5　自我接纳的误区

另一方面，当一个人无法自我接纳，意味着“他是真的不能允许自己看到、展现自己的一些方面”。

这也意味着他心里总有一个“否定”的声音，可能是“还不够好、还不够努力、还不够成功”，等等。这样的负面评价往往并不客观，比如好多整容上瘾的人，并不是因为自己真的不好看，而是心里有个已经近乎病态的标准，而他们在用那样的标准苛刻地要求自己，甚至可以说是挑刺、找碴。

大部分无法自我接纳的人，本质上是因为他不曾体验过被他人真正地接纳，尤其是在原生家庭层面上没有被接纳。也就是说，没有人给他示范过如何去接纳一个人，也没有人教他如何能得到别人的接纳。简单地说，缺爱的人不懂怎么去爱他人，也不会去爱自己。

自我接纳的三点认知

先说一个听起来有点悖论的大原则，大家仔细想想这句话："即使你永远做不到自我接纳，也没关系，你依然是足够好的。"

听起来有点绕，其实它的意思是：真正接纳自我的人，是不会逼着自己一定要接纳自我的；越是逼着自己去接纳自我，越难做到接纳自我。能够接纳"不能自我接纳"的自己，是一种重要的自我接纳。

说个形象的表达，当你睡不着的时候，你干脆就接受自己，我今天晚上就不睡了，无所谓，你才更容易睡着。

接下来讲三点具体的认知建议，如图 5-6 所示。

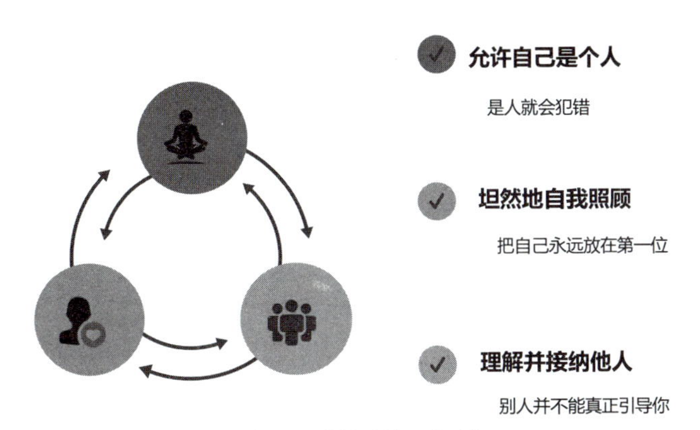

图 5-6　自我接纳的三点认知

1. 允许自己是个人

精神分析里有个观点：人这一辈子都在学习如何克服自恋。这里的自恋，一部分是指人潜意识里对自己的理想化粉饰。很多时候，我们做错了一件事情，非常懊恼、沮丧，是因为没想到自己会犯错。换言之，是潜意识里觉得自己是不会犯错的。但怎么可能呢？是人就会犯错，如图 5-7 所示。

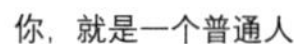

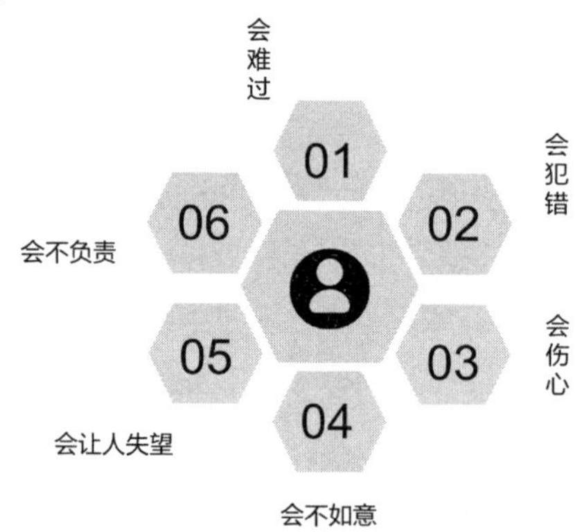

图 5-7　允许自己是个人

当你认清自己只是一个普通人时，也就能看到：你是可以靠自己的心智，最大限度地让自己活得舒服的。

2. 坦然地自我照顾（图 5-8）

图 5-8　坦然地自我照顾

探究背后的原因，一方面是不想让别人失望、落空，另一方面也是觉得自己的需求没那么重要，甚至羞于自我照顾。但其实任何时刻，自我照顾都应该是放在首位的，如图 5-9 所示。

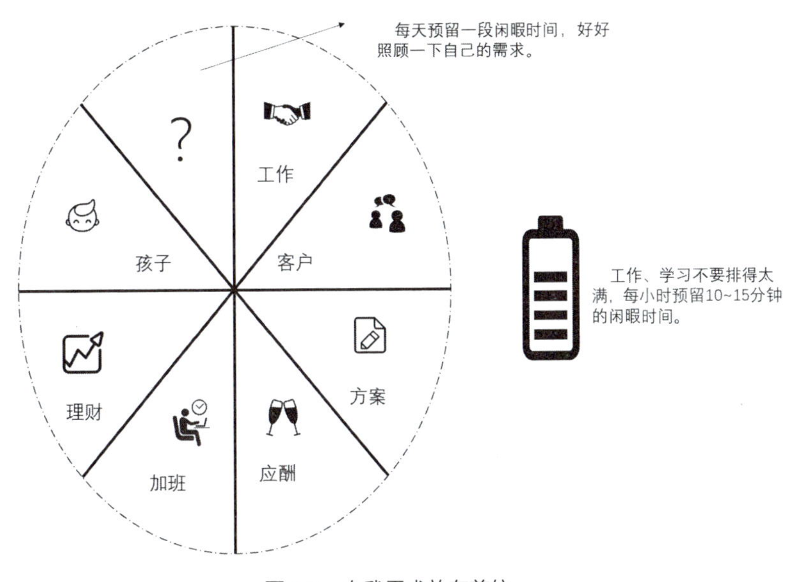

图 5-9　自我需求放在首位

3. 理解并接纳他人

很多人都活在别人的目光之下，想要赢得赞美，减少贬损，慢慢也就把这样的外部评价内化到了自己心里，于是无时无刻都在担心：如果我这样了，别人怎么看？如图 5-10 所示。

但实际上，别人对你的评价并不能真正地引导你。比如，我还记得初一的时候，因为一些我现在都忘记了的事情哭起来了，那是我到现在为止最后一次哭。我当时特别委屈，就想哭。可是我父亲却大发雷霆，他质问我说："男子汉，为什么这点小事都要哭鼻子？"

图 5-10 活在别人的目光之下

奇怪，男子汉怎么就不能哭了呢？人的情绪有时候就是到了要哭的时候，总不能憋回去吧？其实这个时候我的父亲就没有把我当作个体看待，而是用“男子汉”的群体身份、他人的期待来要求我。其实每个个体都有自己的需求，我也有哭的需求，我也有伤心的需求，但是他人的预期不允许我这样做。

我们不能期待别人很快接受各种多元化的个性，但是我们最起码可以从自己做起，理解并接纳他人。

因为别人也是普通人，也会不客观、不理性，也会有所偏重。放下对别人的理想化 / 过度贬低的滤镜，理解并接纳他人，反过来也能降低对自己的苛刻。

以上是三个认知层面的建议，针对的是已经知道自己有自我接纳问题的人。那么，我们怎么应对不自知的不接纳问题呢？

自我接纳的难点是：不评判。即使是非常克制警惕的人，还是难免自我评判，这是因为人常常把自己和问题搅和在一起，分不清楚“人的问题”和“问题里的人”。

最不易察觉的评判和卷入，就是语言本身。

叙事疗法创始人迈克尔·怀特在其著作《叙事治疗的力量：故事、知识、权力》一书中提出一个观点：人们平时描述问题的态度就会产生

压制效应，也就是说，我们描述问题所采用的知识本身就有无形的影响力，会把人困住，如图 5-11 所示。

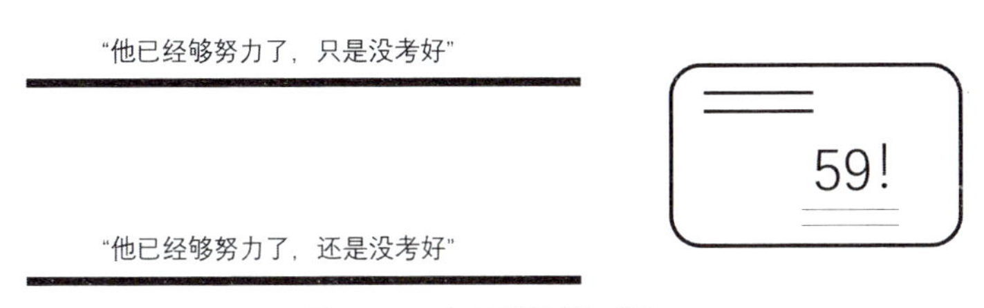

图 5-11　对不同描述的感受

是不是后一种描述施加的压力更大一些？

问题的关键是，发生在时间线里的一次行为虽然已经过去了，但我们赋予它的意义依然存在。社会科学家认为：人类就是通过这种“已经积累的经验”来了解生活、形成知识的。而如果想要对生活经验赋予意义，就会不可避免地形成“故事”或者“叙事”，但是大部分的叙事都不是客观的。生活经验远比叙事丰富，也就是说，总有一些感受和生活细节因为不符合主线故事而被我们遗忘。而这种“文本的相对不确定性”，也给了我们重构故事的缝隙。

也就是说，当你处于无法自我接纳的状态时，你所用的语言和态度，也往往把自己往不被接纳的方向推，且不自知。

问题外化的目的就是：让问题是问题，让人是人，如图 5-12 所示。

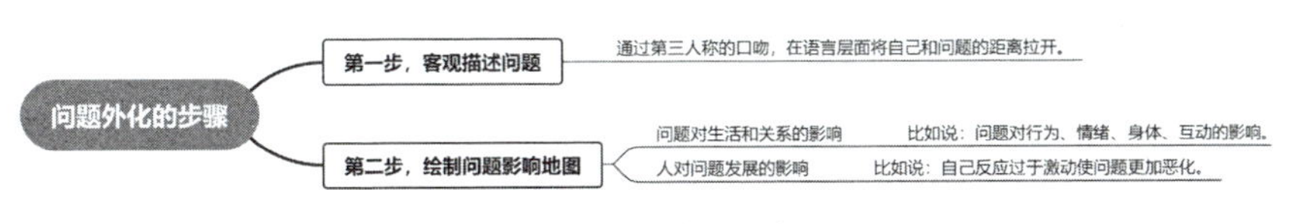

图 5-12　问题外化的步骤

第一步，其实是帮助我们看清楚问题的本身是什么；第二步，是帮我们厘清问题是如何发展的，它影响了谁，这样就能以一种更加流动的动态视角看待问题。

比如说，你和朋友吵架了，可能会特别生气，觉得他对你有意见，或者觉得自己不够好，一辈子都交不到真心朋友。这样想，只会让自己陷入自怨自怜的情绪旋涡，并没有办法理出头绪。

但通过问题外化的方式，我们可以从牛角尖里出来，获得一个更加松弛、客观的视角，如图 5-13 所示。

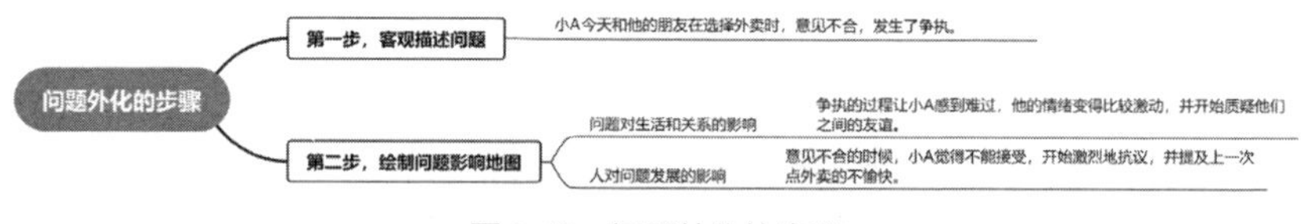

图 5-13　问题外化的步骤

你可以对比感受一下这两个文本，显然问题外化可以让情绪卷入度更低。

大部分人在开导朋友的时候特别有办法，但一到自己的问题时，就容易钻牛角尖。而当你将问题外化后，因为跟自己的关系更远一些，更像是看待朋友的处境，就更容易看出其中的逻辑漏洞。

【今日训练营任务】

关于自我接纳的训练方法有很多，下面介绍几种比较有效且简单易行的方法。

1. 自我感谢练习

每天睡觉之前抽出一点时间，回顾当天所发生的事情，并找出三件值得自我感谢的事情。（描述一定要清晰具体）

示例：

· 感谢自己完成了当日的全部工作

· 感谢自己记住了 30 个新单词

· 感谢自己帮助邻居照顾她的孩子

自我感谢训练：

（1）________________________________

（2）________________________________

（3）________________________________

2. 闪光点训练

闪光点即优点，找到一个同伴，彼此写出或说出对方身上的三个优点，并说明理由。刚开始可能会不好意思，所以同伴的选择需要遵循熟悉度递减原则，先从家人或者密友开始，然后进一步发展到同学、同事，之后是领导等。

示例：同事 A 对你的评价

优点 1：英文能力出色

理由：能够与外商客户流畅交谈

认真分析他人给自己的评价，将与事实相符的闪光点筛选出来，并在今后的学习与工作中强化自身优点。

你的优点：

（1）________________________________

（2）________________________________

（3）________________________________

（4）________________________________

（5）________________________________

（6）________________________________

【阅读盲盒】

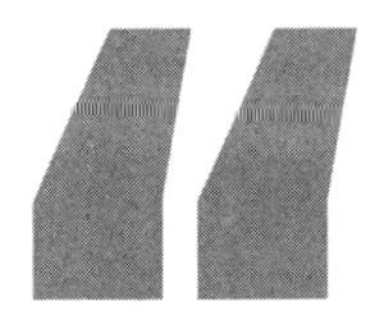

阅读反馈：列出期望清单

通过阅读反馈检验读书效果，提升阅读兴趣。

通过阅读本书，你希望实现哪些目的，列出清单：

____

____

____

____

第六天

释放天性：只有真正看见问题才能解决问题

【知识卡片】

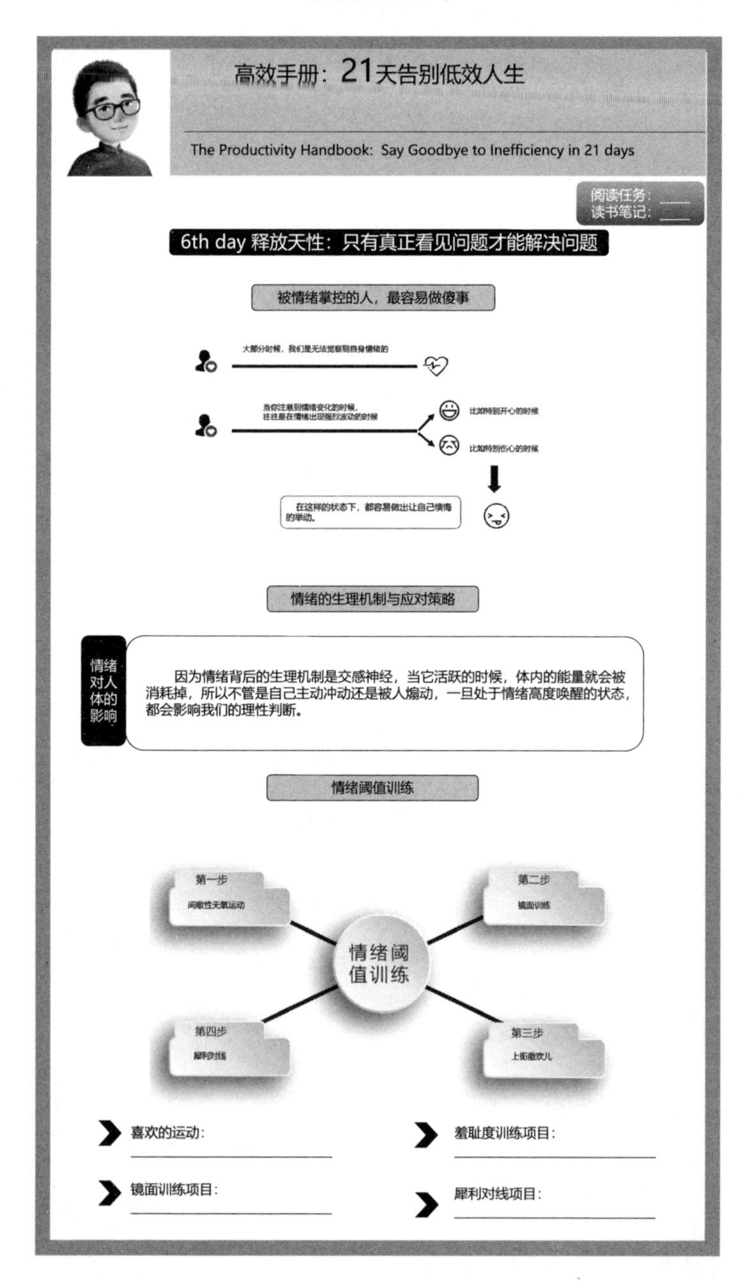
高效手册：21天告别低效人生
The Productivity Handbook: Say Goodbye to Inefficiency in 21 days
阅读任务：
读书笔记：
6th day 释放天性：只有真正看见问题才能解决问题
被情绪掌控的人，最容易做傻事
大部分时候，我们是无法觉察到自身情绪的
当你注意到情绪变化的时候，
往往是在情绪出现强烈波动的时候
比如特别开心的时候
比如特别伤心的时候
在这样的状态下，都容易做出让自己懊悔的举动。
情绪的生理机制与应对策略
情绪对人体的影响
因为情绪背后的生理机制是交感神经，当它活跃的时候，体内的能量就会被消耗掉，所以不管是自己主动冲动还是被人煽动，一旦处于情绪高度唤醒的状态，都会影响我们的理性判断。
情绪阈值训练
第一步
间歇性无氧运动
第二步
镜面训练
第三步
上街撒欢儿
第四步
犀利对线
情绪阈值训练
喜欢的运动：
羞耻度训练项目：
镜面训练项目：
犀利对线项目：

被情绪掌控的人，最容易做傻事

情绪到底有多神奇？神奇的情绪如图 6-1 所示。

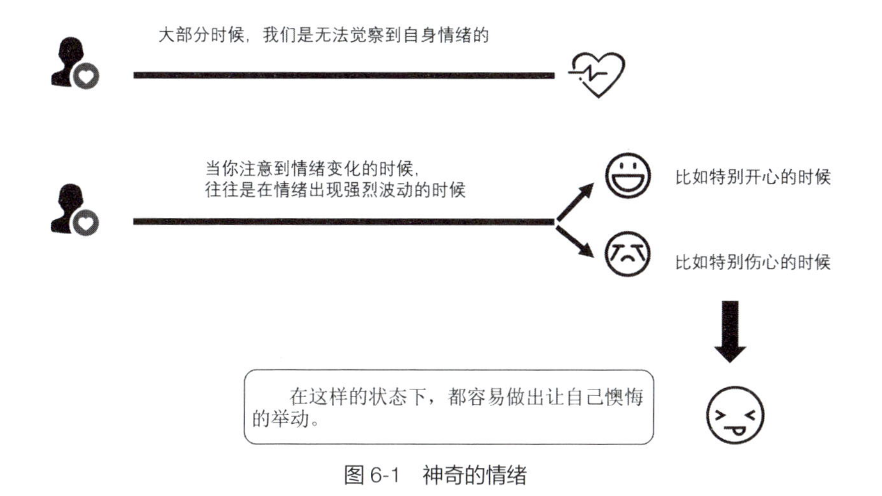

图 6-1 神奇的情绪

现在，回忆最近三次做出错误决定的时候，写下当时的心情。

（1）____

（2）____

（3）____

是不是有那么一两次，你是在情绪颇不宁静的状态下做出的错误决定？回忆自己的过往经历，我筛选出了三类比较典型的情况，如图 6-2 所示。

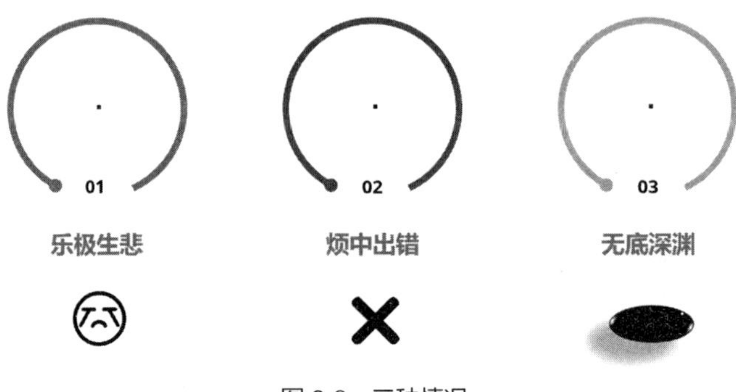

图 6-2　三种情况

【回忆 1：乐极生悲】

对我自己来说，人生中有过一段非常开心的时期，就是刚刚保送北京大学的时候，苦读了十几年的书，终于有了一个非常好的结果。录取通知书下来的那天，我超级开心。然后我去打球了，结果刚上来就把腰闪了一下，如果是平时，我肯定就休息了，但是那天我特别兴奋，觉得这个伤好像不重，自己也不用下场休息，就这样特别投入地打了一个小时左右的球。

那次腰伤，让我卧床整整两周，直到现在还有旧伤，每逢阴雨天或者是工作压力比较大的时候，我的腰就会出问题，这就是乐极生悲。就是突如其来的喜悦，让人有点忘乎所以了，没办法像平常那样做出理性的判断，如图 6-3 所示。

图 6-3　乐极生悲示意图

【回忆 2：烦中出错】

你有没有发现，当你工作不顺利或者心情不好的时候，反而更容易出各种各样的问题，而且是非常低级的错误，比如说切菜会切到手，饭菜会打翻，手机一不小心掉地上屏幕摔碎了，出门打车写错目的地，跟家人打电话莫名其妙大吵一架……然后看谁都不顺眼，感觉全世界都在跟自己作对，怎么糟心怎么来，如图 6-4 所示。

图 6-4　烦中出错示意图

【回忆 3：无底深渊】

在烦中出错的情况下，要是没有办法刹住脚，就很容易掉入无底深渊。

我之前有个朋友就是这样，本来升职加薪了，人也变得意气风发，结果不知道怎么回事惹到自己的女朋友，于是两人就分手了。他特别伤心，拉着我们几个朋友喝酒，后来开车违章，驾照被吊销，还跟人打了一架，进了派出所，最后惊扰到了父母，过来把他接回老家了，如图 6-5 所示。

图 6-5　无底深渊示意图

以上三种情况，属于自己被情绪掌控，冲动之下做了些傻事。还有一些情况，是别人有意引导你产生冲动情绪，让你做出一些自己平时一定不会做的事情。

最简单的，就是一哭二闹的情况。因为当我们看到别人有意识地进行哭闹的时候，大概率都会产生情绪困扰，要么会被别人的负面情绪感染，要么会感觉烦躁，这些都让人无法再坚定立场。

还有洗脑程度更强的传销，感兴趣的读者可以在网上看看相关视频。一般的传销套路，往往是布置一个极度喧闹的会场，甚至会故意把温度调高，给人燥热的感觉。突然有人说话，而且声音会非常大，震耳欲聋，说的都是特别片面的结论，根本没有任何论证。而且还会有集体喊口号的环节，可能还有才艺展示，这个场合会让你感觉有种令人害怕的疯狂，这就是典型的认知资源消耗，最后你根本就没有时间和精力去思考了。这个时候有个销售顾问跑过来让你买某个产品，你会不愿意买吗？就算为了脱身，你也会买的。

情绪的生理机制与应对策略

读到这里，再次感受自己当下的情绪，跟刚开始的时候会不会有点不一样？

其实，不管是我们自己产生了强烈的情绪，还是别人故意激起我们的情绪，归根结底，都是情绪。而情绪没有我们想象的那么复杂，也没有那么多细致的区分。情绪的核心只是我们对自身唤起状态的一种解释。

从生理机制上来讲，人的情绪激活和交感神经有关，如图 6-6 所示。

而当我们处于情绪的高唤醒状态时，也就是交感神经活跃的时候，正是体内能量在消耗的时候，所以大喜大悲之后，人会比较容易疲惫。如果你长时间沉浸在某一种高唤醒的情绪中，也会有身体被掏空的感觉。

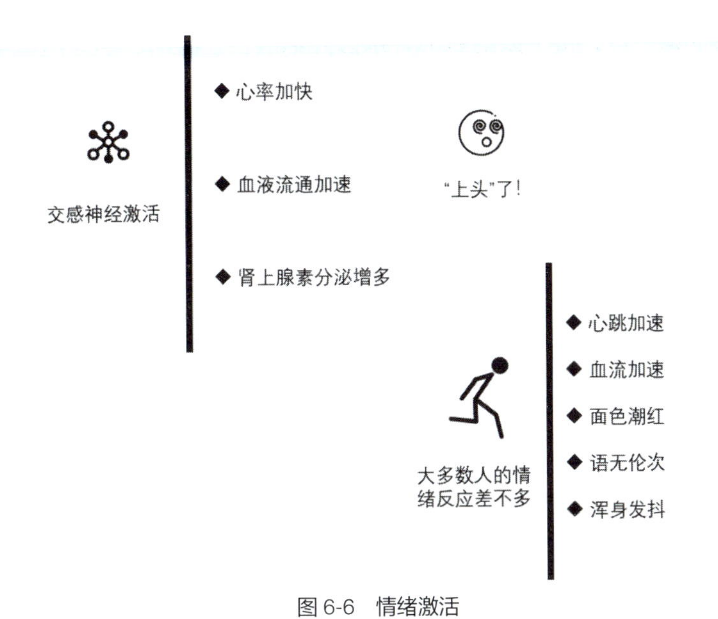

图 6-6　情绪激活

这个时候，要么自己会无脑犯错，要么很容易被人趁虚而入。那么，具体应该如何应对呢？核心逻辑有两点，如图 6-7 所示。

核心逻辑

图 6-7　情绪应对的核心逻辑

关于第一点，接下来的章节分别会介绍沮丧、冲动、焦虑这些常见的负面情绪；关于第二点，下面重点讲一下。

什么是情绪阈值？举个例子，我大学临毕业的时候收到过湖南卫视的 offer，当时有个领导挺欣赏我的，说我很有意思，我就问他为什么这么觉得。他提到了一个小细节，那时候我们一群人参加比赛，周围人都在鼓掌欢呼，但我什么表情都没有，很冷静地坐在那里看着。你可能会觉得这样显得太冷漠，但其实不是的，冷静和冷漠是两回事，冷漠是有种排斥感和攻击性，而冷静就是一个人很平静清醒的状态。对我来讲，在那个场景下，虽然气氛特别热闹，但只要不是我自己想开心，其他人的狂欢就跟我没有什么关系，我就不会被别人的情绪带着走。

说起来，情绪阈值有点像我们常说的笑点，当你笑点很高的时候，一般的笑话就没法让你笑。同样的，当你情绪阈值足够高的时候，一般的手段也没办法煽动你的情绪。

情绪阈值训练

如何提升情绪阈值？其实和观察情绪、接纳情绪的训练方法一样，都是天性解放训练，一共分为四步，如图 6-8 所示。

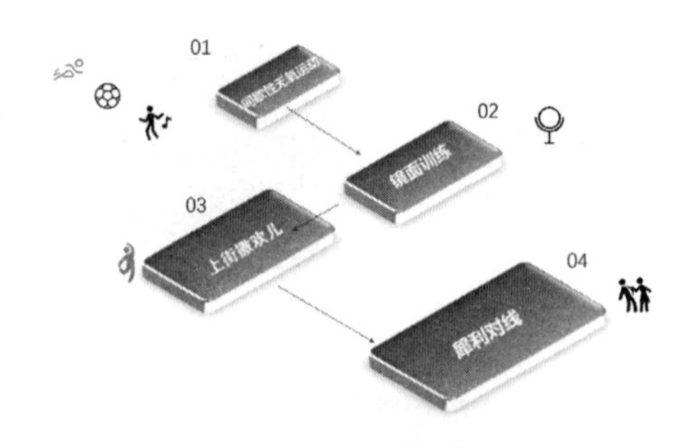

图 6-8　情绪阈值训练

第一步：间歇性无氧运动

什么是间歇性无氧运动？其实很简单，比如说变速跑，你可以冲刺100米，然后走100米，然后再冲刺100米。在这个循环过程中，你的心率一会儿高、一会儿低，人也是一会儿比较激动、一会儿比较平静。类似的运动还有一些非静态对抗性体育运动，比如篮球、足球、羽毛球等，如图6-9所示。

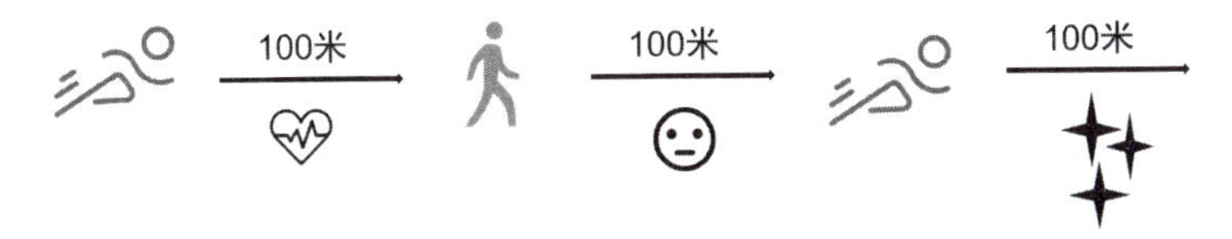

图6-9　变速跑示意图

然后推荐大家跳Insanity，这是我特别喜欢的一套操，这套操能流行的很大原因就是它属于间歇性的无氧运动，它不是让你一直做某一个动作，而是让你做一组歇一会儿。在视频网站上就能搜到，跟着跳就可以。

这些运动实际上都没有什么门槛，大家千万别训练过度，建议大家最好能够额外配一个能监测心率的穿戴式设备，确保你的训练是达到标准的，如图6-10所示。

图6-10　利用可穿戴设备测量心率

为什么要做间歇性无氧运动呢？因为在运动过程中，人的状态是在唤起状态和平静状态之间尽可能高频次地来回切换，能让你对唤起状态不陌生。因此，未来不会因为排斥唤起状态而逃避应有的情绪。

第二步：镜面训练

镜面训练的本质也是为了让你进入各种各样的唤起状态中，然后让你出来。所有训练的核心都是一样的，当你在进退之间习惯了，就能够掌握这种情绪唤起的状态，当情绪真的来临的时候，你也就做好准备了。

镜面训练很简单，比如说有读者喜欢看《奇葩说》这种辩论节目，那你可以从中任选一道辩题，然后准备大概 15 分钟的内容，接着你就对着镜子开始说。这个训练其实挺有挑战性的，我自己当年练主持和演讲的时候，就是这么练的，如图 6-11 所示。

图 6-11　镜面训练

要点就是，说的时候眼睛要看着镜子里的自己，如果觉得 15 分钟有点难，不要着急，可以先试着说 5 分钟，习惯了以后再加到 10 分钟，慢慢 15 分钟也就差不多了。大家不用太考虑台词，先让自己不笑场，坚持说完就行。

对着镜子说得差不多了，就把镜子换成手机录制视频，把你的话录下来，然后自己回看几遍，给自己提提意见，很快就会打破你的自恋幻觉。这种有点羞耻的状态并没有什么不好的，可以一点点提高自己的情绪承受阈值。

如果你训练完这个部分，觉得自己差不多能驾驭了，可以用生活中的场景替代离生活比较远的辩题或者主题。比如今天发生了一次争吵，你没有发挥好；跟伴侣提个要求，没被同意；对爸妈有一点儿小意见，

没有表达好……你都可以以此进行镜面训练，当你能面对自己的尴尬情绪之后，你会发现人生中的很多冲突也就能自然而然地面对了。

第三步：上街撒欢儿

这一步就是指上街去做有一些羞耻度，但不妨碍其他人的事情。比如说与路人对视，你就盯着每一个走过来的人，不会有任何法律风险，对吧？别人有可能觉得你有病，但不用管他人的想法。盯一会儿，你可能会有点不舒服，先让自己平静下来，平静下来之后再去盯着看。

慢慢你就会发现，盯着人看没有什么可怕的，那接下来你可以慢慢增加羞耻感，比如说和大妈一起跳广场舞，在人多的地方大声朗诵英文诗歌，等等，甚至在街上直接开个直播也行。总之，就是上街去做那些让你害怕，但是想做的事情。

第四步：犀利对线

这一步就是和朋友一起在街上大声互动，比如大吵一架，或者进行角色扮演，甚至互相砍价也可以，但不要小声、细碎地聊天，没有意义，要大声互动。

把这个部分弄明白了，你的情绪上限就比大多数人高很多了。毕竟，尴尬的事情经历的次数多了，尴尬的就是别人了。

【今日训练营任务】

今天的任务属于情绪阈值训练的进阶部分，根据前面讲的四个步骤，选择适合自己的项目。

1. 选择适合自己的间歇性无氧运动。为了长久地坚持下去，一定要选择自己感兴趣的运动。如果实在没有，就选择能力范围之内的运动，这样更容易坚持下去。比如你连走路都懒得走，那选择跑步作为间歇性无氧运动，可能坚持不了几次就放弃了，那还不如选择在家做操。

你喜欢的运动：

（1）____________________

（2）____________________

（3）____________________

2. 选择镜面训练项目（主题）：

（1）____________________

（2）____________________

（3）____________________

3. 羞耻度训练。在大庭广众之下，设计一些具有挑战性的项目锻炼羞耻度。比如在人多的地方开直播，与陌生人交流，等等。

（1）____________________

（2）____________________

（3）____________________

4. 与朋友一起在街上互动。找到与你有同样需求，想要提升情绪阈值的伙伴，一起上街进行挑战，选择你们想要进行的项目：

（1）____________________

（2）____________________

（3）____________________

【阅读盲盒】

逛书店，买一本喜欢的书

恭喜，你已经完成了6天的阅读任务，可以小小奖励自己一下了。

在休息日，花半天时间逛一逛书店。你已经有多久没去实体书店了？

选一本喜欢的书吧，不要太功利，这一次不为学习，也不为工作，仅仅是为了你的兴趣。

第七天

驾驭沮丧：避免被沮丧情绪所消耗

【知识卡片】

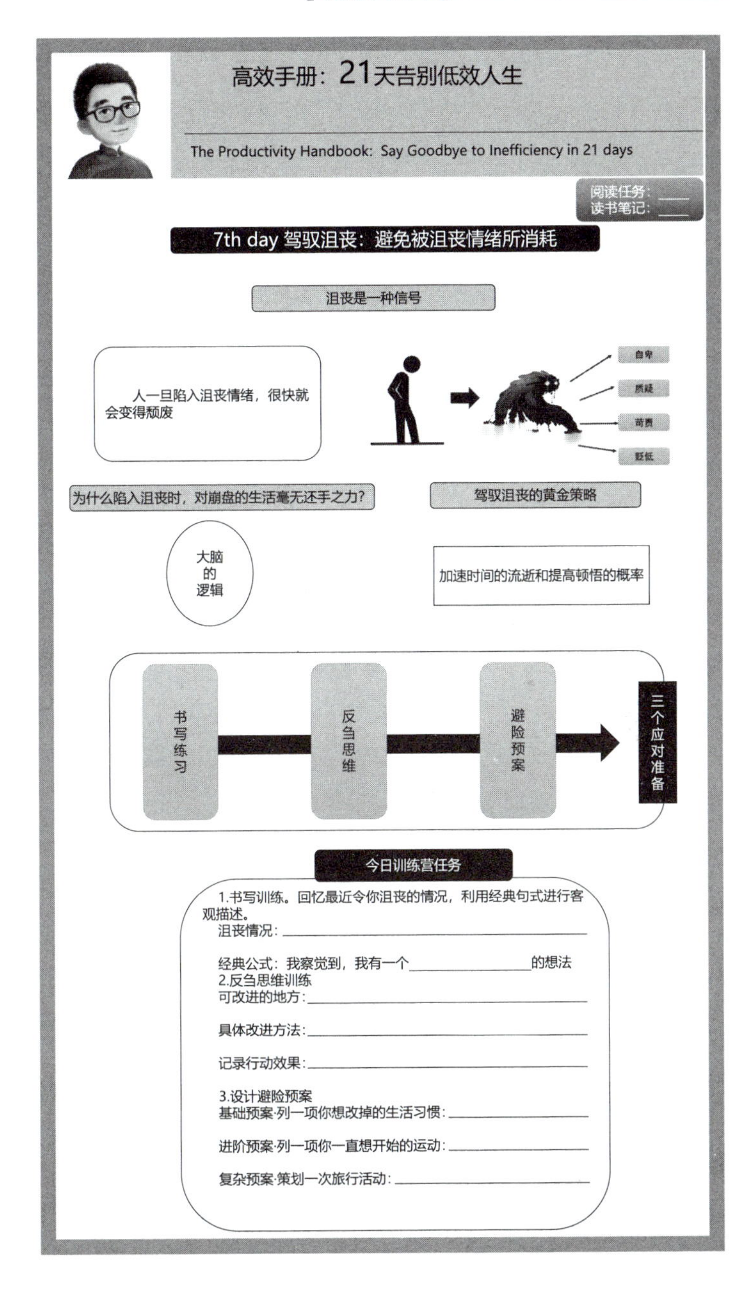

高效手册：21天告别低效人生
The Productivity Handbook: Say Goodbye to Inefficiency in 21 days
阅读任务：____
读书笔记：____
7th day 驾驭沮丧：避免被沮丧情绪所消耗
沮丧是一种信号
人一旦陷入沮丧情绪，很快就会变得颓废
自卑
质疑
苛责
贬低
为什么陷入沮丧时，对崩盘的生活毫无还手之力？
大脑的逻辑
驾驭沮丧的黄金策略
加速时间的流逝和提高顿悟的概率
书写练习
反刍思维
避险预案
三个应对准备
今日训练营任务
1.书写训练。回忆最近令你沮丧的情况，利用经典句式进行客观描述。
沮丧情况：________
经典公式：我察觉到，我有一个________的想法
2.反刍思维训练
可改进的地方：________
具体改进方法：________
记录行动效果：________
3.设计避险预案
基础预案·列一项你想改掉的生活习惯：________
进阶预案·列一项你一直想开始的运动：________
复杂预案·策划一次旅行活动：________

沮丧是一种信号

沮丧这种情绪，多数人都经历过，它和焦虑、冲动这些情绪还不太一样，焦虑、冲动至少还能让你做点什么，但沮丧是一种釜底抽薪的情绪，让你干什么都提不起劲儿，像是掉进了沼泽地里，越挣扎越往下沉。而且它还特别能吸引其他的负面情绪，人如果陷入沮丧里，很快就会开始自卑、质疑、苛责、贬低，变成一个颓废并且带着戾气的人，如图7-1所示。

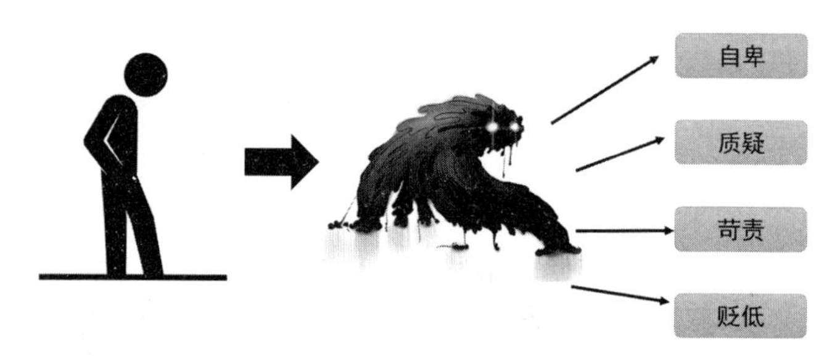

图7-1　沮丧带来更多负面情绪

比如失恋的人，就常常充满沮丧感。我之前有个女性朋友就是这样，平时很干练，处理业务也很利索，属于都市丽人。但只要她一失恋，整个人就算是废了：一会儿茶饭不思，一会儿暴饮暴食，而且吃的都是高油高糖的东西；做事情也是，一会儿很亢奋激进，一会儿嗷嗷大哭，一会儿又像个没有感情的机器人。只要我们周围几个朋友关心她，她就疯狂吐苦水，或者喝酒喝到神志不清给前任打电话，事后又觉得自己太丢人了。关键是，她每次失恋都是这个模式，越是这样，她反而越是向往谈恋爱，可每次恋爱又都谈得无比纠结，如图7-2所示。

图 7-2　失恋之后

为什么陷入沮丧时，对崩盘的生活毫无还手之力？

如果从人类进化的角度来讲，你觉得沮丧是一种好情绪还是坏情绪？如果不考虑个体的感受，而是以人类种群的存在意义来看，沮丧其实是一种让人类更容易在这个世界上生存下去的情绪。

沮丧本身是一种信号，它的出现，其实说明你过去发生了一些不太好的事情，你因此受到了伤害，但你无法接受这种伤害从而进入了唤起状态。它的存在价值，不是要卷住你，而是让你避免再次进入这样的情绪之中，如图 7-3 所示。

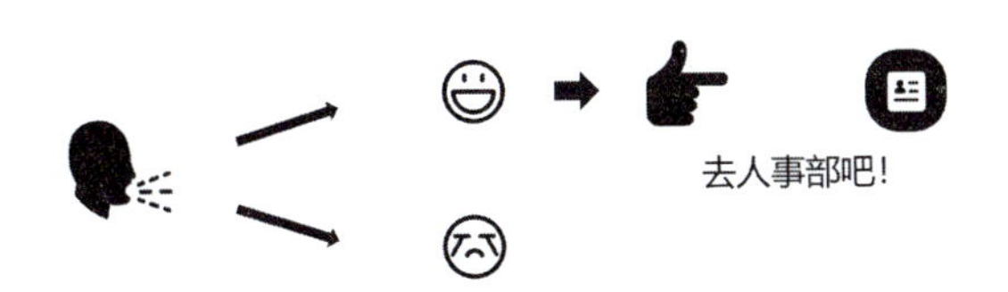
去人事部吧！
假设你被老板骂了，一种反应是毫不在意，依旧美滋滋的；一种反应则是沮丧。你觉得哪种表现正常？

图 7-3　沮丧是一种信号

被骂了还乐呵呵的人肯定不正常，沮丧情绪就是为了让你避免再次陷入这样的情况。否则，下一次老板就会直接让你去人事部了。

为什么有些事之前不会做，沮丧之后却开始做了呢？如图 7-4 所示。

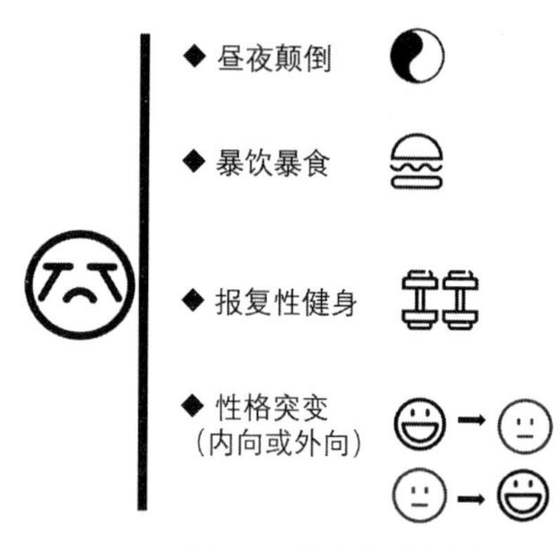

图 7-4　沮丧之后常做的事

因为这是大脑的逻辑！

它觉得以前是这样生活的，结果受到了重创，所以现在要做出改变，避免未来再次受到重创。

大脑的本质是趋利避害的，并不会伤害你。人类进化了这么多年，几乎所有的特质都是为了生存，这是本能。

只不过这种突然的转变会让你的生活变得失控，让你感觉一切都乱套了，这样反而会让生活变得更加糟糕。于是你很可能又陷入一种困惑和懊恼之中，你可能会不停地回忆过去，想知道到底发生了什么，以及我要是当时这么做就好了。这也是我前面提到的那个女性朋友为什么每次失恋就变得丧失理智，甚至越是受伤，越想谈恋爱，也越来越难有一段健康的亲密关系。因为在沮丧的状态中，人很难保持清醒和理智，而是一直在胡思乱想，这些都是非常内耗的行为。

当然，沮丧情绪不只出现在恋爱中，想想你的事业 / 生活 / 学业，

是不是也经常被沮丧情绪所困扰？

驾驭沮丧的黄金策略

走出沮丧，最关键的要靠两点：时间和顿悟，如图 7-5 所示。

“没有什么事情是一顿火锅解决不了的。如果有，就两顿！”

逻辑
暂时搁置这些事，留一段时间、空间，让其他新的事情进入大脑，换换脑子。事情越重大，需要的时间越久。

“再难过的坎儿，睡一觉就过去了。”

图 7-5　时间会帮你走出沮丧状态

关于时间

图 7-5 中列举的两个例子，其逻辑都是暂时搁置，留出时间让新的事情进入大脑。时间真的是一剂良药，它会让所有负面情绪消散。我有一个好友，之前因为事业上的一些事情，在家颓废了好几个月，后来时间长了，他自己也觉得不能再这么沉沦下去了，就慢慢振作起来。这个过程其实跟身体受伤之后的修复很像，伤筋动骨一百天，静养的时间够了，人也就能逐渐恢复到原来的状态了。

关于顿悟

在我的人生中，有一段状态特别差的时候，当时我在非洲，生活、工作各种事情都不顺，我已经颓废到一种境界了。我的情况是嗜睡，每天除了少量工作，其他时间都在宾馆里睡觉，可能也是潜意识里不想面对这个世界吧。

直到某一天我也不知道怎么回事，突然间就把宾馆房间的窗帘拉开，非洲的阳光特别强烈，阳光照在我脸上，顿时整个人都暖和起来，整个房间也变得明亮起来。我突然觉得外面就是花红柳绿，阳光这么好，我何必把自己困在这样一个阴暗的小房间里？

从那一刻开始，我整个人就好起来了，很神奇，一切都重回正轨，如图 7-6 所示。

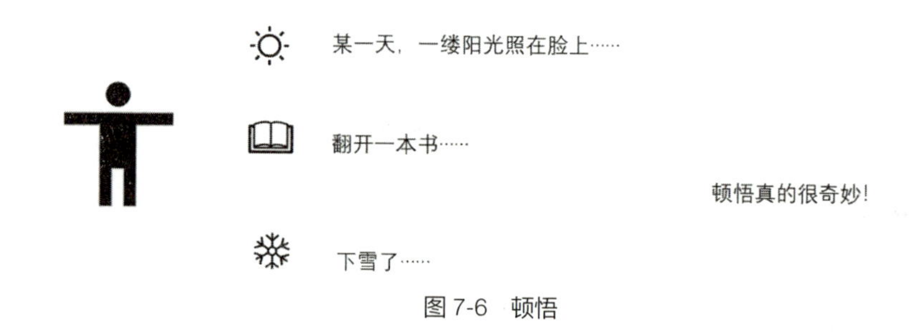

图 7-6　顿悟

其实，关于时间和顿悟，其本质也是停下来修复伤害，让你重新拥有能够避免某些负面事情的信心，或者说让你重新拥有面对负面事情的力量。

黄金策略：要么加快时间流逝的速度，要么加快顿悟出现的概率。

当然，我们是没办法控制顿悟的，越是有意为之，越不好使，如果你想用某个画面去治愈自己，它就再也治愈不了你了。只有当它们乱入你的生活中时，你才有可能突然间发现生活是美好的，然后顿悟。

三个应对准备

图 7-7　应对准备

第一个应对准备：书写练习

这一步的目的是降低沮丧对你的唤醒程度，让你自己平静下来，避免受到二次伤害。很多时候，如果只是脑子浮想联翩，其实越想越乱，而且很容易陷入无意识的模式，比如关于过去的刻板印象，或者关于未来的密集恐惧，就这样陷入了无止境的内耗。原本事件给你带来的伤害可能只有 1 分，结果你自己反复咀嚼、演练，最后受到了 10 倍的伤害。

而书写练习是基于心理学认知解离的原理，通过把悬浮想法和感受记录下来，帮助自己从情绪的绳索里解放出来。书写练习有一个经典句式，如图 7-8 所示。

句式：我觉察到，我有一个XXX的想法

当工作中与同事发生了一些冲突，你的脑海中可能会这样想：

- ◆ 她怎么可以这样说话
- ◆ 难道是我又没做好吗
- ◆ 我好沮丧，好讨厌现在的环境

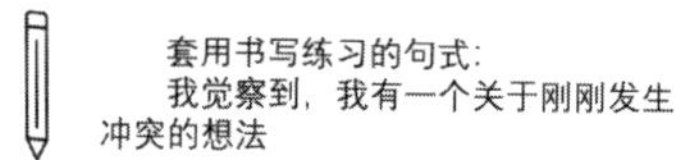

套用书写练习的句式：
我觉察到，我有一个关于刚刚发生冲突的想法

图 7-8　经典句式

也就是说，对于各种能引起你情绪的事件，尝试尽可能客观地进行叙述。感受一下，套用公式之后的说法是不是没那么沮丧了？

平时就养成这样的习惯，等到沮丧这种情绪漩涡出现的时候，你就更容易平静下来，不被过多扰动。

这样其实简化了自己在一团糟的思绪里，兜兜转转走弯路再慢慢回到正轨的过程。先让自己平静下来，虽然不一定能立即解决问题，但至少不会让情况恶化。

第二个应对准备：反刍思维

沮丧会让人对一件事情不停地重复思考，而且会不停地兜圈子。如果平时没有这样思考的习惯，就极其容易被困在其中，不停重复，越陷越深。

所以平时一定要养成反刍思维，当你在生活或工作中有任何可以改进的点的时候，你都要反复思考，如图 7-9 所示。

找到可以改进的地方，然后不停地思考怎么才能做得更好，然后第二天开始行动。

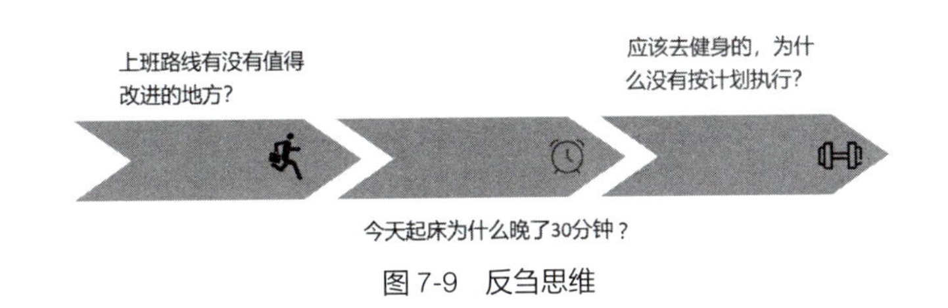

图 7-9　反刍思维

反刍思维比一般的反思强度要大，反思是想一遍就完了，反刍是不停地想，习惯性地想。有些人可能会担心自己因此陷入纠结之中，但要区分一下，反刍不是纠结，更不是自我厌弃。纠结是你被一些小事情给困住了，自我厌弃是你觉得自己不够好，而且也没有能力变得更好的绝望感，而反刍是让你解开一些小的疙瘩，提醒自己有能力一点点变得更好。这是一个脱敏的过程，当你解开的疙瘩多了，当沮丧来临的时候，你才不容易被它击倒，因为你平时就会想很多事情，也知道要往哪个方面想更有效，沮丧就不会把你带到内耗的状态里了。来看一个例子，如图 7-10 所示。

今天本来要健身的，为什么没开始？

反思：好吧，我今天没做好，明天重新开始。 ➡ 没用！明天没准儿又会反思，后天也许就忘了。

纠结：没有合适的运动鞋，淘宝买一双吧，结果选来选去也没选好，健身的事也忘了。 ➡ 纠结症犯了，更难受了。

自我厌弃：我总是没有行动力，我总是这样说空话，我就是个废物。 ➡ 没用！只会让你更累，更沮丧！

反刍：我今天没去健身，具体卡在了哪里？是有其他事情耽误了，还是自己临时偷懒？我明天可以做哪些预防措施呢？如果明天也没有顺利健身，那我可以在家先跳半个小时的操吗？ ➡ 解决问题！

图 7-10　反刍思维示意图

反刍思维针对的都是小事，如果是重要的事情可能真想不出来。比如健身这件事，如果对你来说太大了，那就先做一分钟平板支撑，你发现这件事不难，可以做，那么这一次反刍就真正地完成了，然后再做下一件事，这样才有改变。

这个过程其实也在加速时间流逝，因为如果单纯在沮丧的情绪中不能自拔，你会像个没头苍蝇一样乱撞，做各种尝试，有错的有对的，要试错很多次才能撞到对的出路，慢慢把自己拽出来。但通过反刍思维的练习，你会慢慢习惯不直接幻想一两天就能摆脱沮丧的困境，而是把精力放在一点点改进现状，这会让你减少很多无效的尝试和内耗。

第三个应对准备：避险预案

在平静状态下，认真准备一系列你可以做的改变手册，当你觉得自己困在沮丧中想做点什么的时候，就依次做以下三个等级的事，如图 7-11 所示。

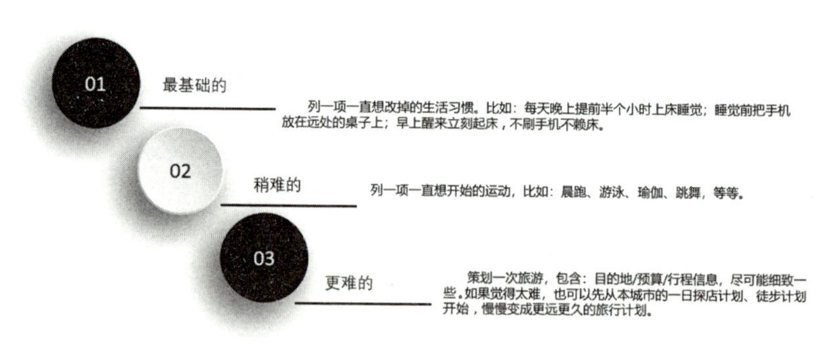

图 7-11　避险预案等级

列这些计划的原因很简单，就是因为当我们真的失控的时候，是意识不到该做什么的，往往会慌不择路或者做一些事后会很懊恼的事情，比如随便找个人谈恋爱，或者喝酒喝到不省人事等。其实在崩溃之前，我们可以提前给自己的大脑准备一些避险预案。

而往往在做那些我们一直想做但没做的事情的过程中，就能遇到很多豁然开朗的顿悟时刻。这时候，你要让沮丧变成动力，推着你去改那些你改不掉的东西，开始那些你开始不了的事情，去那些你没去过的地方……你是借沮丧这股劲儿去实现自己，所以你在驾驭它，而不是任由沮丧驾驭着你，让你去做伤害自己的事情。

【今日训练营任务】

1.书写训练。回忆最近令你沮丧的情况，利用经典句式进行客观描述。

沮丧情况：____

经典句式：我觉察到，我有一个____________________的想法。

沮丧情况：____

经典句式：我觉察到，我有一个____________________的想法。

沮丧情况：____

经典句式：我觉察到，我有一个____________________的想法。

2.反刍思维训练

可改进的地方：____________________________________

具体改进方法：____________________________________

记录行动效果：____________________________________

可改进的地方：____________________________________

具体改进方法：____________________________________

记录行动效果：____________________________________

可改进的地方：____________________________________

具体改进方法：____________________________________

记录行动效果：____________________________________

3. 设计避险预案

基础预案·列一项你想改掉的生活习惯：________________

进阶预案·列一项你一直想开始的运动：________________

复杂预案·策划一次旅行活动：________________

【阅读盲盒】

加入读书会

分享与讨论会更有效地记住所学知识，你已经完成7天的阅读任务，可以与其他书友分享、讨论这本书的内容了。

接下来你有三项任务：

· 加入一个线上读书会（初级）

· 加入一个线下读书会（中级）

· 创建一个读书会（高级）

第八天

驾驭冲动：浪花再大，也会变为泡沫

大海的浪花再大，最终也会碰上岩石，化为泡沫。因此，面对冲动，要学会驾驭，而不是与之对抗。

【知识卡片】

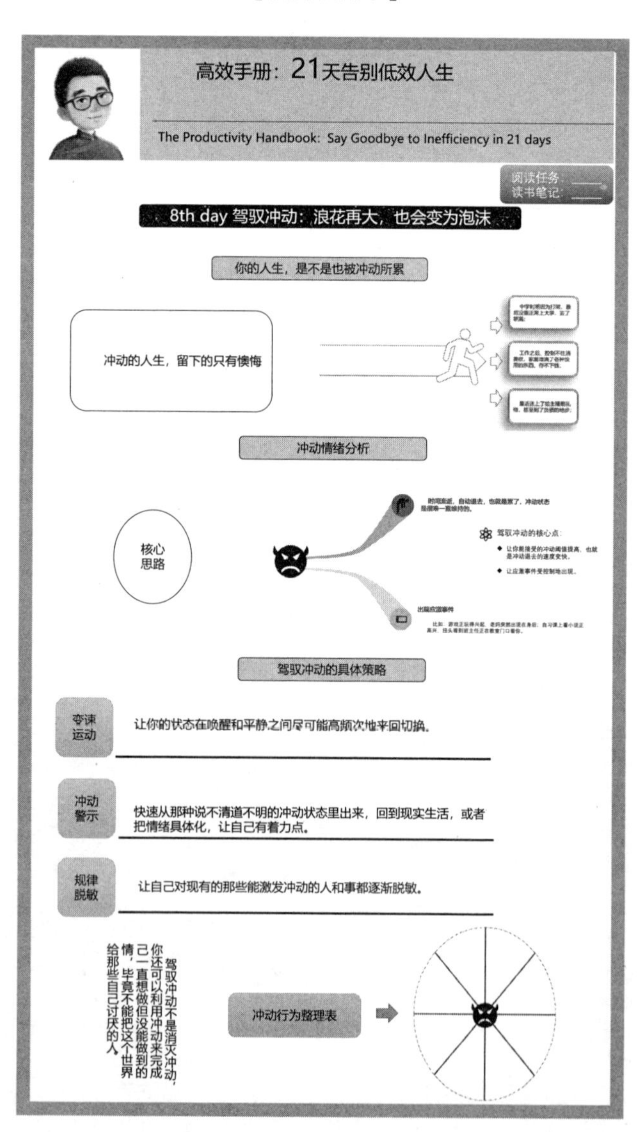

你的人生，是不是也被冲动所累

每次提到冲动，我都会想起一个朋友因为打架进拘留所的事。这次他把领导给打了，原因其实也不是什么特别大的事情。

他的季度考核成绩不合格，领导在大会上批评了他。他当时觉得很没面子也很不公平，气不过，就站起来跟领导理论，说公司的绩效结构不合理，分到他手里的都是些不容易出成果的资源和地区，而分给领导亲属的都是好资源和好地区。当时在场的还有几个人附和，领导当时就生气了，场面有点难看。

后来领导就说这件事先不讨论，有问题会后到办公室聊，结果他到了办公室，领导又是一顿训斥，说了一堆冠冕堂皇的话。没想到，我这个朋友听不下去了，直接给了领导一拳，踢了两脚，按他的说法是直接把领导给打趴下了。他心里舒服了，甩了一张离职信扬长而去。

没想到，刚到家警察就来了，给了他两条路，要么治安拘留 5 天，要么和领导和解。如果要和解，那就要赔钱道歉，我这个朋友死活不愿意低头，而且领导也故意为难他，后来就治安拘留了 5 天。

这件事之后，我这个朋友很懊恼，很后悔自己当时没忍住心里的火。但其实后来捋了一下他过往的人生轨迹不难发现，各种控制不了的冲动早就给他的人生带来了各种各样的问题，如图 8-1 所示。

他总觉得自己是个江湖大哥，所以身边朋友越来越少，已经到了喝酒都找不到朋友的地步。在我的印象中，他特别喜欢说的话就是“我这个人说话比较直，你不要介意”，然后就开始口无遮拦地胡说八道了。虽然很多人都说过这句话，但大部分人其实说话很委婉，这么说算是自谦了。但如果有人说自己说话直，结果说出来的话真的很伤人，那这个人就有问题了，他不是不知道，而是知道了还不改，并以此为荣。

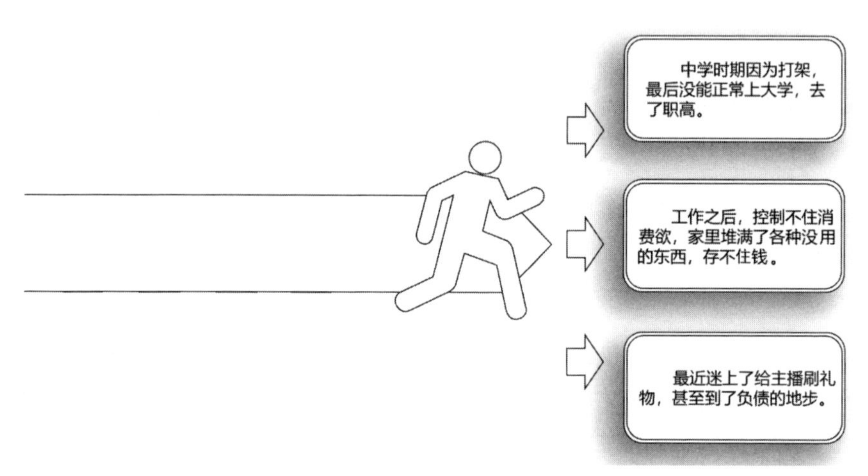

图 8-1 冲动带来的问题

他自己也觉得自己脾气太爆了，想改可是改不了，一冲动就控制不住；偶尔想提升自己，但都不持久，刚开始学的前两天志气满满，很快就放弃了；和父母关系堪忧，父母觉得管不了他，他觉得父母没用；现在也会焦虑，然而对未来还是没有长远的规划，有点时间就娱乐。

冲动情绪分析

当然，一个人会如此冲动，和他成长的环境是分不开的，但这一节的内容主要是解决冲动本身的问题。

先说说冲动是一种怎样的情绪吧，其实冲动也没有那么复杂，它是一个人面对刺激的本能反应，它能让你短期内心跳加速，血流加速，语无伦次，让你丧失一部分的思考能力。

不是说人在冲动的时候就无法理性思考，而是没法全面思考，你的注意力会聚焦在事物的某一个侧面。比如，赌徒赌得起劲时就不思考了吗？不是的，他们也是思考的，但只会去想这把牌的胜负，没办法去想如果输了会怎么样，或者这游戏本身的胜负概率是否合理。

人在冲动状态下往往会表现出两种行为模式，如图 8-2 所示。

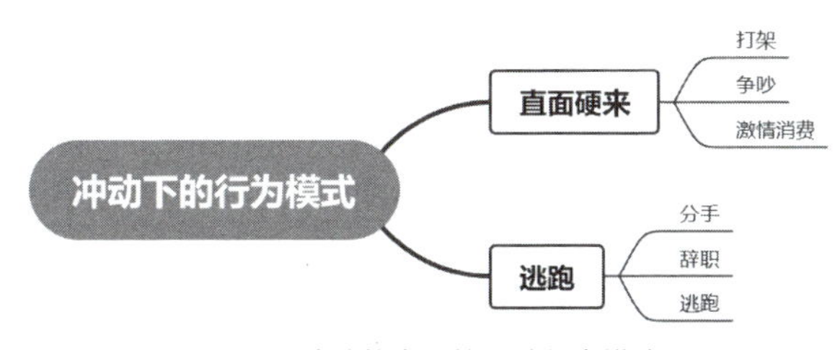

图 8-2　冲动状态下的两种行为模式

这两种行为模式与人类远古时期面对野兽的处理方式是一样的，要么直接抄家伙干架，要么撒腿就跑，不去面对问题。当然还有一种情况是僵住了，就是吓得魂飞魄散了，这本质上也是逃跑，只是心神跑了没带走肉体。

那么，正常情况下的冲动状态是怎么退去的呢？如图 8-3 所示。

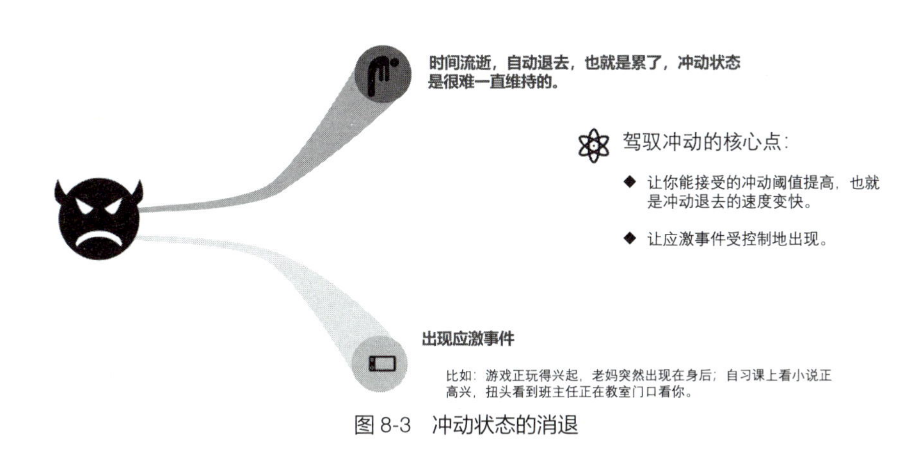

图 8-3　冲动状态的消退

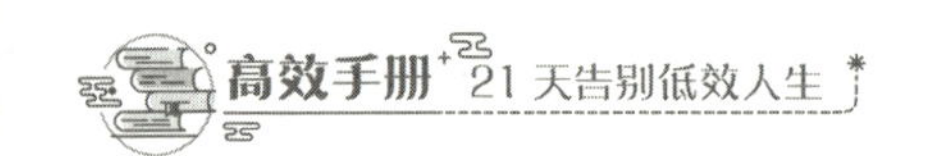

驾驭冲动的前提并不是消灭冲动，因为冲动和沮丧一样，本身也有它存在的意义。它让你能快速获得超高的集中力，在你聚焦的这件事情上，思考的速度比平时快很多，如果控制得当，无论对学习还是工作，都是一把利器。

驾驭冲动的具体策略

驾驭冲动主要有3个应对策略，如图8-4所示。

应对策略1：变速运动

核心逻辑就是：通过快步走/慢步走切换、变速骑行、对抗性球类运动、Insanity这些变速运动，让你的状态在唤醒和平静之间尽可能高频次地来回切换。

应对策略2：冲突警示

人在冲动的时候往往处于无意识状态，事后才会意识到。因此，为自己设计一个冲动警示，作为判定冲动行为的标准。

应对策略3：规律脱敏

脱敏是心理学的一种认知行为疗法，如果要把这个方法应用在驾驭冲动的场景里，需要先记录那些会让你特别冲动的事件、场景、人物，然后对它们也简单进行强烈程度的分级。

图8-4　驾驭冲动的3个应对策略

应对策略1：变速运动

这部分在前面天性解放的一节里讲过，这里就不详细展开了，记住核心逻辑就行。经常听到人们说专业运动员心理素质过硬，其实就是他们对唤醒状态的适应阈值非常高，所以即使在很兴奋的状态下，也能保证稳定发挥。

应对策略 2：冲动警示

人在冲动的时候往往是意识不到的，这时如果有人提醒一下，一般就不会因为冲动而做一些失去理智的事情，比如怒火攻心想打架，如果有人劝架一般打不起来。然而，不能总是把掌控权交给别人，要学会给自己设置一个冲动警示。

当你逐渐熟悉自己的情绪后，给自己确定一个尽量简单的“冲动”判定标准，也就是说当你做出怎样的行为时，就代表着你此刻正处于冲动状态。

这个外在表现，每个人都不一样，有的人是手抖 / 头疼 / 胸闷 / 浑身紧绷……对我来说，是有强烈地想说脏话的想法。

你可以将自己的冲动表现整理出来，填在图 8-5 中。

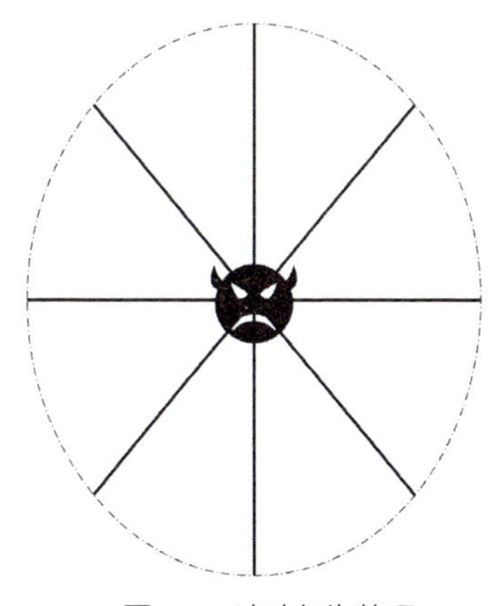

图 8-5　冲动行为整理

当你知道了自己冲动的判定标准之后，以后一旦出现这个预警标准，有以下两个策略可以供你选择，如图 8-6 所示。

把情绪具象化成某种动物

当情绪处于虚无缥缈的状态时，没办法驾驭，就将它具象化为某种动物，这样更有助于驾驭情绪

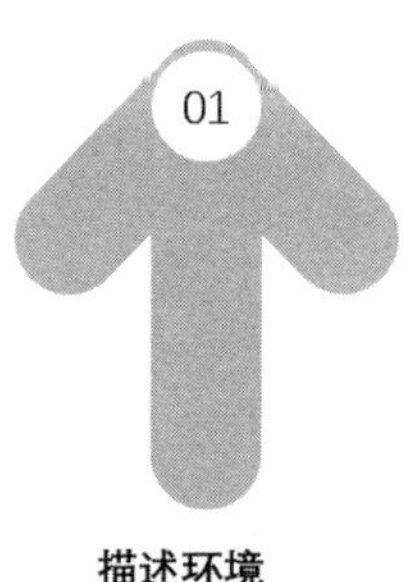

描述环境

准确描述所在环境下存在的东西、颜色、摆放的位置和你的关系

图 8-6　对抗冲动警示的两个策略

· 描述环境

假设你在听课，完成下面思维导图中的问题，如图 8-7 所示。

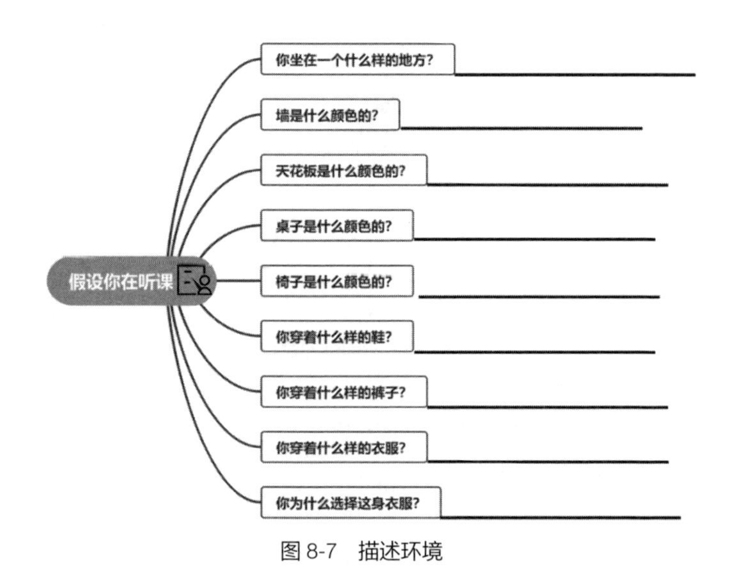

图 8-7　描述环境

试着将上面的问题答完，你的冲动大概率就会退去。这是为什么

呢？因为描述本身是理性的，它能把你从主观情绪里拽出来，拽回到现实客观的生活中。比如，你玩手机游戏或者追剧正在兴头上的时候，突然有个快递电话打进来了，你接完电话，是不是会有一种很扫兴的感觉？而对于驾驭冲动而言，我们就是在刻意追求这种“扫兴”的感觉。

· 把情绪具象化成某种动物

情绪是一种很抽象的状态，我们看到一个人很开心或者很低落，虽然具体说不清楚，但能感觉到他周围的气场是不一样的。而在驾驭任何一种情绪的时候，如果它是虚无缥缈的状态，我们的劲儿会没有一个着力点。

这时候你可以试着把情绪具象化为某种动物，比如说冲动，你可以把它想象成一头狮子，接下来想象自己怎么驯服它。有人会说，狮子怎么驯服？如果你想象出来的动物太脱离实际，则可以换一种相对常见的、对你来说更真实的动物，比如一只很凶的大白鹅，如图 8-8 所示。

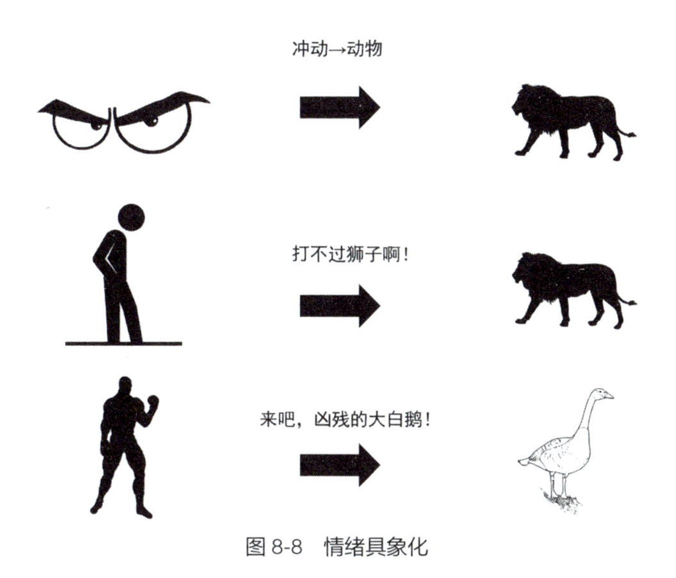

图 8-8　情绪具象化

最好是亲身接触过的动物，例如你小时候回老家，在路上就被一只大白鹅狂撵，对此你记忆犹新。想象自己下一次再遇到类似的情况，怎样才能驯服它？你可以按住它的头，跟它过几招，或者撸它的毛，让它变温顺。

这两种方法本质上都是一样的，就是让你在时间维度上，快速地从那种说不清道不明的冲动状态中走出来，回到现实生活中，或者把情绪具体化，目的是让自己有个着力点。

应对策略3：规律脱敏

脱敏是心理学里的一种认知行为疗法，它的核心逻辑是，把能引起你焦虑恐惧反应的那些刺激源进行等级划分。举个例子，如图8-9所示。

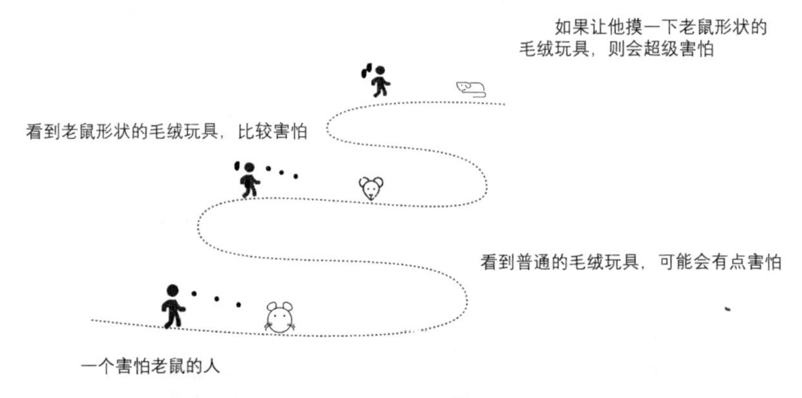

图8-9　老鼠恐惧级别示意图

以图8-9举例，一个害怕老鼠的人，面对不同的情形，分为不同的害怕等级。在具体训练的时候，要从最弱的等级开始体验，每次都伴随着彻底的放松练习。比如刚开始看到普通毛绒玩具会有点害怕，那么产生害怕情绪之后，要通过放松训练，慢慢缓解紧张恐惧的心情。等到彻底放松下来，再进入下一个等级。这种一层一层逐渐克服恐惧焦虑情绪的过程，就是系统脱敏。

如果要把这个方法具体应用在驾驭冲动的场景里，首先要有针对性地记录那些会让你特别冲动的事件、场景、人物，然后对它们进行强烈程度的分级。举个例子，如图 8-10 所示。

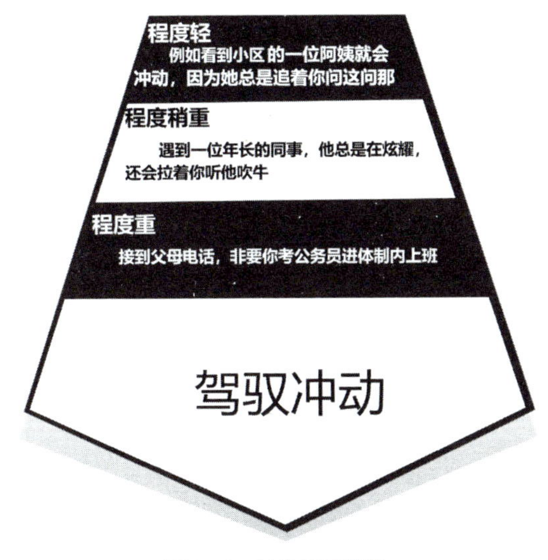

图 8-10　冲动程度分级

每个人的情况都不一样，但你如果能厘清这些会让你冲动的线索，在有空的时候，就可以练习自我唤醒，让自己进入这个冲动的状态。这个步骤是让你通过想象去面对那些糟心的事情，因为很多时候，我们很讨厌一些事情，就会本能地回避那些事情，于是每次不得不面对的时候，反应会更加强烈。

所以需要让自己在内心模拟，根据难易程度，模拟自己被外部刺激唤醒的冲动情绪。然后当你通过冲动的外在表现，知道自己已经处于冲动状态之后，就可以利用前面讲的策略（描述环境、把情绪具象化成某种动物），让自己逐步达到驾驭冲动的状态。

【今日训练营任务】

1. 整理自己平时的冲动表现，填写在图 8-5 中。

2. 针对图 8-5 中具体的冲动表现，利用思维导图进行环境描述训练。准确描述所在环境下存在的东西，包括颜色、摆放位置与你的关系等，尽可能详细。例如，当你与同事发生争吵时容易冲动，那么可以试着描述办公室的环境，从而尽快从冲动情绪中跳出来。在图 8-11 中进行环境描述训练。

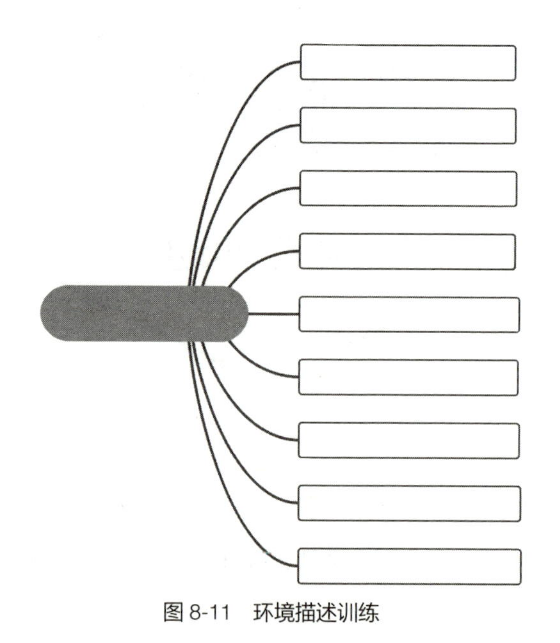

图 8-11　环境描述训练

3. 系统脱敏训练。针对图 8-5 记录的冲动表现进行分级。

程度轻：

____

____

____

程度稍重：

____

____

____

程度重：

____

____

____

之后，根据本节所讲的系统脱敏方法进行练习，从程度最低的冲动行为开始，逐步提升难度，直至减轻冲动行为为止。

【阅读盲盒】

把书放在触手可及的地方

学习是一件反人性的事，为了更好地激发阅读兴趣，最好将书放在一眼能看到且触手可及的地方，例如床头柜上面。让每晚睡觉之前看会儿书成为一种仪式，继而养成读书的习惯。

接下来，精心挑选一个放置图书的“圣地”吧！

第九天

驾驭焦虑——让美好的未来近在眼前

【知识卡片】

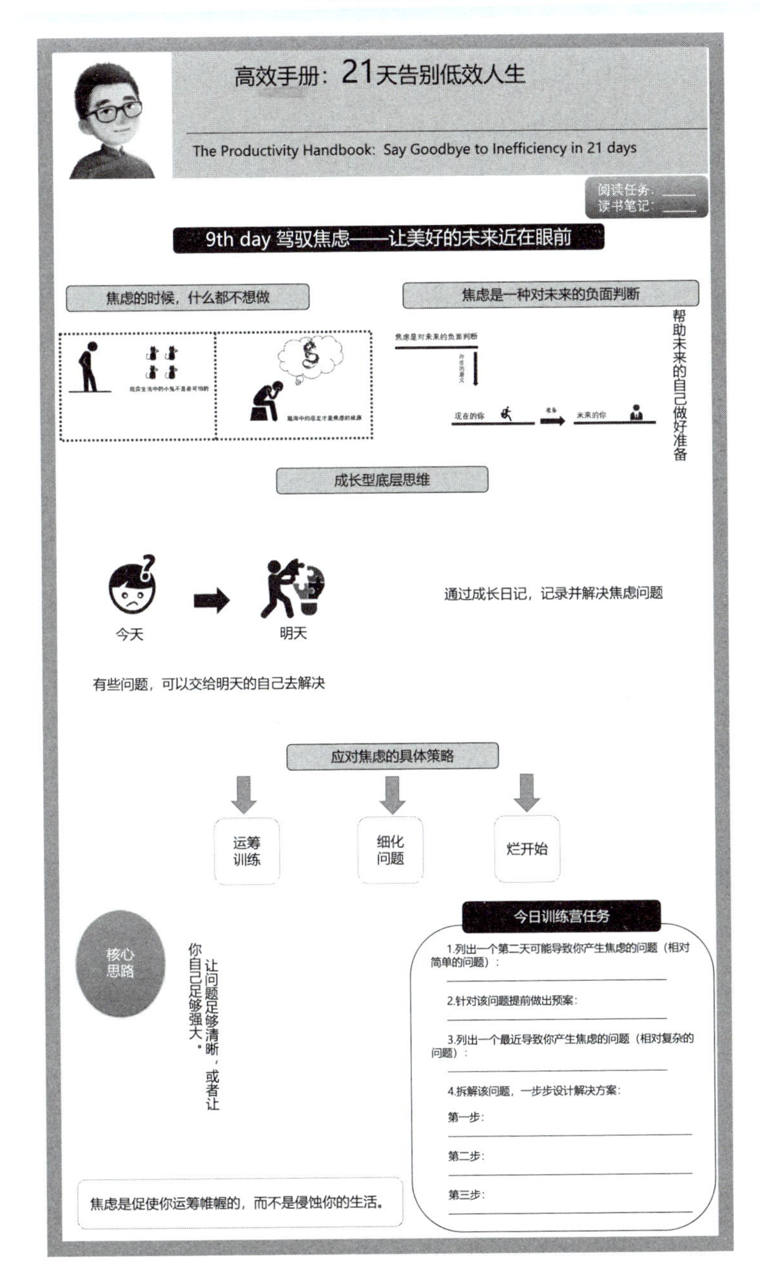
高效手册：21天告别低效人生
The Productivity Handbook: Say Goodbye to Inefficiency in 21 days
阅读任务：
读书笔记：
9th day 驾驭焦虑——让美好的未来近在眼前
焦虑的时候，什么都不想做
现实生活中的小鬼不是最可怕的
脑海中的恶龙才是焦虑的根源
焦虑是一种对未来的负面判断
焦虑是对未来的负面判断
现在的你
准备
未来的你
帮助未来的自己做好准备
成长型底层思维
今天
明天
通过成长日记，记录并解决焦虑问题
有些问题，可以交给明天的自己去解决
应对焦虑的具体策略
运筹训练
细化问题
烂开始
核心思路
让问题足够清晰，或者让你自己足够强大。
焦虑是促使你运筹帷幄的，而不是侵蚀你的生活。
今日训练营任务
1.列出一个第二天可能导致你产生焦虑的问题（相对简单的问题）：
2.针对该问题提前做出预案：
3.列出一个最近导致你产生焦虑的问题（相对复杂的问题）：
4.拆解该问题，一步步设计解决方案：
第一步：
第二步：
第三步：

焦虑的时候，什么都不想做

焦虑是一种负面情绪，总觉得未来会有一些非常不好的事情发生。人都会有焦虑的时候，我也一样，我最焦虑的时候每天睡不着觉，看着天花板发呆，看着天光从全黑到一点一点变亮，然后整个人变得更加焦虑。因为我觉得我应该睡觉，可又睡不着，然后看着太阳，每次起床就像是这个世界在催我一样，或者是在嘲笑我。如图 9-1 所示。

图 9-1　焦虑的时候，什么都不想做

那段时间，我刚从非洲辞职回来，焦虑的点很多，如图 9-2 所示。

后来，我的状态已经跌入了谷底，就不想那些大的事情了，想着能解决多少问题就解决多少吧。然后我开始慢慢地去解决问题，突然发现这些问题其实没有那么难，如图 9-3 所示。

最后我意识到，对于焦虑来说，难的其实不是那些现实的小鬼，而是我们脑海里臆想出来的恶龙，如图 9-4 所示。

焦虑

- 辞职的事暂时不敢跟家人说，因为我不确定父母的想法；
- 已经提出离职，但还没具体办理，好像有违约金，数额心里没底；
- 对未来感到迷茫，没什么靠谱的工作机会，身边的朋友又混得特别好……
- 想去读书，但是又不知道能不能去，也没想好去哪里读。

内心极其焦虑，导致个人作息和生活非常不规律：

- 每晚睡不着觉，但天亮了又不愿起床，因为起来了就要面对这个世界；
- 食欲不振，食量锐减到之前的二分之一；
- 每天心情很糟糕，不希望跟人交流；
- 内心纠结，一方面不想跟人交流，但又特别希望能证明自己的价值，所以每天频繁投简历，见各种能见的人；
- 晚上回来又很沮丧，见的并不是我想见的人，得到的也不是我想要的东西，觉得所有事情都没有意义；
- 其间，为了宣泄焦虑去打球，结果运动过度受伤卧床，于是更加焦虑。

那真的是一段非常难熬的时光，我一度有了自暴自弃的想法：

- 要么回原来的公司，继续常驻非洲；
- 要么回老家，让爸妈给安排个工作；
- 要么号称自己还在工作，拿上爸妈的钱出去旅游。

图 9-2　令我焦虑的事确实有点多

现实

- 公司最后没有收我违约金；
- 父母也理解我的选择，还非常支持我去读书；
- 之后出国留学考试也没有那么难，很快就考过了；
- 朋友们虽然混得比我好，但短期之内好像也没有看不起我的意思，大家还是愿意跟我做朋友的，也愿意给我介绍机会；
- 我开始锻炼身体，打球、健身，身体状况很快就恢复了。

图 9-3　原来问题没那么难

图 9-4　脑海中的恶龙

焦虑是一种对未来的负面判断

喜怒哀乐，皆为人生，任何人的生活都逃不掉悲伤的部分，也有很多对未来的不确定性，但是在绝大多数情况下，我们想象出来的问题要远难于现实中的问题。想弄清楚原因，就要从更多的角度理解焦虑是怎样一种情绪，如图 9-5 所示。

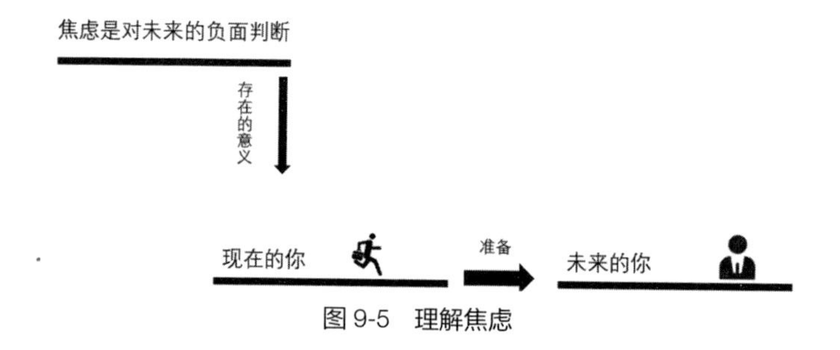

图 9-5 理解焦虑

焦虑会让现在的你帮助未来的你做好准备。所以，从个人成长的角度来说，焦虑其实是一种很有意义的情绪，它会督促你为未来可能的结果做好准备，以最大限度地保护自己的利益。

人无远虑，必有近忧。其实，动物也是如此，我们以家狗和野狗举个例子，如图 9-6 所示。

家狗见到准备好的狗粮，一次性吃干净，因为它没有危机意识。但野狗不会，狗粮吃一半，藏起来一半，因为它怕饿肚子。下一次找到食物之前，它还是会只吃掉藏起来的食物的一半，以此类推，直到找到下一顿饭。

回想一下，当你走进野狗的领域，它们是不是叫得特别凶？因为你可能接近了它藏小狗的地方，或者藏着食物的地方，这其实就是野狗的一种焦虑。

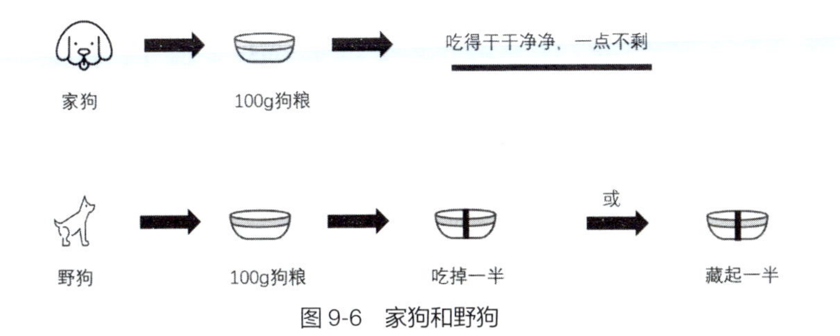

图 9-6　家狗和野狗

这里说一句题外话，如果大家家里养狗，千万要负责，不要让它流落在外，因为家养的狗在野外是活不下去的，真的活不下去。

话说回来，焦虑本质上是一种和沮丧非常相似的情绪，是对我们的保护，但是过度焦虑则会对我们的生活产生不良影响。

因此，我们也就能理解为什么焦虑会带来这么复杂的反应了，如图 9-7 所示。

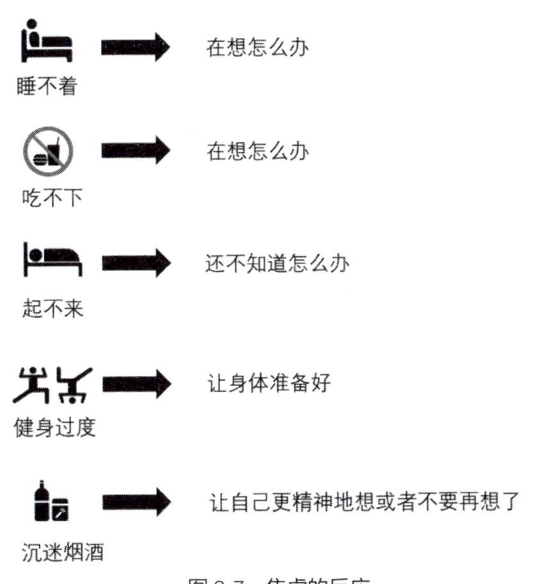

图 9-7　焦虑的反应

那么，焦虑这种情绪是怎么消退的呢？

时间并不会冲淡焦虑，但截止日期到了，问题已经迫在眉睫，这时就会逼你放下焦虑，不得不去面对。比如说很多时候，人真的走上赛场，反而不紧张了，因为你看到了真实的问题，想象中的画面就消失了。

你觉得自己做好准备了，比如说问题没那么大（突然知道了期末考试的范围），自己真的很强（已经可以平筐扣篮了），有解决方案了（失恋后在一个聚会特别受异性欢迎），等等。

所以，我们的应对策略也是一样，着重于两点：问题本身与你自己。让问题足够清晰，或者让你自己足够强。

成长型底层思维

驾驭焦虑，一定要先建立一个成长型底层思维，也就是说你要学会相信未来的自己，明天的你一定比今天厉害。所以有些问题可以交给明天的你解决，而不是今天的你就必须要解决，如图 9-8 所示。

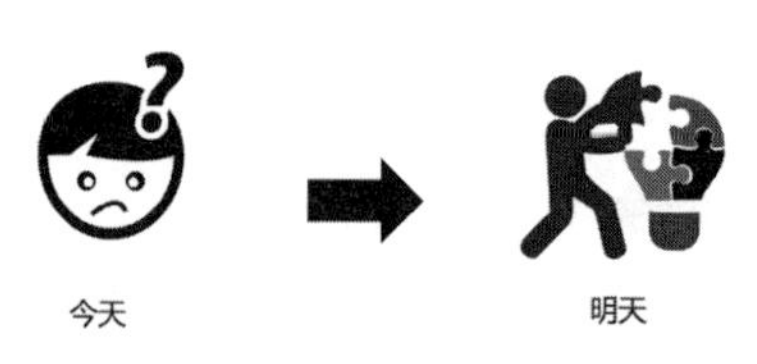

图 9-8　把问题交给明天的自己

如今很多人焦虑的原因，就是在替未来的自己瞎操心，没毕业的时候焦虑未来找工作，有了工作开始焦虑 35 岁会失业，过了中年危机之后又焦虑未来养老的问题。这里面有个暗含的假设，就是未来的自己身体、智力、外貌什么都不行，如图 9-9 所示。

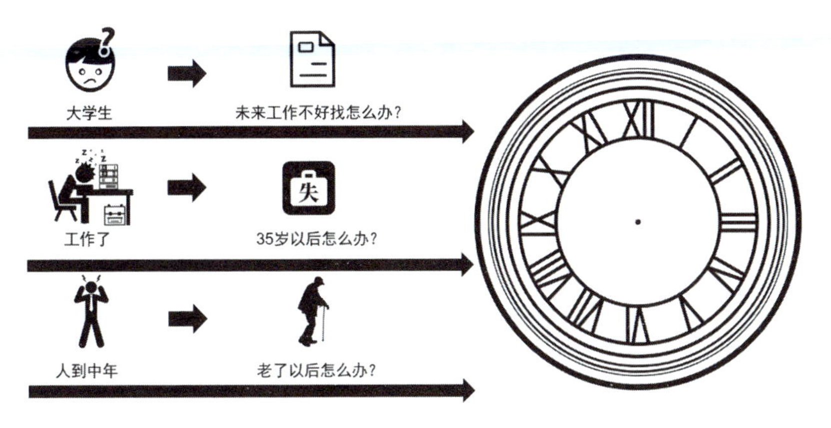

图 9-9　未来的你，真的什么都不行吗？

你真的有这么糟糕吗？现在的你跟过去的你比较起来，真的一无是处吗？

这里推荐大家记录自己的成长历程，平时可以写成长日记，将成长过程中存在的问题、产生的焦虑、获得的成就等都记录下来，方便与今天的自己进行对比，看看之前那些让你焦虑的问题，如今是否还在困扰你。

渐渐地，你就会发现自己是值得信任的！

我回想了一下，小时候最大的一份焦虑就是我害怕自己以后不能每天喝一罐可乐，因为我真的很喜欢喝可乐。在 1990 年，我第一次喝到可乐，真的是太幸福了，但当时可乐对于我而言真的很贵，我必须考出好成绩才能喝。我那时就想，什么时候能实现“可乐自由”就好了，但是我发现这个焦虑其实早就解决了。

细数一下从小到大让我焦虑的事：成绩不够好，大学压力，亲密关系，打篮球……这些问题不能说都解决了，但真的解决很多了。

谁的人生能够一帆风顺、事事如意呢？过程中的坎坷、牵绊构成了每个人不一样的人生经历。回首往事，让你更加确信：明天的你一定比今天的你更厉害。

下面是一张成长日记模板，大家可以根据自己的实际情况进行记录，养成习惯，然后一步步培养自信，如图 9-10 所示。

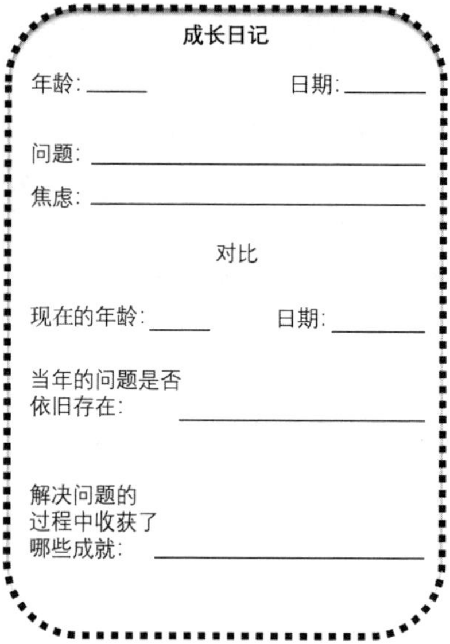

成长日记

年龄：______　　　　日期：______

问题：______

焦虑：______

对比

现在的年龄：______　　　　日期：______

当年的问题是否依旧存在：______

解决问题的过程中收获了哪些成就：______

图 9-10　成长日记模板

应对焦虑的具体策略

应对焦虑的策略如图 9-11 所示。

应对策略 1：运筹训练

提前对第二天可能导致焦虑的问题做出预案。例如今天上班的时候，我把自行车停在了楼下，结果下班的时候发现又被堵了，我才意识到停车的位置不太好，那么明天就要解决这个问题，那预案是什么呢？

第二天我就要早一点去公司，提前找好一个位置，把我的车停在一个不容易被人堵住的地方，这件事也就解决了。

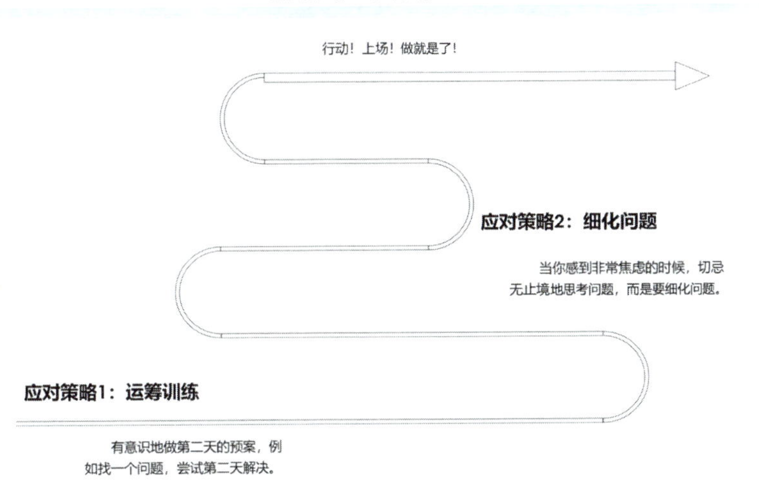

图 9-11　应对焦虑的策略

事情虽小，但在这个过程中，我一方面在解决问题，一方面又不是立刻解决问题，因为还要等到明天才能真的去做。这样能练习把我的焦虑控制在一个舒服的范围内，它能督促我明天早起把事情解决了，也不至于失控到让人崩溃。

运筹训练就是每天解决一个很小的问题，重点是提前做预案，但预案不用过度具体，因为过于具体的预案反而会让你更加焦虑。

做一个小预案，然后第二天再做一个，再解决一个小问题。慢慢可以有意识地拉长时间线，比如说有个小问题，你有了预案，但需要隔一周才能实操，这个过程也是在提高你耐受焦虑的能力。

应对策略 2：细化问题

当你觉得自己非常焦虑的时候，切忌一个人无止境地思考，因为这样容易让问题更复杂、更难解决，很容易钻牛角尖，走入死胡同。这时只需要将问题细化就可以了，如图 9-12 所示。

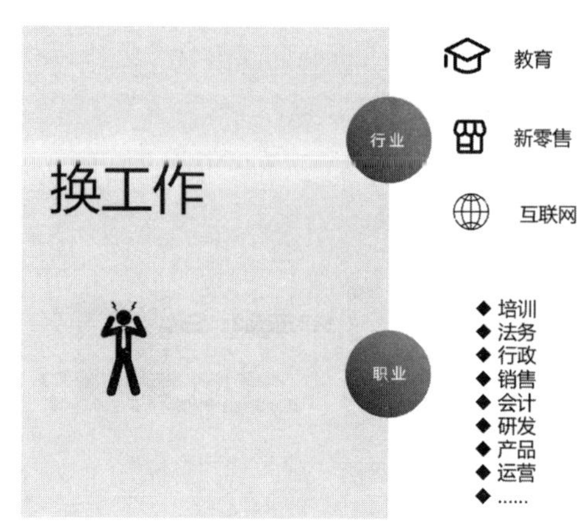

图 9-12　切忌无止境地思考

如图 9-12 所示，我想换工作，很焦虑，此时试着将换工作的问题细化，分解为两个问题，先确定行业，然后再确定职业。

我想从事什么行业？最终确定出教育、新零售或者互联网，三选一，是不是没之前那么焦虑了？行业确定之后再选职业，你会发现焦虑又进一步降低了。

这是因为你没有在想那些很复杂的、能让你“脑补”很多东西的事情，而是在思考非常具体的事情。

应对策略 3：烂开始

放弃仪式感，想到就直接行动，例如想打球了，直接上场打就行了。我的无数想法都是半夜来的，不会等到明天再说，而是直接起床开始解决问题。一会儿就困了，也就不焦虑了，因为一方面费脑子了，另一方面心里也慢慢踏实下来了。

刚开始做事情很容易出错，因为谁都不是天才圣人，所以不要对自己有那么高的期待或者过于完美的要求，烂开始总比原地打转要好。

只要开始了，焦虑的使命就结束了。

【今日训练营任务】

1. 列出一个第二天可能导致你产生焦虑的问题（相对简单的问题）：

____

2. 针对该问题提前做出预案：

____

3. 列出一个最近导致你产生焦虑的问题（相对复杂的问题）：

____

4. 拆解该问题，一步步设计解决方案：

第一步：________________________________

第二步：________________________________

第三步：________________________________

【阅读盲盒】

既然读书这件事那么困难，就要掌握一定的技巧。以这本书为例，如果你读不进去，可以直接翻看目录，跳到自己感兴趣的内容。

这些内容要么能够解决你目前所面临的实际问题，要么很有趣，能够吸引你读下去……总之，这些内容会让你的大脑保持兴奋、愉悦的状态，还能增强记忆效果。

第十天

拒绝崩溃：情绪崩溃之前如何自救

【知识卡片】

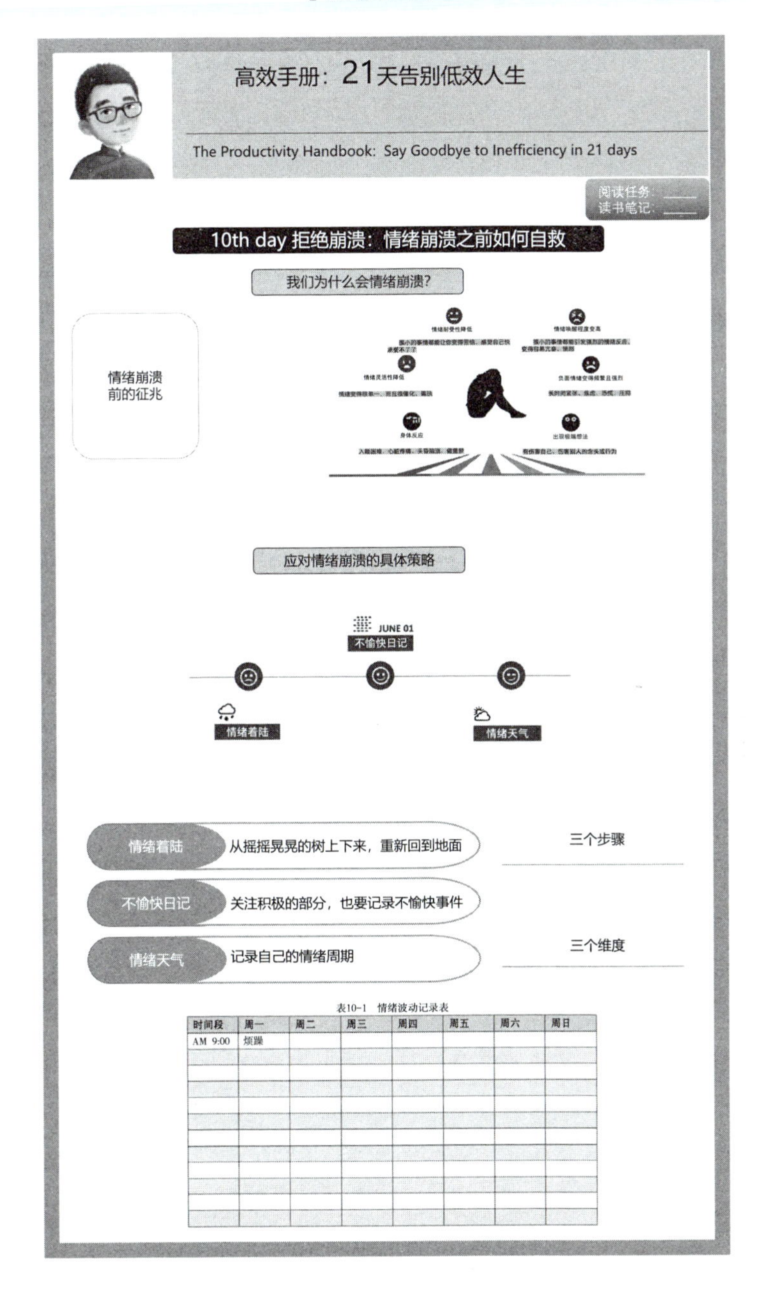

高效手册：21天告别低效人生
The Productivity Handbook: Say Goodbye to Inefficiency in 21 days
阅读任务：
读书笔记：
10th day 拒绝崩溃：情绪崩溃之前如何自救
我们为什么会情绪崩溃？
情绪崩溃前的征兆
情绪耐受性降低
情绪唤醒程度变高
情绪灵活性降低
负面情绪变得频繁且强烈
身体反应
出现极端想法
应对情绪崩溃的具体策略
JUNE 01
不愉快日记
情绪着陆
情绪天气
情绪着陆
从摇摇晃晃的树上下来，重新回到地面
不愉快日记
关注积极的部分，也要记录不愉快事件
情绪天气
记录自己的情绪周期
三个步骤
三个维度

表10-1　情绪波动记录表

时间段	周一	周二	周三	周四	周五	周六	周日
AM 9:00	烦躁						

我们为什么会情绪崩溃?

前几天，有个朋友小 A 约我吃饭，他是那种很细心敏感的人，总是能把周围的人照顾得很好，那天席上他跟我“吐槽”了一件事情。

【起因】

他在来餐馆的路上，隔着马路看见了公司同事小 C，平时相处得还不错，于是挥了挥手准备过去打个招呼，结果小 C 望见他，直接掉头进了旁边的商场，如图 10-1 所示。

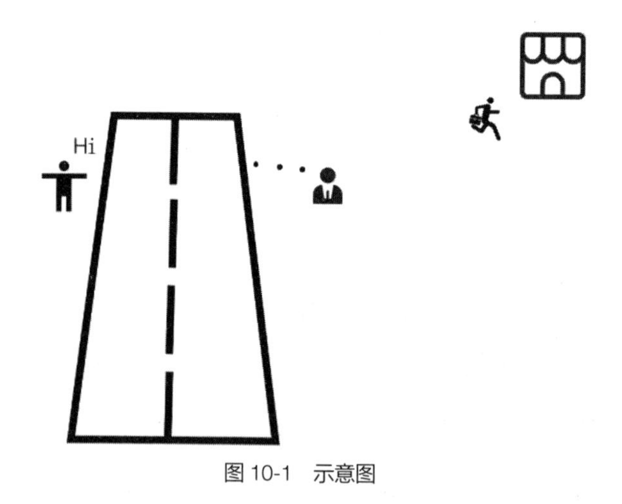

图 10-1　示意图

【承接】

小 A 傻眼了，脑子里瞬间浮现出很多想法，如图 10-2 所示。

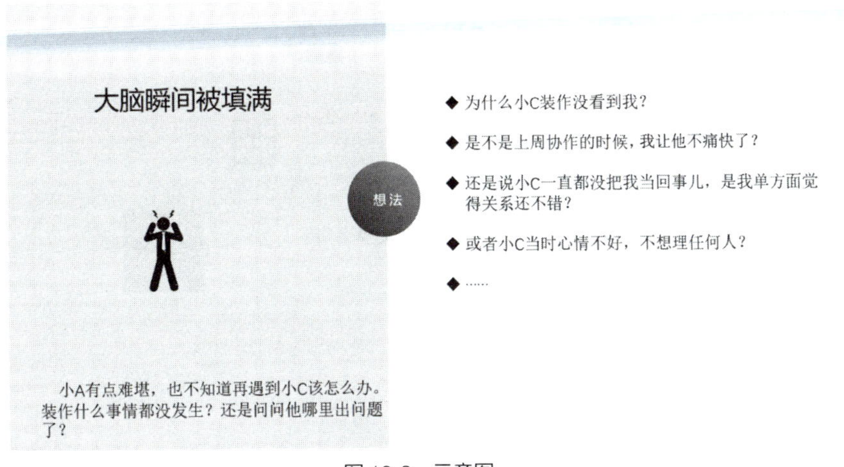

图 10-2 示意图

【结果】

那顿饭吃得特别纠结，小 A 索性把他和小 C 从认识到现在的大致历程都跟我捋了一遍，让我帮忙分析，最后他的结论是：他俩确实性格不太合，有矛盾和误会也是很正常的，以后保持礼貌的距离就行了。

本以为就这样结束了，准备回家的时候，小 A 刷了一下朋友圈，突然看到小 C 数小时前发了一条状态，是他在山顶拍的自拍照，定位是几千公里以外的另一座城市。

也就是说，这只是一场乌龙而已，是小 A 认错了人，那个不跟他打招呼的人只是路人，如图 10-3 所示。

虽然误会解除了，但是小 A 还是语重心长地跟我说：“黄河啊，虽然是个误会，但我感觉自己难受了小半天的那股劲儿，还是没办法一下子过去。”

一件小事而已，但人的心理已经经历了一次情绪内耗。在日常生活中，这样的情绪消耗也很常见，包括发生的事情以及没有发生的事情，如图 10-4 所示。

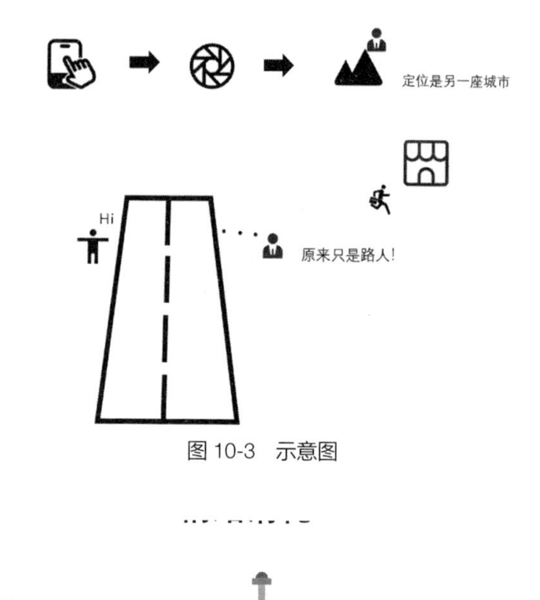

图 10-3　示意图

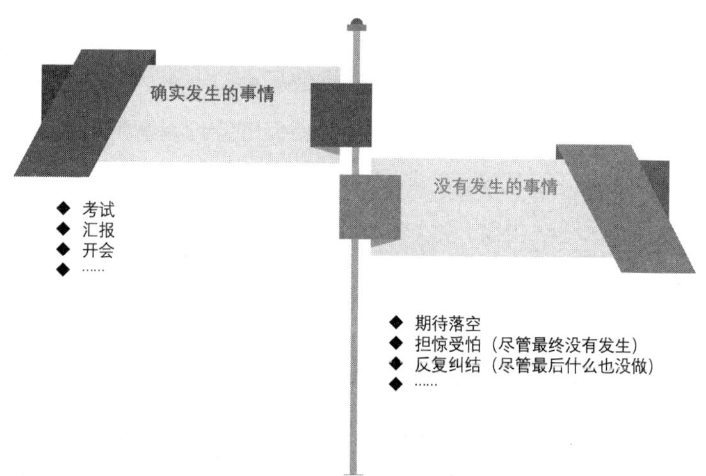

图 10-4　情绪消耗示意图

而情绪崩溃，除了经历一些重大创伤事件之外，还有一种可能性，就是在经历了一段时期的情绪内耗之后，迎来了压死骆驼的最后一根稻草。我们也常在新闻里看到，比如，加班到很晚没赶上末班地铁，突然蹲在地上痛哭的女生；被交警拦住的外卖小哥，突然摔手机、下跪大哭。

情绪崩溃前，其实是有些征兆的，如图 10-5 所示。

图 10-5 情绪崩溃前的征兆

应对情绪崩溃的具体策略

下面主要讲三种应对情绪崩溃的策略，如图 10-6 所示。

图 10-6 三种策略

情绪着陆

当情绪快要崩溃的时候，每个人都能清醒地意识到，但应对方式却很不一样，基本上都是采用以往的模式，比如，情绪隔离，让自己变得冰冷麻木，像个机器人一样；情绪宣泄，像水库泄洪一样，一股脑地把自己的情绪发泄出来；还有就是转移到别的事情上，去攻击自己、攻击别人。

其实本质上，人的处境都是一样的，就是让自己躲在一棵摇摇晃晃的树上，去应对一场猛烈的暴风雨。这时候首先要做的事情非常简单，就是从那棵树上下来，重新回到结实的大地上。

心理学上有个术语叫作“着陆”，就是让自己的注意力再次回到现实世界。着陆的步骤如图 10-7 所示。

图 10-7　着陆的具体步骤

着陆的目的并不是消灭情绪或者忽视情绪，因为即使你的注意力回到了现实世界，心里可能还是会有些堵，但没关系，着陆的目的是让你

从没有着力点的悬浮状态变得清醒，有点像是把自己从危险的悬崖边拽回来。

不愉快日记

说到情绪日记，我们经常听到的可能是感恩日记，也就是说，每天记录三件美好的事情，时间久了，人的思维也会变得更加积极，更容易捕捉到美好的部分。

关注积极的部分，不意味着忽视 / 屏蔽那些消极的部分，因为不愉快的事情确实发生了，我们不能装作不知道。尤其是在人情绪濒临崩溃的时候，负面事件是不容忽视的。

这个时候，你依然可以通过记录“不愉快事件”，来修复情绪、自我疗愈。

情绪天气

人的情绪一般有三个维度，如图 10-8 所示。

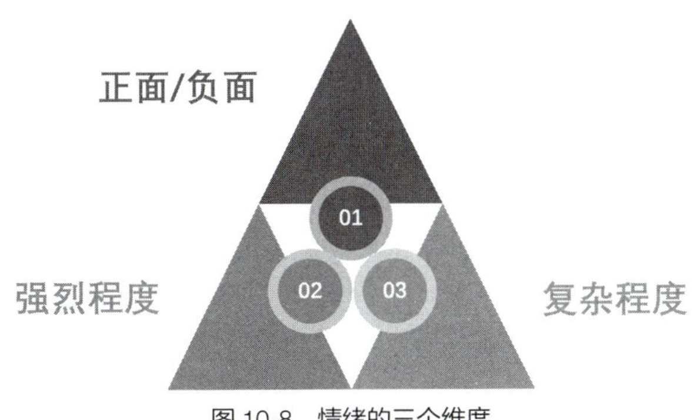

图 10-8 情绪的三个维度

大部分时候，人们对自己的情绪感知都不太敏锐，除了特别开心和特别不开心的时候，因为那些时候情绪比较强烈。而特别开心的时候，你往往不会因此困扰，反而情绪崩溃的时候，能让你更加清楚地知道自己这会儿有点受不住了，往往这个时候情绪还很复杂，你也说不清楚。

你可能最容易想到的就是这种强烈的情绪，尤其是负面和复杂的情绪。这样就会有个刻板印象：怎么自己的情绪总是这些？

但其实人的情绪一直都处于来来回回、时强时弱的状态，只是那些微弱的情绪自己感受不到或者想不起来。

事实上，通过记录自己一天里的情绪周期，就能发现自己确实有的时候会无缘由地低落，或者无缘由地开心，就像天气一样。

比如，你可以回想一下自己昨天的情绪波动情况，或者记录自己一周的情绪波动情况，你可能就会发现其中的周期，甚至还可能会发现自己的情绪跟所在城市的气候变化非常相似。比如秋高气爽的北京和阴雨绵绵的南方，人的情绪变化一定也会受到影响。

在这个过程中，你会注意到：自己在一天的某些时间段，可能总会无缘无故地情绪低落或者元气满满，意识到这些情绪周期，能让你理解自己的情绪并不是一团乱麻，而是有迹可循的。

而情绪崩溃，也往往出现在你本来就有点缺少能量的情绪阶段里。所以，在那些阶段，多关心一下自己。

【今日训练营任务】

1. 着陆训练

（1）深呼吸三次。

（2）写出你看到的三种事物。

____

____

____

写出你听到的三种声音。

____

____

____

（3）再次深呼吸三次。

2. 心情日记

每天记录三件美好的事情。

____

____

____

同时记录三件不愉快的事情。

____

____

____

3. 情绪波动记录表

在表 10-1 中记录情绪波动发生的时间，以及具体的情绪表现。

表10-1 情绪波动记录表

时间段	周一	周二	周三	周四	周五	周六	周日
AM 9:00	烦躁						

续表

时间段	周一	周二	周三	周四	周五	周六	周日

【阅读盲盒】

发布内容，集齐10个赞

将读书内容分享至微信朋友圈，可以是读书笔记、本书金句，等等，看看你所分享的内容是否能够集齐10个赞！

所获的赞越多，说明你分享的内容价值越高，同时也说明你的人缘很好。

第十一天

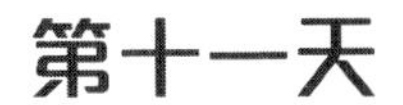

执念与他人：总是挥别错的，才能与对的相逢

【知识卡片】

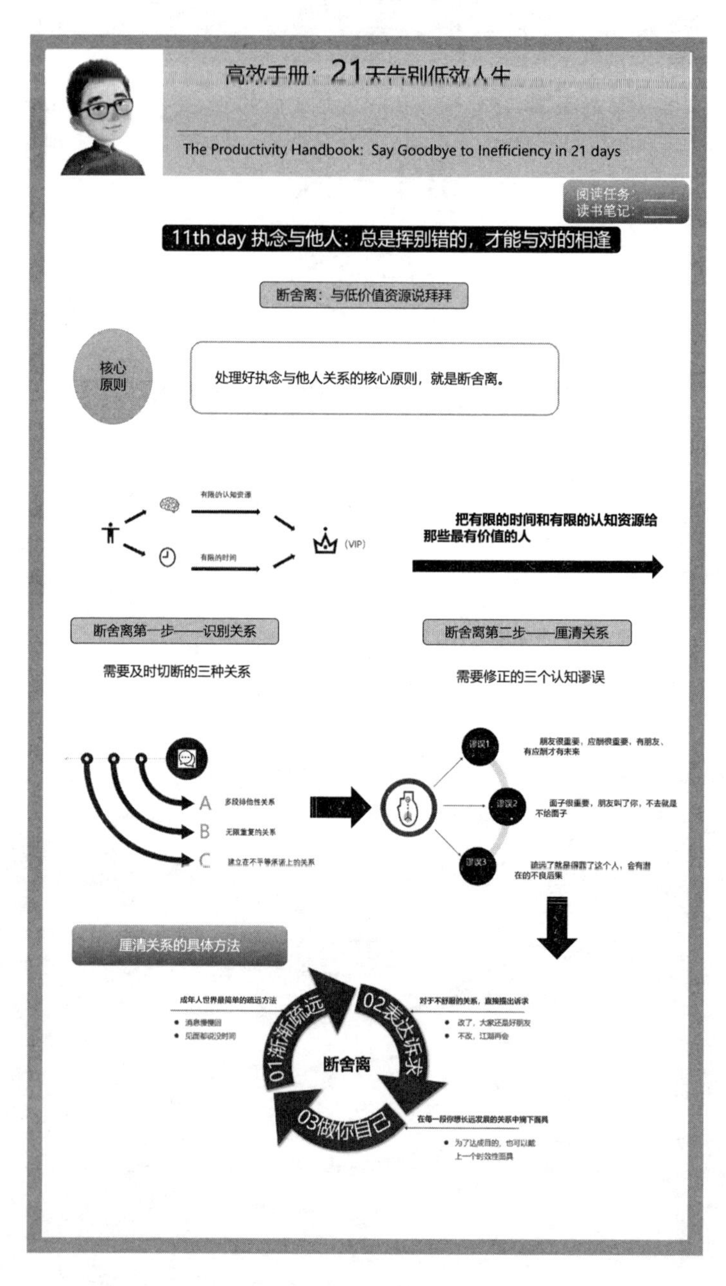
高效手册：21天告别低效人生
The Productivity Handbook: Say Goodbye to Inefficiency in 21 days
阅读任务：
读书笔记：
11th day 执念与他人：总是挥别错的，才能与对的相逢
断舍离：与低价值资源说拜拜
核心原则
处理好执念与他人关系的核心原则，就是断舍离。
有限的认知资源
有限的时间
(VIP)
把有限的时间和有限的认知资源给那些最有价值的人
断舍离第一步——识别关系
需要及时切断的三种关系
A 多段排他性关系
B 无限重复的关系
C 建立在不平等承诺上的关系
断舍离第二步——厘清关系
需要修正的三个认知谬误
谬误1
朋友很重要，应酬很重要，有朋友、有应酬才有未来
谬误2
面子很重要，朋友叫了你，不去就是不给面子
谬误3
疏远了就是得罪了这个人，会有潜在的不良后果
厘清关系的具体方法
断舍离
01渐渐疏远
成年人世界最简单的疏远方法
消息慢慢回
见面都说没时间
02表达诉求
对于不舒服的关系，直接提出诉求
改了，大家还是好朋友
不改，江湖再会
03做你自己
在每一段你想长远发展的关系中摘下面具
为了达成目的，也可以戴上一个时效性面具

断舍离：与低价值资源说拜拜

如何处理好执念与他人的关系？核心原则就是断舍离。

为什么要断舍离？因为我们的认知资源是有限的，时间也是有限的，那么和他人打交道时我们需要做的事情就是，把有限的时间和有限的认知资源给那些最有价值的人，如图 11-1 所示。

执念与他人——断舍离

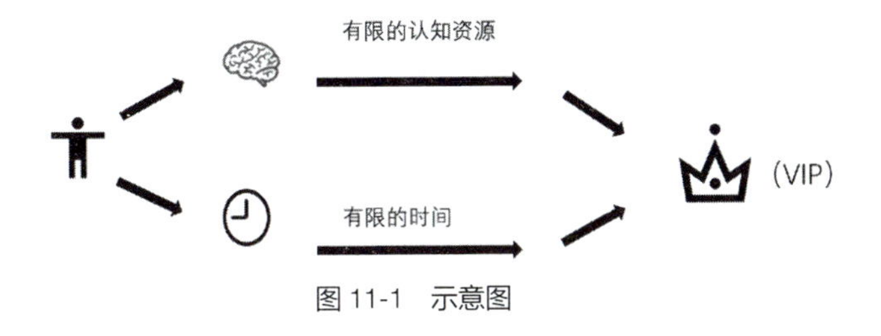

图 11-1　示意图

然而，最有价值的人是没有那么容易出现在你身边的，我就有切身的感受。上大学的时候，我是个朋友很多的人，我也以此为荣，几乎走到哪里都可以呼朋引伴，甚至在学校门口的地摊上吃饭时，都能有好几拨人过来跟我打招呼。看起来很风光，其实很空虚。和他们的交往，以下问题非常突出，如图 11-2 所示。

第一，浪费时间。上学时，吃饭、打游戏这样的低效社交浪费了我大量时间，没什么自我提升的时间，因此大学生活过得浑浑噩噩，错失了很多机会。

第二，阶层差异。朋友太多，交往变得没重点。劣币驱逐良币，酒肉朋友居多，他们中的大多数都不用为自己的前程考虑，只需要享受人生就够了。这样的人，不是不能当朋友，只是在大学里做他们的朋友，对我这样一个普通家庭的孩子来说太奢侈了。

第三，认知差异。交的朋友太多，层次级别、家庭背景都不一样，结果接收到的观念是完全不同的，让我今天热血沸腾、明天“佛系躺平”、后天鸡汤感动、大后天沮丧失望，个人价值观被冲刷得丧失自我。

第四，费钱。朋友交多了真费钱，导致大学期间我真是穷得叮当响。

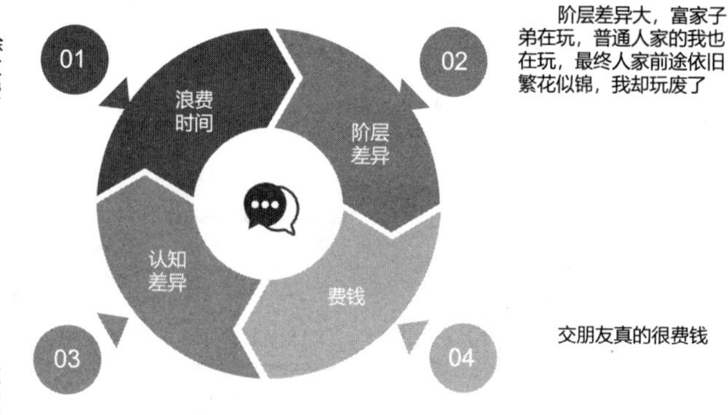

图 11-2　我曾经的社交问题

上大学时，交朋友已经成为我的一种执念，多交朋友肯定没错，但在这种心态下交的朋友真的成了一种负担。如今，我的朋友比原来少多了，甚至有时我也会发愁，因为现在的朋友都很优秀，大家都很忙，想出去玩都凑不到人。

但同时又很庆幸，如果真有大事，只要一个电话，这些朋友是真的能够有钱的出钱、有力的出力。而我的生活也洒脱简单了很多，身边大多是和我相似的人，互相之间能够说知心话，而且真的能理解彼此。

改变的核心则是断舍离，和低价值的人断舍离。

因为以周来算，一个人能分配给交际圈的时间其实并不多，如表11-1所示。

11-1　社交时间分配表

周一	周二	周三	周四	周五	周六	周日	总计
工作	工作	工作	工作	工作	工作	工作	
2小时交际	2小时交际	2小时交际	2小时交际	2小时交际	8小时交际	8小时交际	26小时
A	B	C	D	E	F（上午） G（下午） H（晚上）	I（上午） J（下午）	10个人
							2.6小时/人

如上表这样安排，交际时间已经排得很满了，如果你不把时间空出来，再大水漫灌，和所有人都打交道，那真正优秀的人就走不进你的圈子了。在人生的旅途中，你一定会遇到能与你同行，还能一起走得很远的人，如果不清理自己的时间和社交圈子，那你的圈子里就没有他们的容身之地了。所以，不清除狐朋狗友，交不到知心朋友。

断舍离第一步——识别关系

断舍离的第一步，就是识别关系，识别出那些应该立即切断的关系。我认为有三种关系是应该及时进行断舍离的，如图11-3所示。

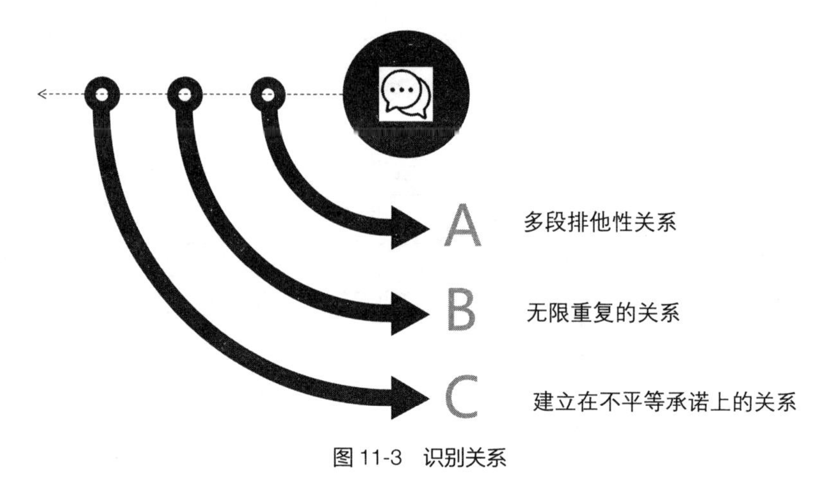

图 11-3 识别关系

第一种：多段排他性关系

所谓排他性关系，简单理解就是非常亲密的一对一的关系。这种关系不限于男女朋友，还有可能是特别好的朋友。如果你有多段排他性关系，这是一定要及时切断的，因为排他性关系对一个人是一种巨大的损耗，在道德上、心理上、精神上、物质上，当然还有认知资源上都是。

比如，你瞒着妻子有了情人，刚开始可能还能应付过来，但是时间一长，你会发现，你时时刻刻都要隐瞒信息，时时刻刻在准备这件事暴露了以后怎么办，时时刻刻都要算计、欺骗、伪装、演戏，这是巨大的消耗。

再有就是同性的朋友，一般的朋友不是排他性的，要上升为结为异姓兄弟或者姐妹的地步才算。这种关系如果你还有多段的话，你想想得消耗多大的精力和时间。

比如，你同时有三个好兄弟，其中两个要是不对付怎么办？让你做选择怎么办？好兄弟家里事情比较多，帮也帮不完，不帮也不合适，你怎么办？你付出了巨大的诚意和精力，结果发现对方其实并没有特别看重你，怎么办？这都非常消耗人，所以一定要慎之又慎，宁缺毋滥。

第二种：无限重复的关系

就是说，这段关系给不了你什么新鲜感，对方说的事情你已经烂熟于心，甚至各种细节你比他还“门儿清”。和他们在一起的时候，你感到无聊、无趣，有一种食之无味、弃之可惜的感觉。

你身边一定有类似这样的朋友，和你认识、相处了10年以上，你们在一起能做的事情都差不多，你们能聊的话题永远就那几个。一见面，他就是不停地讲一件事情，然后你会发现你们两个之间的这种交往好像没什么意义，然后逐渐消耗掉你所有的耐心。这种关系虽然会给你一种奇怪的安全感，但是确实需要果断地剥离。

我有一个朋友，我们俩中学就是好朋友，人称外国语学校两霸——黄天霸和高天霸，两个人在学校里叱咤风云。那个时候感觉我们的共同语言特别多，班上哪个女生最漂亮，隔壁班哪个小子特别嚣张，下课了去哪里打游戏……聊得非常开心。

到了大学，我们虽然没有在一所学校，但是也经常联系，结果却发现我们没有新的共同话题了。他还是找我聊女生、聊游戏，而我也试图寻找一些新的话题和他聊，但总是进行不下去。聊来聊去就那么点事情，等到大学毕业了，有时候回老家见面，他能和我聊的还是女生和游戏，只不过变成了当年那个班花嫁给了谁，当年整蛊的那个男生现在有钱了，等等。总之，我们的关系就好像在无限重复。大家身边的那些所谓老朋友，或者酒友、饭友、麻友，大多属于这个类型。

第三种：建立在不平等承诺上的关系

就是这段关系里有一方是单纯的付出者，另一方是单纯的受益者，受益者受益较多。一方可能要求另一方随叫随到，自己却可以尽享自由。一方可能要求对方接受自己所有的负面情绪，可自己却对对方的情绪反应异常冷漠。

很多恋爱中的人以为自己处在一段排他性关系中，其实是在不平等关系中。一个人如果在情绪、身体、工作、经济等方面都不能给你帮助，只是说他特别爱你，你觉得他真的是在和你谈恋爱吗？

要检验平等与否其实非常简单，可以简单地回顾过去，想一想你们是否都有互相付出的时候。你有急事，凌晨2:00给我打电话，我开车就去找你了，我要求的是我有一天要是凌晨2:00有事情打电话给你，你也能二话不说来到我身边，这个叫对等承诺。如果承诺是不对等关系的话，那么这段关系没有必要存在，对方再厉害，其实也跟你没有关系。

断舍离第二步——厘清关系

看清了以上三种关系，接下来就要开始厘清关系了，在此之前，要先修正几个认知上的常见谬误，如图11-4所示。

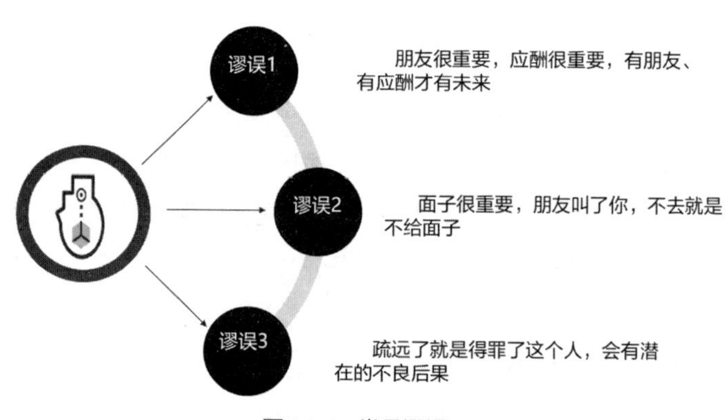

图11-4　常见谬误

谬误1：朋友很重要，应酬很重要，有朋友、有应酬才有未来

话没错，但更重要的是一个人自己的底层能力，底层能力不行，这

些都是无效社交。而且，不要被电视剧和底层的酒蒙子误导，除了少数特殊行业以外，谈重要的事情是不喝酒不吃饭的，尤其不喝酒，喝多了还怎么谈重要的事？尤其是在事情还没谈成的时候。因此，不要给自己的吃喝玩乐找借口。

谬误 2：面子很重要，朋友叫了你，不去就是不给面子

面子不是这么来的，什么人叫你都去，那你才是最不值钱的那一个。一个人有多大面子，取决于他的底层实力究竟怎么样。时间、精力、金钱都要花在刀刃上。

谬误 3：疏远了就是得罪了这个人，会有潜在的不良后果

首先，在绝大部分情况下，疏远又不是和他打一架，没有什么后果。如果这都能有后果，那这个人也太小心眼了。

其次，上面几种关系的人，在你身边的危害才是更大的。

最后，人总是要承担一定风险的，不敢承担风险，能选择的面就越来越小。

至于具体的技术层面，我们应该怎么离开这些人呢？如图 11-5 所示。

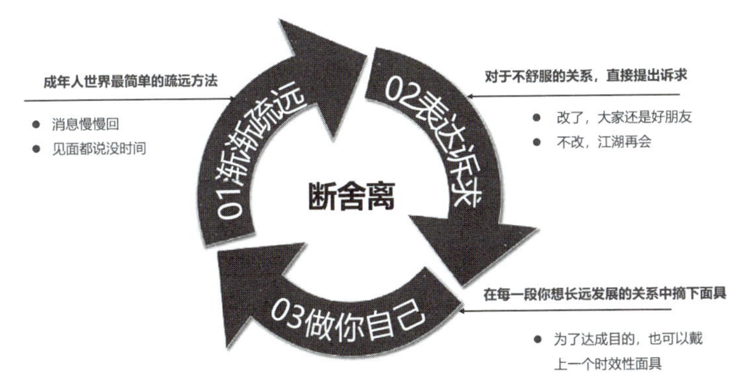

图 11-5 厘清关系的具体方法

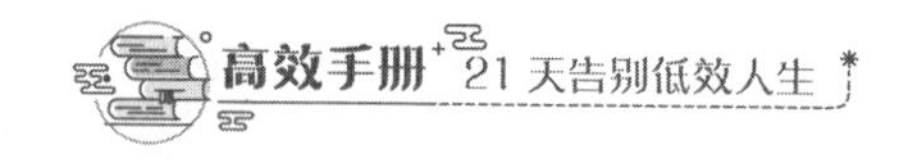

方法一：渐渐疏远

这是成年人世界最简单的疏远方法，很多关系，渐渐不联系，自然而然就疏远了。当你确定断舍离之后，做以下两件事。

第一，消息慢慢回。微信不要再秒回了，先放着，下次想起来再回，对方就会感觉到你的冷漠。消息不及时回是一种信号：你不太在意对方的感受了。

第二，见面都谢绝。对方邀请你见面，你可以各种推托，表示自己很忙。说到此就停下，不要再加话，你的话停在哪里是很有讲究的。

很多人想不通，我拼命想让他离开，怎么就是不离开呢？那是因为你每次都会让对方觉得你是真的有事，当你下次有空还是愿意赴约的。所以你只要连续地谢绝几次，并且不约定再聚的时间，对方基本就懂了。

方法二：表达诉求

对于你觉得不舒服的关系，你还可以直接提出诉求。用最认真的方式说："我想跟你提一下意见，我希望你怎么样。"如果对方能改，那大家就还可以做朋友；如果改不了，他也就慢慢自动离开了。

之前有一个朋友，我确实是不想跟他当朋友，因为他实在是太小气了。每次吃饭结账他都没有任何要付钱的意思，并且我们一起出去玩、去打球，也全是我付钱，我确实觉得不太舒服。某一次吃饭我就跟他说："我有一个问题想跟你聊一下，你总是不付钱，让我觉得不太舒服，我不介意请你吃饭，但你能不能自己付一次钱。"就这样，说完他就懂了。然后他很认真地跟我道了歉，说那段时间他确实是经济压力有点大，而我们每次吃饭的规格都比较高，他确实有点付不起。他又问："我请你吃一些便宜的行不行？"我说："没问题。"然后我们就吃了路边大排档，虽然不贵，但我心理平衡了。我知道这不是我们的关系不对等，而是因为他确实经济上有点困难。所以，你要去表达你的诉求，能达成平衡就继

续相处，不能就尽早分开。

方法三：做你自己

试着在每一段你想长远发展的关系中摘下面具，也就是多想想你怎么样舒服，你想怎么样，你希望怎么样。或者戴上某个有时效性的面具，也就是在达成某个目标之前，你要扮演一个什么样的人，达成目标或者过了这个时间段以后，你要把面具摘下来。

比如，你平时基本上都是不喝酒的，你本来就不喜欢喝酒，那么，一般情况下就不要委屈自己，大胆地表达自己的诉求，不爱喝就不喝，时间长了其他人都知道你的脾气秉性，自然也就不劝你了。但是，有时候你为了和同事、领导或者异性交朋友，对方就是很爱喝酒，你也想要继续和对方加深关系，你可能就要喝一点，甚至多陪他喝一点。等到你们互相熟知了，关系已经到位了，你再摘下面具，表达自己的真实诉求。

【今日训练营任务】

1. 根据今天学到的方法，开始整理自己的人脉。请填写表 11-2 的《关系识别表》，确定需要断舍离的人脉名单之后，再按照上述方法开始厘清关系。

11-2 关系识别表

人名	多段排他性关系	无限重复的关系	建立在不平等承诺上的关系

续表

人名	多段排他性关系	无限重复的关系	建立在不平等承诺上的关系

2. 厘清关系。试着按照上述方法，针对目标人选尝试厘清关系，并记录效果。（包括对方的反应，多久可以达到疏远的效果，等等）

· 渐行渐远法

目标人选1：________________

效果记录：________________

目标人选2：________________

效果记录：________________

目标人选3：________________

效果记录：________________

· 表达诉求

针对目标人选，想好潜在诉求，为了避免尴尬，可以先对着镜子练习，以便更加委婉地进行表达。

目标人选1：________________

潜在诉求：________________________________

效果记录：________________________________

目标人选2：________________

潜在诉求：________________________________

效果记录：________________________________

目标人选 3：________________

潜在诉求：________________________________

效果记录：________________________________

· 摘下面具

筛选出你希望长远发展的但目前并不舒服的关系，尝试摘下面具并记录效果。

目标人选 1：________________

你的面具：________________

真实诉求：________________

效果记录：________________

目标人选 2：________________

你的面具：________________

真实诉求：________________

效果记录：________________

目标人选 3：________________

你的面具：________________

真实诉求：________________

效果记录：________________

【阅读盲盒】

结识一位书友

初级难度：在线上结识一位喜欢本书内容的书友

中级难度：在线下结识一位喜欢本书内容的书友

高级难度：将线上书友发展为线下书友

第十二天

执念与主角心态：选择成长，选择不将就，也选择幸福

【知识卡片】

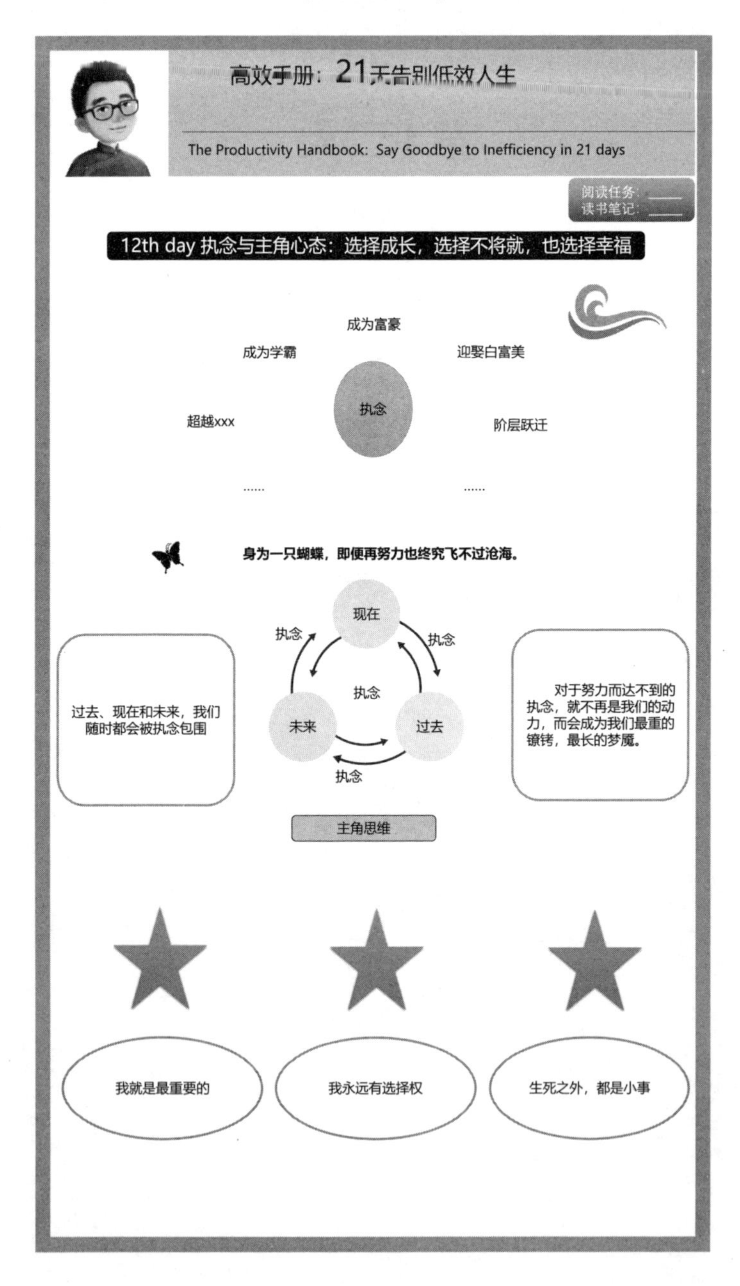
高效手册：21天告别低效人生
The Productivity Handbook: Say Goodbye to Inefficiency in 21 days
阅读任务：
读书笔记：
12th day 执念与主角心态：选择成长，选择不将就，也选择幸福
成为富豪
成为学霸
迎娶白富美
执念
超越xxx
阶层跃迁
......
......
身为一只蝴蝶，即便再努力也终究飞不过沧海。
现在
执念
执念
执念
未来
过去
执念
过去、现在和未来，我们随时都会被执念包围
对于努力而达不到的执念，就不再是我们的动力，而会成为我们最重的镣铐，最长的梦魇。
主角思维
我就是最重要的
我永远有选择权
生死之外，都是小事

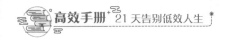

执念开始的地方

关于执念开始的地方，始于下面这个故事。

时光回溯到高中时代，我的同桌是一个天才型的学生，他给了我很多帮助，我们关系很好，我也很感谢他。但是，这是我和他关系中阳的一面，而我在和他的相处中也有阴的一面，就是我的一个执念，我想要在高中的大考中考赢他一次，只要一次。

先说结果吧，没赢，一次也没赢。即便我付出了高中三年近乎所有能付出的东西，我做了所有能做的事情，在我如此强烈的执念支撑下，依旧没有在任何一次大考中赢过他。即便是分数最接近的一次，差距也在 20 分以上。那还是在他去参加数学竞赛，有一个月没在学校学习的情况下，他年级第二，我第六。那次是物理考试，他大概有一个月没来上课，我是一直在上课，在做习题，结果还是考不过他。

我当时真的很郁闷，就去问他："你这一个月没学习怎么也能考这么好？"他说得很轻松："考场上先做选择题，用选择题的选项和答案来验证定理，然后把之前学的定理和推断的定理结合起来算填空题，算不出来就换一些再试试，最后做大题的时候基本全都会了。"

我当时整个人都蒙了，他第一次学习能够得到的结果，已经超过我花了一个月时间学到的结果，你们知道这对一个人的打击有多大吗？我一直觉得我和他的差距其实不大，一直认为只要我足够努力，随时可以赶超他。

但是最后我发现不是的，正好那时候听王菲的《蝴蝶》，突然间感触到那句歌词，一只再努力的蝴蝶也是飞不过沧海的，再强大的执念也只

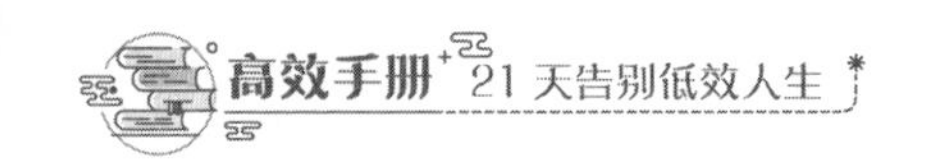

能让你跑得更快，却没法让你长出双翼，飞过沧海。天才不仅在电视上，也在我们身边。原来那些比你天赋高的人比你还拼，巨大的鸿沟真的是无法跨越。

那么，执念又有什么意义？你虽然执念很强，但确实有些事情是做不到的，包括收入、影响力、身高、容貌……很多事情都是这样。比如收入，真的是一件很绝望的事情，你这一生特别努力，可能也比不上一个北京二环里住在四合院的孩子，但这种孩子毕竟身边也不多见。拆迁户相对比较常见，在北上广深这样的一线城市，手里握着几套房，再赔几百万人民币，折合几千万的资产，对于大多数人来说也是无法超越的收入。

再比如身高这件事，成年之后无论怎么努力，对身高根本没有任何影响。很多喜欢打篮球的男生执念扣篮，必须有一个扣篮才能算是会打球。我曾经也很执着于这件事，努力练了半年时间，我能做到的只有指尖碰到篮筐，就是扣不了。某天我正在打球，突然来了一个外校的人，个子没我高，体格也没我壮，一下就当着我的面跳起来暴扣了一个，确实心酸又无奈。

身边人也会突然给你带来压力。我眼看着一个教育公司从两个人迅速干到两千人的规模，看着一起上课的詹青云老师从默默无闻到爆红，看着身边的朋友突然就实现了财务自由……过去、现在和未来，我们随时都会被执念包围。而我们每个人对这个社会来说都太渺小了，在各种结构性的机会面前，我们每个人都微不足道，而这个时候，执念将不再是我们的动力，而会成为我们最重的镣铐，最长的梦魇，如图12-1所示。

图 12-1　关于执念

我尝试的解决方法

对于我的执念，我尝试过多种解决方法，如图 12-2 所示。

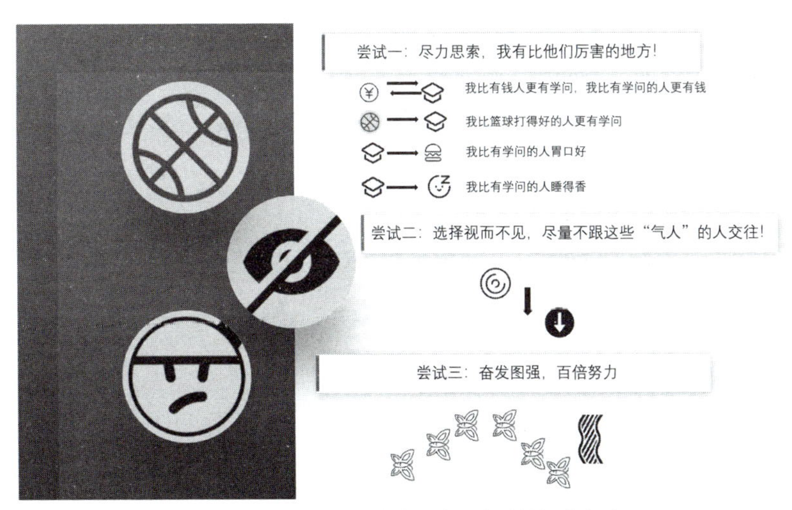

图 12-2　关于执念，我所尝试的解决方法

尝试一：尽力思索，我有比他们厉害的地方！

我比有钱人更有学问

我比有学问的人更有钱

我比篮球打得好的人更有学问

我比有学问的人胃口好

我比有学问的人睡得香

……

我总能找到自己的优势，但是，意义并不大，偶尔自我安慰还行，一旦当真了就是自欺欺人。虽然差异化的优势总能找到，但差异还是有高下之分的，社会自有它的价值观。

比如考试，学霸次次都接近满分，你连及格都困难，你自我安慰道："没事，我吃得多""我游戏比他打得好"，有意义吗？这是考试，不比吃、不比游戏，只看成绩。

社会也是一样，尤其是对男生来说，当你进入社会5年、10年以后，你会发现一个很现实的问题，你是哪个学校毕业的，你篮球打得怎么样，你游戏段位有多高……这一切都不重要，大多数人的第一反应就是你有多少钱，你开什么车，你在哪个阶层。

尝试二：选择视而不见，尽量不跟这些"气人"的人交往！

脱离优秀的人而选择比自己差的圈子对成长没好处，在全都不如你的圈子里，只会越待越不行。更可怕的是，你都降低标准了，最后发现，更低的圈子里都有"气人"的人。比如，在逃学的人里，也是有"学霸"的，对他们来说，能及格就是学霸了。你成绩不好，选择降低标准进入逃学圈，刚开始发现自己考58还挺不错，结果过几天有个天天逃学的学生都考及格了，你还考不过他，你说会不会被气死。

尝试三：奋发图强，百倍努力

答案是也不太行！首先，身体扛不住；其次，进度缓慢，而且会被过于缓慢的进度压垮。如果你是蝴蝶，你再努力，也始终飞不过沧海。

这些尝试都行不通，直到一个偶然的机会，我在玩游戏的时候突然想明白了。为什么我玩游戏的时候从来不会嫉妒那些 NPC（电脑角色）呢？无论对方是武学高手，是绝世帅哥，还是逆天富豪，我都不会有哪怕一丁点的嫉妒之心，这是为什么呢？

因为他们不是人，而我是。因为我是主角，他们都因我的存在而存在，而当我不存在了，他们也没用了。这就是我解决执念的方法，给自己一个新的执念，主角思维。

主角思维

什么是主角思维？就是我给自己设定一个完全超然的执念——我是自己人生唯一的主角，其他人再牛也是配角。具体而言，主角思维有三大核心原则，如图 12-3 所示。

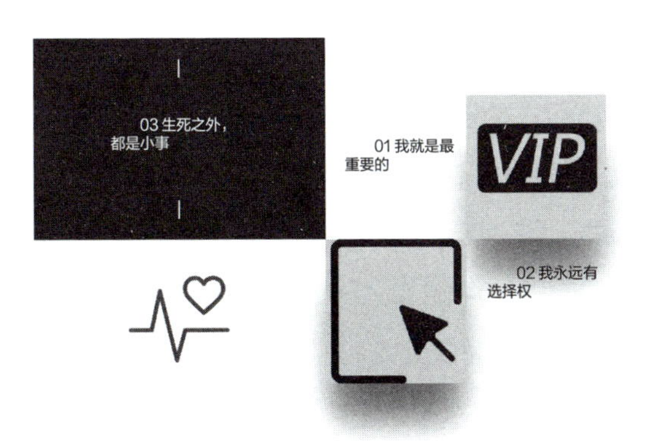

图 12-3　主角思维

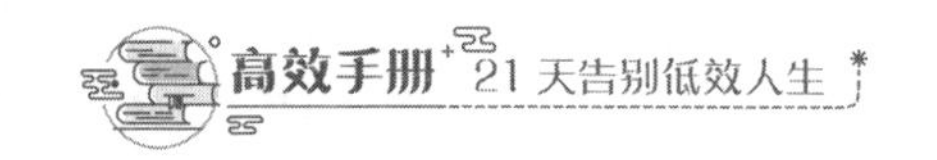

核心一：我就是最重要的

永远不要让别人优于你自己而存在，你就是最重要的。你才是主角，你的需求、你的想法、你的感情……永远都是最重要的，没有任何人能超过你，甚至没有人能接近你。

因为只有你存在，他人才存在，你不存在了，千万富翁、明星大腕甚至星辰大海，世界宇宙再好再坏，对你而言，又有什么意义？所以，我可以为他人放弃某些东西，但那不是因为他比我重要，而是我自己觉得放弃比获得更让我愉悦。

亲密关系、父母、朋友都是一样的，但是这并不妨碍我对他们的爱。比如我可以特别孝顺，我可以把一切都奉献给父母，没有问题，但是并不是因为我父母比我重要，而是因为这样做让我更愉悦。

核心二：我永远有选择权

任何事情，我都有选择做与不做的权利，只是我要承担那个做与不做的后果。原则上来讲，你只要能承担后果，所有的选择都是合理的，没有必须选的事情。没有谁一定要高考，没有谁一定要做某份工作，也没有谁一定要待在某个城市……一切的核心在于你的选择，因为你才是自己人生的主角。你存在，一切才存在；你不存在，一切都不存在。

举一个简单的例子，我经历过一件事情，某天我和朋友正在散步，一个阿姨拦住了我们，希望我们能给她买点吃的。我当时的感觉是这样的，如果她找我要钱我肯定就走了，我知道乞丐里面行骗的也很多，她很可能比我还有钱。

但是她找我要吃的，可能人生真的碰到难处了，所以我就去买了一个面包，然后买了牛奶。阿姨非常感激地收下了，接着我就多问了两句，想搞清楚是什么情况。阿姨说她的亲人过世了，自己生活中碰到了一些问题，她的脚上全部都是冻疮，她现在只想回家。她的样子让我想起了

外婆，我当时就很激动，问她回家还差多少钱。她说差 200 元就可以买车票回家，我问能不能扫码给她钱，阿姨表示自己没有手机，我觉得她更不像骗子了，于是换了 200 元现金给了阿姨，让她买车票回家。

事后很多朋友都说我被骗了，他们也遇到过这种事，大概率是骗子。但是，无论这个阿姨是不是骗子，我其实都很开心，因为这是我的选择，在我看来阿姨是真的遇到了困难，我帮助她，我觉得很好。她是骗子怎么办？不重要，我在帮助她的瞬间，我已经得到了回报，我给她的，以及换来的感谢，弥补了我不能对外婆尽孝的愧疚。这还不够吗？更何况，即便她是骗子，我损失了 200 元，这个后果我完全能够承担。

所以，你为自己负责，你的选择，只要你能够承担后果，觉得值得，你就大胆地选择。

核心三：生死之外，都是小事

你是主角，身边都是 NPC，但是如果你删除存档了，那一切就都结束了。所以，生死之外，都是小事。活着就是唯一最珍贵的祝福，活着一切才有可能，别的都没什么了不起的。

综上所述，如何才能达成这样的主角思维呢？以上面三个核心原则重新思考你现在面临的纠结和选项，然后用主角思维做选择，对待生活中的大事小事，慢慢你就会找到对生活最完整的掌控感。

用主角思维重新审视你的人生吧，你才是主角，你才是人生的全部意义，如图 12-4 所示。

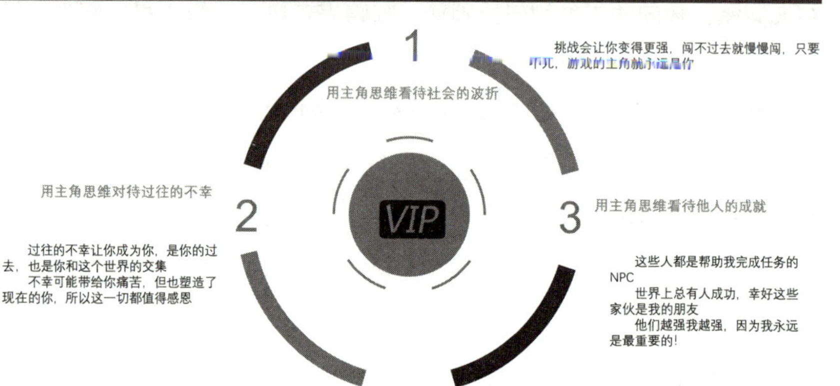

图 12-4　用主角思维重新审视人生

【今日训练营任务】

1. 写出你的执念

____

____

____

2. 你曾经尝试过的方法

方法 1：__________________________________

是否有效：__________________________________

方法 2：__________________________________

是否有效：__________________________________

方法 3：__________________________________

是否有效：__________________________________

3. 利用主角思维消除执念

（1）你最近的需求 / 愿望 / 目标：________________________

（2）对于一些重大问题，尝试自己做出选择。你可以听取多方意见，但最终一定要倾听内心的声音，自己做出抉择。

你目前面临需要做决策的问题 1：________________

你的决定：________________

你目前面临需要做决策的问题 2：________________

你的决定：________________

你目前面临需要做决策的问题 3：________________

你的决定：________________

完成上述练习之后，感受一下自己的执念是否有所缓解，从而更好地将注意力放在学习、工作方面，提升效率。

【阅读盲盒】

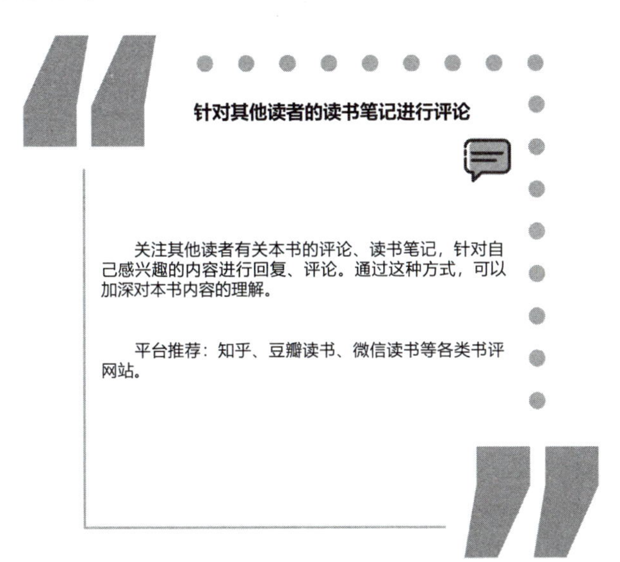

针对其他读者的读书笔记进行评论
关注其他读者有关本书的评论、读书笔记，针对自己感兴趣的内容进行回复、评论。通过这种方式，可以加深对本书内容的理解。
平台推荐：知乎、豆瓣读书、微信读书等各类书评网站。

第十三天

关键要素：改变期望与任务赋值

今天的训练内容主要讲改变拖延、提升效率的两个关键要素，在我的另一本书《学习精进》中也提到过。一个是改变期望，从而更好地克服拖延的心理障碍；一个是任务赋值，从而主动掌控学习与工作。

【知识卡片】

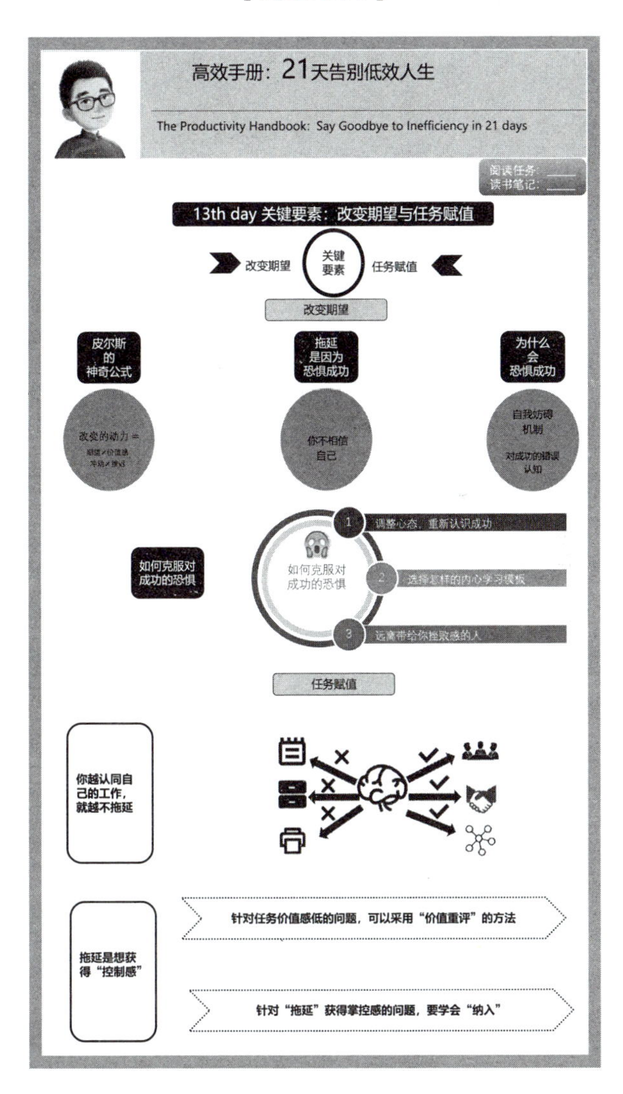

改变期望

皮尔斯的神奇公式

加拿大著名心理学家皮尔斯提出了一个克服拖延的公式：

$$改变的动力=\frac{期望\times价值感}{冲动\times推迟}$$

这个公式告诉我们，你能否克服拖延，跟你对自己的期望、对任务的价值感以及时间管理有着直接的关系。也就是说，只要你相信自己能完成、认为完成这个任务很有价值，而且能克制分心、有时间紧迫感，就能使做事的动力大大增加，最终战胜拖延。

皮尔斯综合了经济学和心理学的理论，从801项研究中总结出了导致拖延最直接的四个原因，也就是在式子中看到的四个元素：期望、价值感、冲动和推迟，如图13-1所示。

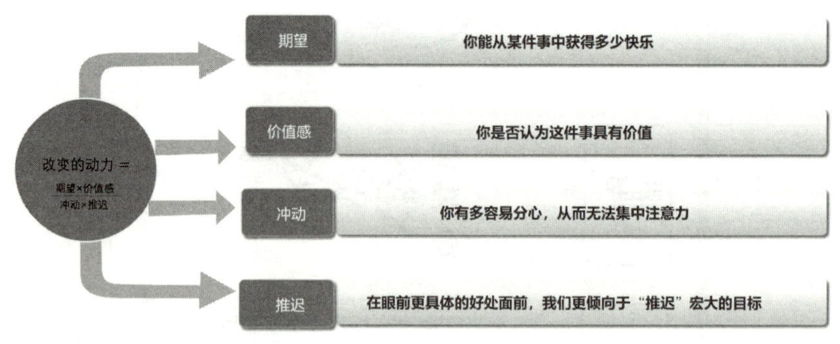

图13-1　皮尔斯的神奇公式

因此，我们选择什么行为，是受到我们对这个行为的期望、价值感

以及时间这三个因素影响的，时间的影响又体现在冲动和推迟上。期望和价值感越高，冲动和推迟越少，我们越容易开始行动。反之，期望和价值感越低，冲动和推迟越多，我们就越容易陷入拖延。

今天我们首先要解决的，就是方程式中对“期望”这个要素的核心管理要点。解决了这个问题，你就迈出了学会和自己共处、摆脱拖延的第一步。

拖延是因为恐惧成功

要改变期望，就要弄清楚什么在影响我们的期望。在公式中，“期望”说的是“对结果的确定性”。如图 13-2 所示，当你面临一项任务时：

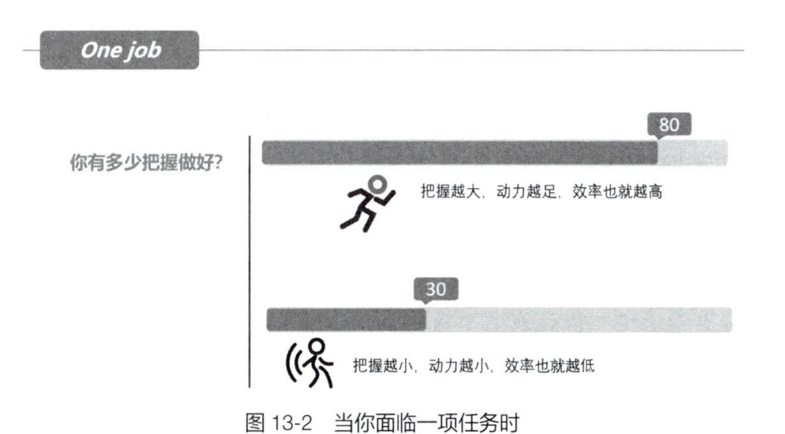

图 13-2　当你面临一项任务时

很多时候你迟迟不去行动，或者不能全力以赴、全心全意地做某件事，是因为你对结果不确定，而根本原因是你对自我的不确定，你不相信自己能够取得成功，或者不相信自己配得上成功。所以，你对成功的恐惧在影响你的期望。

为什么会恐惧成功

人之所以会恐惧成功，背后主要有两个原因，如图 13-3 所示。

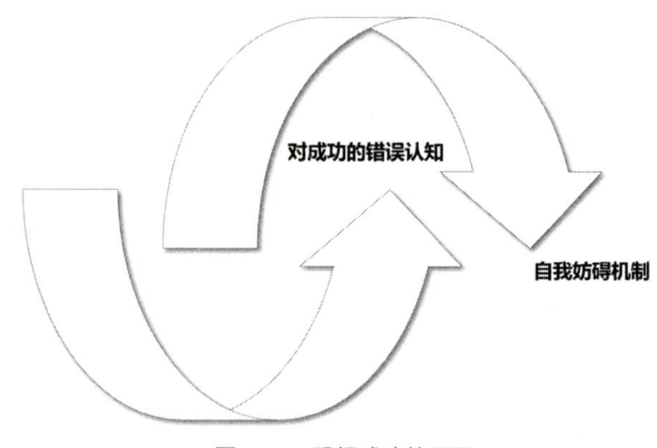

图 13-3 恐惧成功的原因

自我妨碍机制

它其实是一种认知策略和自我保护，如果因为没有尽力，或者到达成功有障碍，失败之后就能有一个借口，避免归因到个人能力上。

什么意思呢？假设我是个医生，请你来做智力测验，测试题非常难，你连蒙带猜，但是做完之后我和你说："你的正确率很高，非常好。接下来我们要做个更难的测验。"

你知道上一个测试对你来说已经非常困难了，正确率高很可能是侥幸。想通过更难的测试非常渺茫，这时候需要你从两种药中选一个吃下去，一种会短时阻碍你的智力水平让你答题更困难，而另一种会短时促进你的智力水平让你答题更轻松。现在，你想选哪个药呢？

你想好了吗？其实这是心理学家琼斯和韦格拉斯的实验。其中一组人在即将遭遇他们自己认为很难通过的测试题时，大多倾向于选择阻碍自己测试水平的药片。而这个实验中的另一组人，被告知接下来会做更简单的题目，也就是说很有可能凭能力通过，问他们选哪种药，结果他们大多倾向于选择促进自己测试水平的药物。

这个关于自我妨碍的实验，说明人们一旦认为自己未来可能会有糟糕表现，就会预先寻找一个借口来自我保护。如果不好的结果没有发生，就证明自己实力强劲，而一旦糟糕的结果真的发生，自己也能用预先准备好的理由推脱。

对成功的错误认知

有的人担心成功需要的付出会远远超出他们能承受的范围。你也许听说过这么一句话："前半辈子拿命换钱，后半辈子拿钱养命。"这句话耸人听闻，说的是一旦开始付出、追求所谓功成名就，就意味着无止境地付出，直到完全失去自己的生活甚至是健康，这使得那些成功的收获都失去了原先的意义。

你心里是不是也惧怕过自己有一天会成为那样的人，所以干脆用拖延来降低自己成功的机会？你不要觉得好笑，其实这是我们内心的学习模板在作祟。要知道，人类的学习都是面对模板的，比如我们小时候向爸爸学习怎么做男人，向妈妈学习怎么做女人，向爸爸妈妈学习男女之间该如何相处，这就是最典型的学习模板。

那么你真的找对了学习模板吗？成功的人真的都是"前半辈子拿命换钱，后半辈子拿钱养命"吗？毕竟没有什么事是不付出就能做成的。当你感觉到工作带来的压力，开始拖延的时候，你应该以什么样的人作为模板就非常关键，是立刻提醒自己不要变成工作狂，那样伤身体；还是勇敢面对你内心对成功的渴望，努力一把呢？

如何克服对成功的恐惧

这里介绍三种方法，如图 13-4 所示。

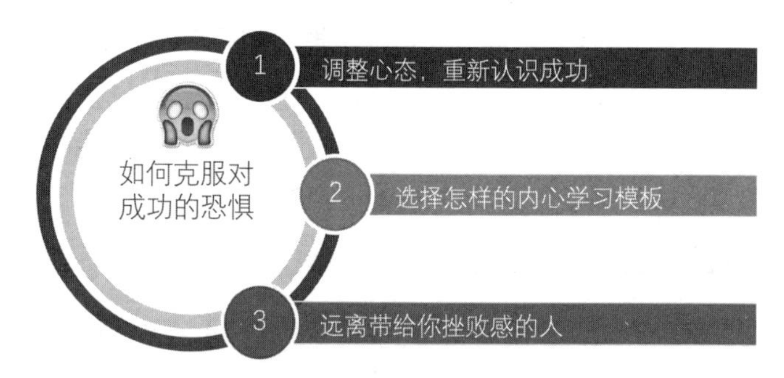

图 13-4　克服对成功的恐惧的三种方法

首先，针对自我妨碍机制和对成功的错误认知这两个问题，可以通过调整心态，重新认识成功解决。

很多效率低下、喜欢拖延的人都存在一种“固有心态”，也就是认为能力是不可变的，你能做到的永远都能做到，做不到的永远都做不到。在这样的情况下，如果出现错误和失败，就是对你的能力的挑战，只会加剧你对结果的恐惧，采取保守的拖延战术。

如果你想改变，就得把关注的点从结果改到过程上来，要有一种“成长心态”，这是斯坦福大学心理学家卡罗尔·德韦克提出的，说的是，你要相信你的能力是可以发展的，而不是通过某一次成败来定义的。

通过努力工作，你会随着时间的推移变得更聪明、更优秀。一个长期卖不出产品的销售未必不能成为优秀的销售，你现在不擅长的技能未必半年后依旧不擅长。大多数的能力并不是与生俱来、固定不变的，没

必要在开始工作前就预设好自己的失败。

给你一个小建议，从今天开始，不要把“成功”定义为一个结果，也不要简单定义成工作中的成败，或是个人的高地位、高收入。试着把自己的“成功”定义为努力过程中能够“及时追随的小目标”。

接下来，试着完成学习与工作中的一些小目标，感受属于你自己的成功吧，如图 13-5 所示。

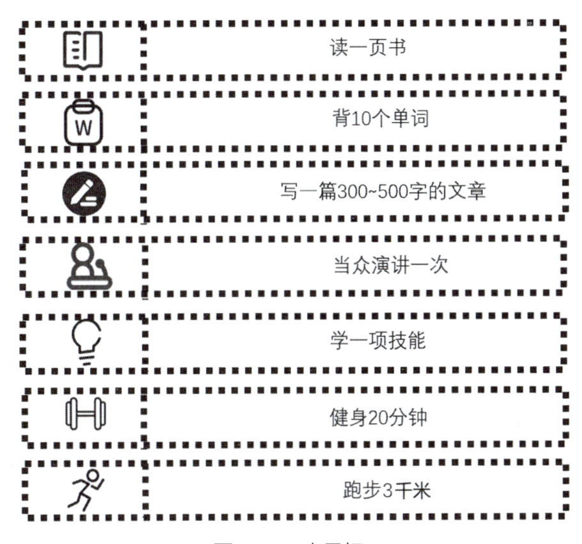

图 13-5　小目标

无论这些目标看起来多么微不足道，只要是你在做自己应该要做的事，每次完成这些目标时都会感受到成功。当然，你也可以结合自身实际情况设计。

你的小目标 1：______________________________

你的小目标 2：______________________________

你的小目标 3：______________________________

你的小目标 4：______________________________

你的小目标5：____

其次，你要认真全面地思考一下，你想成为什么样的人，也就是选择什么样的内心学习模板，看看自己之前所想是否有所偏颇。

你不妨试试认真地幻想一下成功，拿出一张纸，想两个人。一个是你朋友圈里大家普遍认为的成功人士，一个是大家普遍觉得过得比较糟糕的，然后尽可能地记录下你所了解的他们的生活，如图13-6所示。

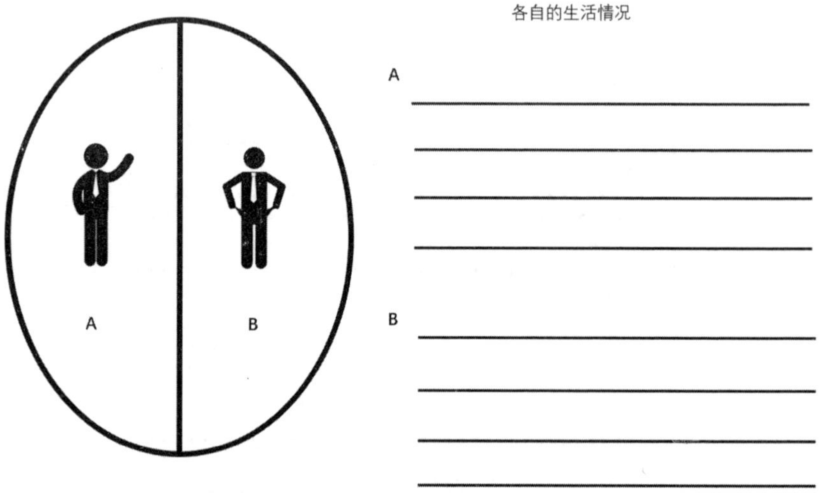

各自的生活情况

A

B

A

B

图13-6　生活情况记录

是不是很快就会发现，成功明明很诱人，一点也不可怕？而且这些成功人士在处理事务时，通常都是游刃有余的，并不是我们想象中焦头烂额、忙到上厕所的时间都没有。

因为在他们努力的过程中，各方面能力都得到了提升，相应地，做一件事成功的确定性也变高了，自然就更愿意去做，也就不拖延了。相反，那些永远只愿意做非常轻松的事情的人，往往越休越废，越不去做，面对一项任务时的确定性就越差，越不想做。

最后，在你找到了正确的成功模板之后，学习正确的模板，远离那些总让你感觉挫败的人。

对自我心态的调整和对成功的重新认识，往往和他人对你的评价挂钩。当你特别缺乏自信，有时甚至会觉得自己配不上成功，好不容易取得一点进步的时候，如果你有这样的朋友，在这个时候给你浇一盆冷水，让你不要得意忘形，甚至告诉你，你的成功并不稀奇，只是因为你运气好。对于这样的朋友，我的建议很简单——离开他们。长久处在这样总是对你打压的圈子里，你的自信永远也不可能建立起来，也就永远无法相信自己配得上成功。

如果你心里还有犹豫，请认真想一想这句话：真正的好朋友希望的是你的好，而不是你的悲惨衬托出他的好。

【今日训练营任务 1】

对于成功，你有恐惧心理吗？记录下你有过的类似事件和心理状态，想一想如果下次你再遇到类似的情况，你会怎样说服自己？

具体事件	心理状态	如何说服自己

任务赋值

接下来讲任务赋值，也就是调整你对任务的价值感。

管理学中有一个不值得定律，大意是如果你觉得一件事不值得去做，就会抱着不甘愿的心态去做，通常情况下都是敷衍了事。同理，如果你认为某项任务的价值感低，也会直接导致拖延行为，如图 13-7 所示。

图 13-7　不值得定律

这样的拖延和你是不是担心结果的成功或失败没关系，背后其实是你不认同这项任务的价值。而如果你偏偏不得不做，就会通过“拖延”的行为来对抗。这里涉及了两个问题：一是你认为眼前任务的价值感低，二是你不得不做，就希望通过“拖延”来获得控制感。

你越认同自己的工作，就越不拖延

关于价值感，比如你不愿意处理那些常规和填表的工作，其实是我们的大脑决定的。我们的大脑有一种“奖赏效应”，会让你更喜欢，并且愿意优先处理价值感更高的事，如图 13-8 所示。

图 13-8 奖赏效应

英国和德国的研究人员进行了一项实验，他们让参与者通过手上连接的电极来判断哪一次连通的电流频率更高，如果猜对，就会获得奖赏。研究人员发现，奖金数目越高，参与者的准确率也就越高。这是为什么呢？原来人在高兴的时候，大脑中相应的神经元会兴奋并分泌多巴胺，在多巴胺的刺激下大脑又会变得更加活跃，从而促使你更愿意做这件事情。

换句话说，一件事情的价值感越高，就越有可能触发奖赏效应。所以你的大脑对价值感相对较低，“出力不讨好”的事情自然没什么好感。

拖延是想获得“控制感”

很多时候，虽然认识到了某些任务的重要性，但就是不愿意做，这是为什么呢？

关于这件事，耶鲁大学人类学教授詹姆斯·C. 斯科特做过一项经典的研究。在马来西亚，很多农民被当地的资本家们剥削着，每天要做很多的工作，而获得的酬劳却非常有限。表面上看，这个地区已经在很长一段时间内都维持着这样的状态，一切看起来没什么问题。

但是斯科特发现，这些农民表面上看起来在工作，可实际上有着自己的一套方式来对抗压榨。比如，他们会故意偷懒、装糊涂、开小差、破坏劳动工具。能不做的事情就一定不做，一定要做的事情也找各种理由，能晚点做就晚点做。

社会学家把这种“拖延”的对抗策略称为“弱者的武器”。背后的潜台词是，“虽然不得不做，但我是一个有自主权的人，可以根据自己的选择来行动，没有必要按照你的规定或要求来做事”。（出自《拖延心理学》）

这样的对抗策略并不能改变现状，你获得的只是一种虚假的控制感。看上去写策划还是玩手机自己说了算，但实际上，老板交给你的策划，拖到最后你还是得熬夜写完。相反，你还可能因为陷在对抗的情绪里，让自己更被动，耽误了解决问题。

所以社会学家才会把它称为“弱者的武器”，大家千万别做这样的事，因为拖延从来不坑别人，只坑自己。

那么，我们应该怎么做呢？

首先，针对任务价值感低的问题，可以采用“价值重评”的方法。顾名思义，就是重新评估任务的价值。接下来，请你仔细思考下面的问题。

我的工作真的缺少价值吗？

A. 是　　　　　　B. 不是

如果你的答案是A，那么接下来就要考虑换工作的问题了。

如果你的答案是B，说到跳槽你又舍不得这份工作，那么你需要仔细想一下是不是小瞧了自己的工作。比如你要加班写的这份策划，是不是你努力表现的一次机会？如果写得好，领导是不是有可能对你另眼相看？

世界上没有一份工作不枯燥，我们都不可避免地要做很多不自由、不喜欢的事。如果你的工作和任务是有价值的，你就需要重新发掘甚至是赋予工作价值。

举个例子，李笑来曾经讲过自己的一段经历：当年他想进入新东方

当老师，需要背两万多个单词。面对这件痛苦的事情，他在挣扎之余算了笔账，你可以理解为他在不想做的时候，重新评估了这个任务的价值。他告诉自己背这些单词很有用，背了它们就能拿到年薪百万的工作。这样计算下来，两万多个单词，每背一个单词就值 50 元，如图 13-9 所示。

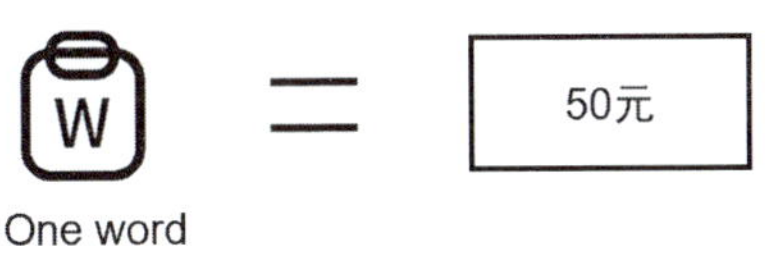

图 13-9　一个单词 = 50 元

这样一来，背单词就不再痛苦，他给自己看似无聊的任务赋予了价值，于是他从每天背 100 个单词逐渐到每天背 200 个单词，最后也确实获得了新东方年薪百万的工作。

这就是在给自己的工作赋予价值的同时，不断对自己进行正向激励。

其次，针对“拖延”获得掌控感的问题，要学会“纳入”。

再讲一个故事，我有个女性朋友总和我抱怨丈夫在家不愿做家务，总得她三催四请才起身敷衍一下。但是当她丈夫和我聊天的时候，说的是：“其实不是我不想做家务。有时候正要去洗碗，但她一催我，甚至把洗碗这件事‘委派’给我的时候，我就突然变得不那么情愿了。”

其实，丈夫只是想有一点掌控感。妻子如果能少一点“委派”，就能避免一些摩擦；而从丈夫的角度，如果想要开心一些，他要做的其实很简单，就是把“洗碗”这件事纳入自己的计划。“纳入”的这个过程，就是你夺回控制权的过程。

我们在面对工作中不情愿的任务时，同样也是这个方法，把它纳入你的计划。这背后其实是这样的心理暗示：当你手头的任务是由别人分配来的时候，会有一种被动接受的感觉；而一旦你将其“纳入计划”，它就被你收编麾下了，成了你自己的事。那么立刻完成这件事就不再是屈服于别人的被动接受，而是按照自己的意愿行事，你自然就手脚麻利，不容易拖延了。

具体怎么纳入呢？介绍一个小技巧，你只需要一个小小的仪式感，就是把任务尽可能细致地复述一遍。复述的内容如图 13-10 所示。

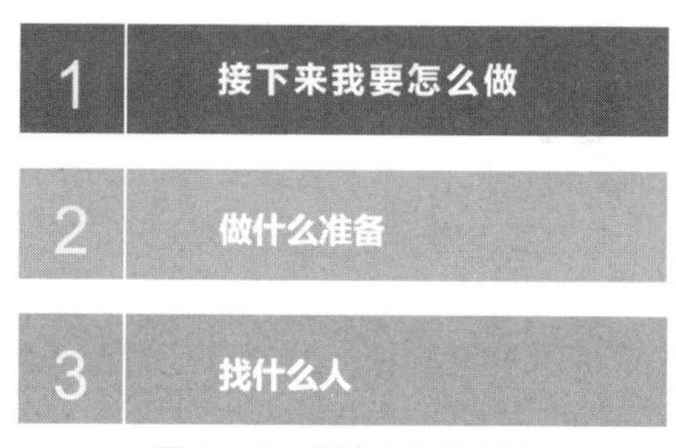

图 13-10　复述内容的步骤

以写策划案举例。

（1）我接下来要写一篇关于会展活动的策划。

（2）为此我需要查阅前两次的活动资料。

（3）我需要找到前两次活动的策划人。

当你有意识地通过“复述”来暗示自己，这个任务的主导者就悄悄地从给你任务的老板变成了你自己，控制感也就回来了。

【今日训练营任务 2】

请你列出一件因为别人指派而一直拖着不做的事，然后用纳入的技巧获得这件事情的控制感。也就是复述一下这个任务，复述的内容需要包含以下三个要素。

1. 我接下来要怎么做。

2. 做什么准备。

3. 找什么人。

具体任务	我接下来要怎么做	做什么准备	找什么人
示例：完成一份年终总结	我要先列出框架，弄明白年终总结里要着重突出哪些内容	我要收集好今年做过的所有项目资料	我要找相关部门要数据

【阅读盲盒】

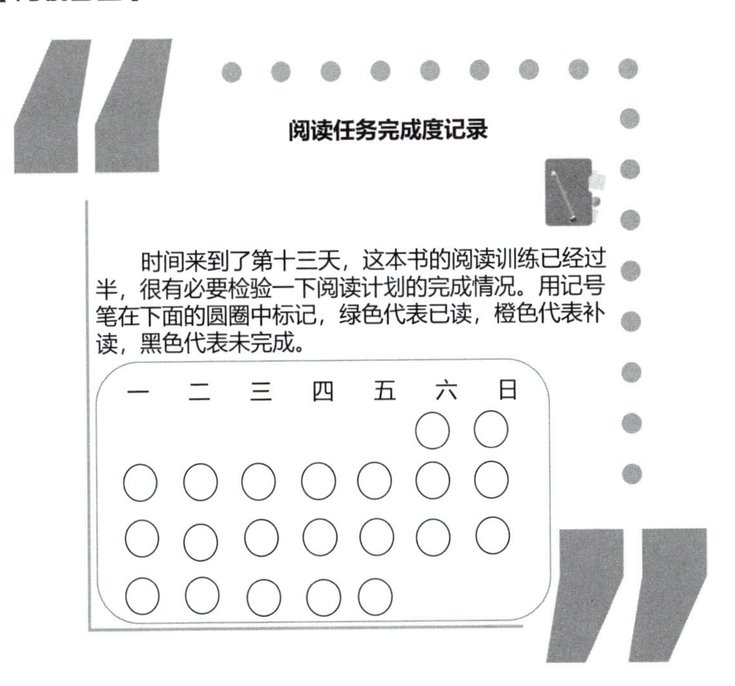

阅读任务完成度记录
时间来到了第十三天，这本书的阅读训练已经过半，很有必要检验一下阅读计划的完成情况。用记号笔在下面的圆圈中标记，绿色代表已读，橙色代表补读，黑色代表未完成。
一 二 三 四 五 六 日

第十四天

对抗干扰：克服分心，保持长时间专注

【知识卡片】

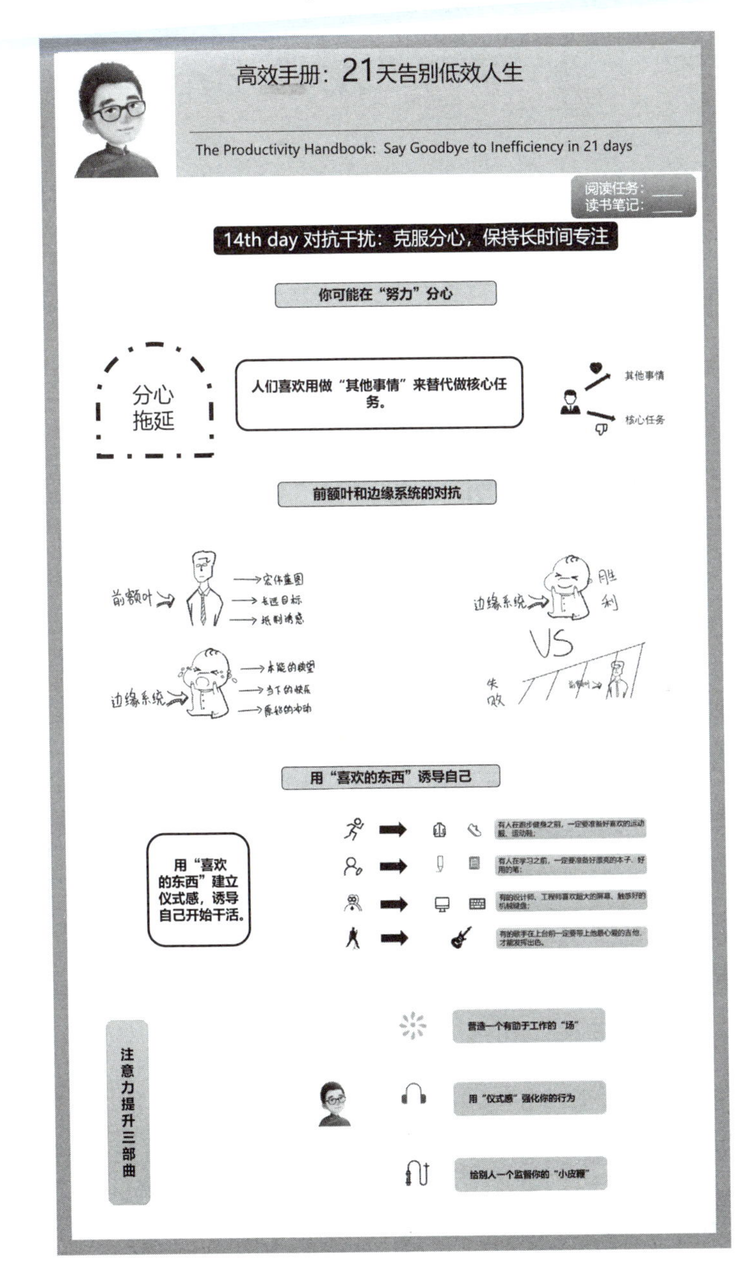

高效手册：21天告别低效人生
The Productivity Handbook: Say Goodbye to Inefficiency in 21 days
阅读任务：
读书笔记：
14th day 对抗干扰：克服分心，保持长时间专注
你可能在"努力"分心
分心
拖延
人们喜欢用做"其他事情"来替代做核心任务。
其他事情
核心任务
前额叶和边缘系统的对抗
前额叶
宏伟蓝图
长远目标
抵制诱惑
边缘系统
本能的欲望
当下的快乐
原始的冲动
边缘系统
胜利
VS
失败
用"喜欢的东西"诱导自己
用"喜欢的东西"建立仪式感，诱导自己开始干活。
有人在跑步健身之前，一定要准备好喜欢的运动服、运动鞋；
有人在学习之前，一定要准备好漂亮的本子、好用的笔；
有的设计师、工程师喜欢超大的屏幕、触感好的机械键盘；
有的歌手在上台前一定要带上他最心爱的吉他，才能发挥出色。
注意力提升三部曲
营造一个有助于工作的"场"
用"仪式感"强化你的行为
给别人一个监督你的"小皮鞭"

你可能在“努力”分心

我们先进入一个熟悉的场景，老板让你写一份报告，你本想好好写报告，却总是被不断冒出的念头打断，如图 14-1 所示。

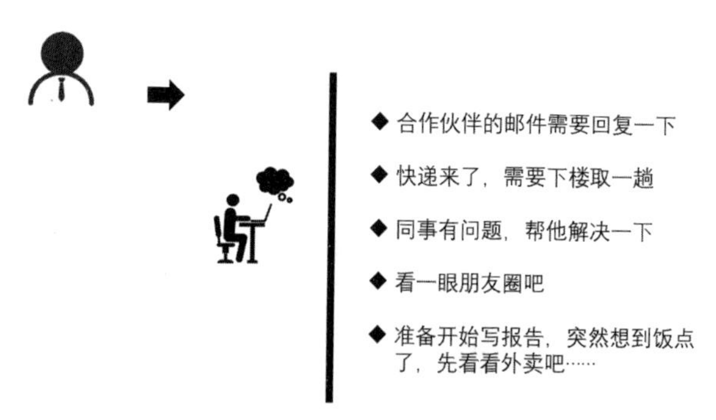

图 14-1　似曾相识的场景

当你终于准备好写报告的时候，发现早就过了下班的点，于是决定明天再写。结果时间一天天过去，直到截止日期当天，想到老板一脸暴怒的样子，你终于屏蔽掉其他事情完成了报告，你后悔自责：“要是早点开始就不用这么赶了”。但是当下一次任务来临时，你还是忍不住去做其他事情，这就是分心拖延。

类似的故事每天都在生活中上演，但是仔细想想，这些打断你的念头、突然冒出的事情，真的需要让你放下手上的任务马上处理吗？好像不是的。

看似是被琐事打断，让你无法专心干活，但实际上很可能是你想分心。通过“不遗余力”地分心，做其他跟你要完成的任务无关的事情，做那些更简单的事情，以此逃避眼前这个棘手的问题，如图 14-2 所示。

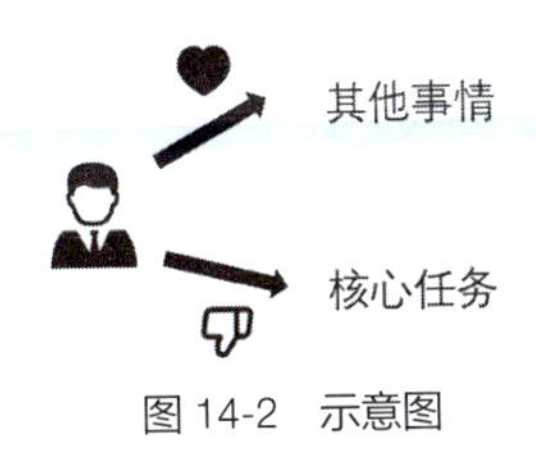

图 14-2 示意图

人们往往喜欢用做“其他事情”来替代做核心任务，因为核心任务更难，不想做。这就是为什么很多人学了那么多自控力和自我管理知识，依旧无法抵御“拖延”的原因。

你不是因为自控力不够而容易“分心”，而是想用拖延来逃避痛苦，你是在回避专注。

前额叶和边缘系统的对抗

为什么会出现上述行为呢？从某种意义上解释，用拖延来逃避痛苦，是人类的天性。在我的第一本书《学习精进》里曾经讲过这个问题，再引用一下当时的例子，如图 14-3 所示。

在我们的大脑里有两个小人：一个叫前额叶，一个叫边缘系统。前额叶就像是一个企业的 CEO，擅长构建宏伟蓝图、长远目标，善于自我控制，为了未来更好的回报，努力克制眼前的诱惑。边缘系统更像一个宝宝，它负责的是本能的欲望、原始的冲动。

当你面对一项工作任务时，两个小人就会站出来 PK，你猜谁会赢？更像是企业 CEO 前额叶经常输，边缘系统宝宝总是赢。原因是，在物种进化的长河中，边缘系统宝宝很早就出现了，但是前额叶很晚才进化出来，如图 14-4 所示。

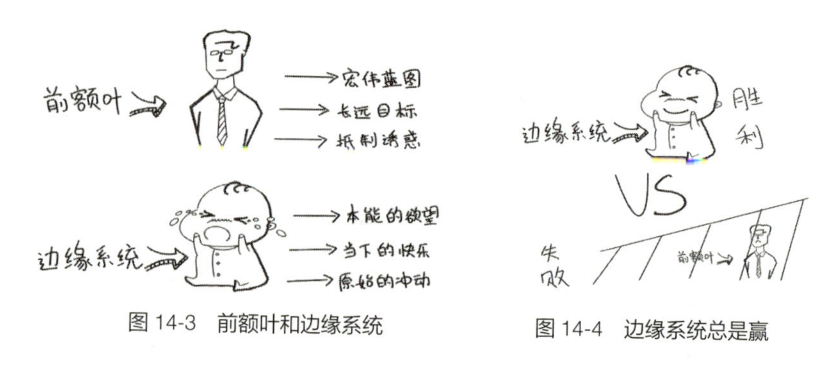

图 14-3　前额叶和边缘系统

图 14-4　边缘系统总是赢

用“喜欢的东西”诱导自己

对抗与生俱来的“分心拖延”，我有一个很有效的方法，就是用“喜欢的东西”建立仪式感，诱导自己开始干活。

既然边缘系统宝宝更喜欢眼前的诱惑，不想做困难的事，那么与其强迫自己提升意志力，让前额叶去和边缘系统抗争，不如索性哄一哄边缘系统，让它乖乖地同意你开始干活。

很多人在开始做某一件事之前，一定要准备好自己喜欢的、称手的工具，如图 14-5 所示。

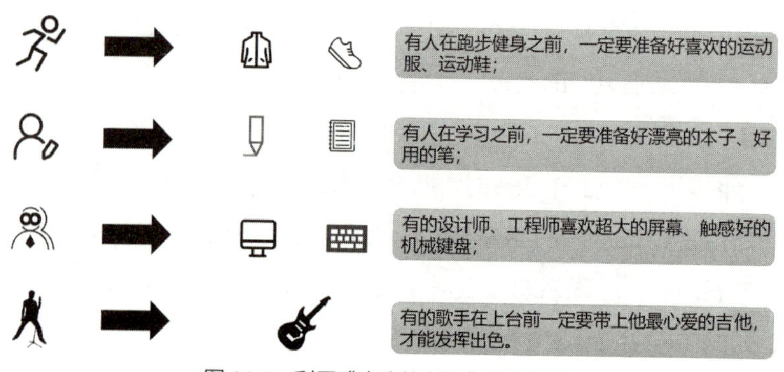

图 14-5　利用“喜欢的东西”自我诱导

这背后其实有两个原因，一个是通过称手、专业的工具营造一种进入工作的氛围和仪式感，告诉自己“我要开始了”。

不要小看这个自我暗示，人的行为中有 95% 是无意识或下意识的反应，而在这样的刻意暗示下，能把这 95% 不受控制的注意力资源都集中起来，让你从普通状态切换为需要高度集中思考力、反应力、执行力的工作状态。

另一个原因就是用自己喜欢的东西做诱导，能让你的边缘系统宝宝更容易接受，自然就更容易投入工作中。如图 14-6 所示，喜欢的东西可能是一件称手的工具、一个舒适的环境，也可能是一盆喜欢的绿植。这些都是触发点，在下图的空格中，填入能够让你快速进入工作状态的触发点吧。

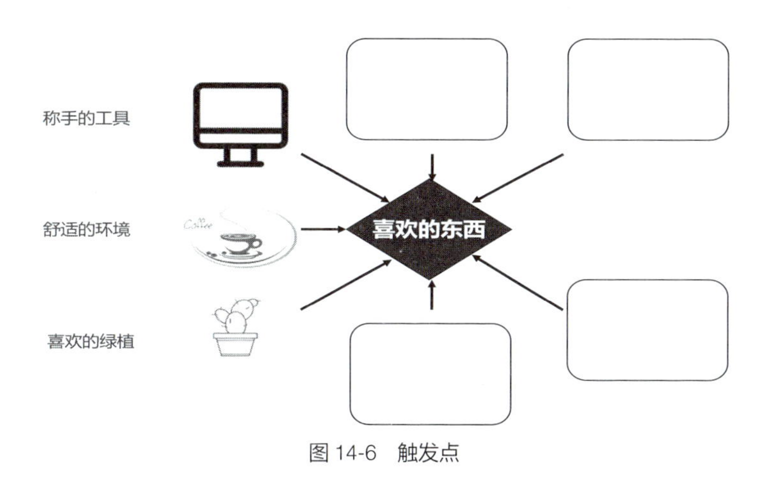

图 14-6　触发点

注意力提升三部曲

注意力提升三部曲如图 14-7 所示。

图 14-7　注意力提升三部曲

1. 营造一个有助于工作的“场”

什么是“场”呢？你可能听说过物理学中的磁场、电场、力场……没错，“场”原本是一个物理学中的概念，说的是当物体处于一个空间的时候，会受到来自这个空间的各种作用，最终对这个物体产生一个“合力”。

比如说，我们都知道磁铁会产生磁场，当铁屑或小图钉靠近磁铁时，就会因为磁场的作用而感受到磁力，磁场越强大，其中的磁力越大。

心理学家库尔特·勒温把物理学中“场”的概念进行了延伸，认为我们每个人其实都处在“心理场”中。什么是心理场呢？人在所处的空间环境中会受到各种因素的影响，这些因素会对你的心理、行动产生影响。

是不是听上去有些不可思议？原因是你所处的空间环境里其实包含了一些你没有注意到的行为线索，这些行为线索会刺激你在这个环境中做出特定的行为。举几个简单的例子，如图 14-8 所示。

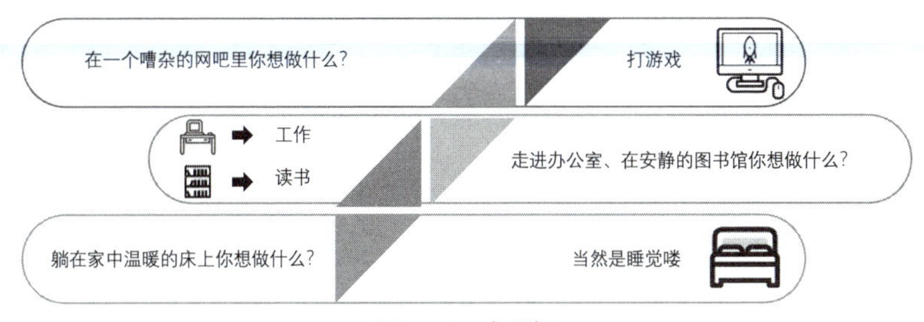

图 14-8　心理场

这些答案几乎是立刻跳出来的，因为你在这些地方做这些事会特别自然。网吧里闪烁着游戏画面的电脑、办公室里忙碌办公的同事、图书馆摆满书本的氛围、卧室里的床，都是这些环境中暗示你的行为线索。在这样的暗示和刺激下，你就更容易做出符合该环境的行为。

相反，如果在嘈杂的网吧里睡觉，在忙碌的办公室打游戏，在安静的图书馆唱歌跳舞……如图 14-9 所示。

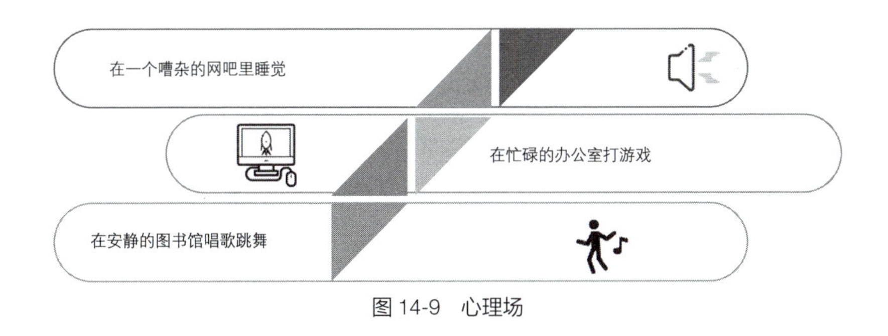

图 14-9　心理场

是不是每一个行为都显得格格不入，做不下去？这就是不同环境的“场”对行为的影响。

那么，我们应该怎样利用“场”的力量，更好地集中注意力呢？简单来说，就是主动营造有利于你完成某项任务的环境，利用“场”的力量来督促自己完成任务。

为了方便理解，我们可以给“场”一个更具体的定义：空间的功能分区。不知道你有没有过这样的经历：总想下班后学点什么，可是吃完饭就窝在了沙发上、卧室里，看着剧刷着手机，时间一点点过去，眨眼就很晚了。你很懊恼，但好像就是摆脱不了，如图 14-10 所示。

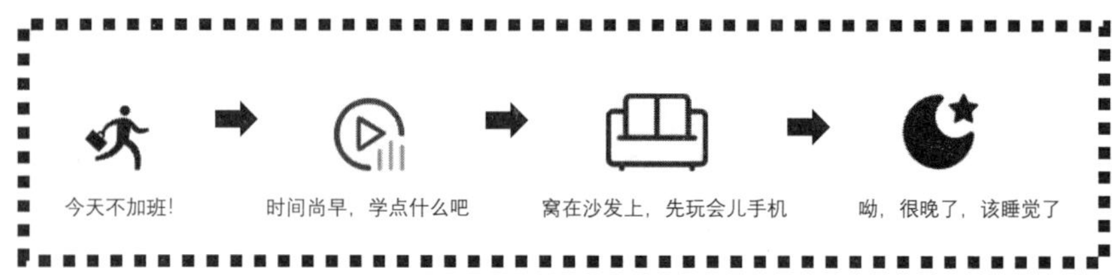

图 14-10　场——空间的功能分区

为什么会这样？这是因为你的大脑认为沙发、卧室是休息娱乐的地方，你想在休息的“功能区”里好好工作，当然是事倍功半了。

为了破解环境魔咒，你可以对自己的房子进行规划。无论房子大小，你都可以通过划分功能区域解决这个问题，如图 14-11 所示。

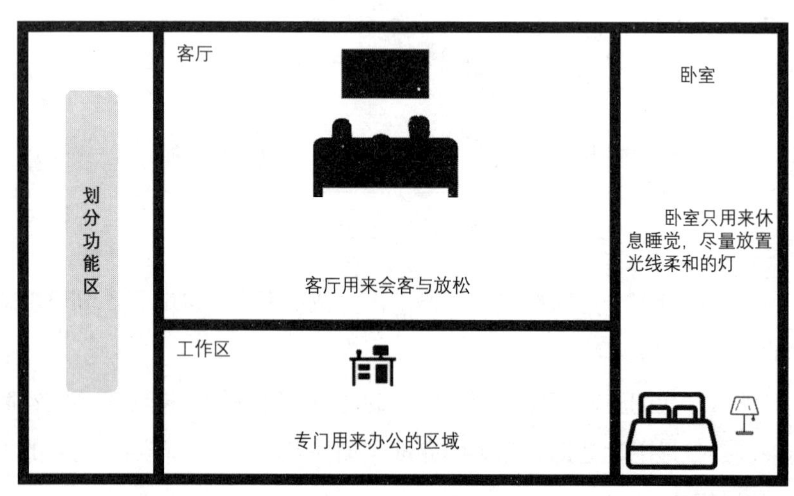

图 14-11　划分功能区

卧室只用来休息睡觉，尽量放置光线柔和的灯；客厅用来会客和放松；如果有居家办公、学习的需求，就单独设置一个工作区、读书角，将书桌、电脑等办公用品放在至少看不见床的地方，配备照明清晰的台灯、白炽灯，刺激自己打起精神。

经过这样的调整，特定环境的“场”就会帮助大脑自动切换模式，快速进入你需要的状态。很快你就会发现，不仅学习、工作效率提升了，睡眠也会得到改善。

如果你的意志力不强，或者说感觉在家的诱惑还是太多，还可以继续切换环境，去更强的“场”，比如图书馆和有办公氛围的咖啡厅。因为影响“场”的一个重要因素，就是人的行为。人越多、同样的行为越多，“场”也就越强大。

当你身处某个空间，看见人人都在读书，都在埋头工作时，你自然也会更努力地读书、工作。这就是为什么很多人说，高中三年是自己最努力的时候，因为那时候教室就是一个有力的“场”，每个人都在埋头苦学。

2. 用“仪式感”强化你的行为

在进行某项任务之前，通过某些行为建立“仪式感”，能够起到很好的强化作用。很多运动员在赛前都会通过类似的小仪式让自己快速进入状态，比如花样滑冰运动员羽生结弦，在上场前总是在自己身上画一个士兵的“士”字，提醒自己要找到身体的轴心，集中注意力在接下来的动作上；网球运动员纳达尔，对水瓶的执念向来是媒体热衷的话题。在赛场上，纳达尔总是把两瓶水放在椅子的左边，瓶子的标签必须面对他即将使用的那一侧场地。每次喝水时，他总是两瓶水各喝一点，并且不允许任何人动他的水瓶。

很多心理学家，例如英国考文垂大学心理学家瓦莱丽·范·穆鲁科姆经过研究发现，这些“小癖好”背后是有道理的。它们相当于一个个固定的仪式，能够帮助运动员强化感知，提高自信心和控制感，从而发挥得更出色。

所以，我们可以通过有意识地设置一些行为和仪式，告诉大脑“我要开始集中注意力啦”，如图14-12所示。

列一下今天要完成的工作清单

关掉所有的网页、浏览器，只留下Word

戴上大大的头戴式耳机

哪怕不听音乐，也可以用来告诉自己也告诉身边的人，拒绝打扰

图14-12　小仪式

进行这些小仪式的过程，也是清除杂念的过程，之后脑海里只剩下一件事情了，就是你手头专注的任务。

3. 给别人一根监督你的“小皮鞭”

前两招如果还是难以让你专注的话，就只能拿出撒手锏了：拜托亲近的好友、家人，给他们发一根“小皮鞭”，让他们在你松懈的时候督促你不要拖延。

当你认为自己会拖延某项工作任务或目标时，告诉你的家人或者好友你要完成的内容和最后的时间期限，请他们时刻督促检查，如果最后没有完成，给他们一定的“惩罚权”。

为什么学霸总是成群结队的？背后就是这个道理。高中时，我和同桌学霸约定一起刷题，如果在一周内没有刷完某个单元所有相关的参考题，就要请对方吃饭。有一次我偷懒了，没能刷完被他发现了，这家伙也真是一点不客气，拖上我就去了附近最贵的烧烤大排档，狠狠吃了我

一顿。那时我真的挺穷的，父母给的零花钱非常有限，为这件事我整整心疼了好几天。

但是从那以后，在刷题这件事情上我再也没拖延过，吃饭喝水可以忘，刷题从来不能停。所以，他人的监督会成为你的一剂强心针，不仅能帮你坚定要完成目标的决心，更会在你注意力飘走的时候给予你适当的刺激，让你的心思回到该做的工作上。

【今日训练营任务】

请你拿一张 A4 纸，简单画下你家的平面图，然后对自己的房间进行以下功能区域的划分，如果可能，请至少区分出三个区域：娱乐区、休息区和工作区。在娱乐区只娱乐，休息区只休息，工作区只工作。

【阅读盲盒】

选择喜欢的笔记本

又到了自我奖励的时间，为了建立读书的仪式感，你可以选择自己喜欢的环境、工具。

很多人喜欢在读书的时候做笔记，如果你恰好也是一个“文具控”，完成今天的阅读任务之后，可以奖励自己一个喜欢的笔记本。

每次看到心爱的笔记本，就会激发你的触发点，提升你的阅读兴趣。

第十五天

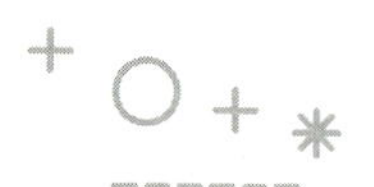

摆脱推迟：时间紧才是突破的机会

【知识卡片】

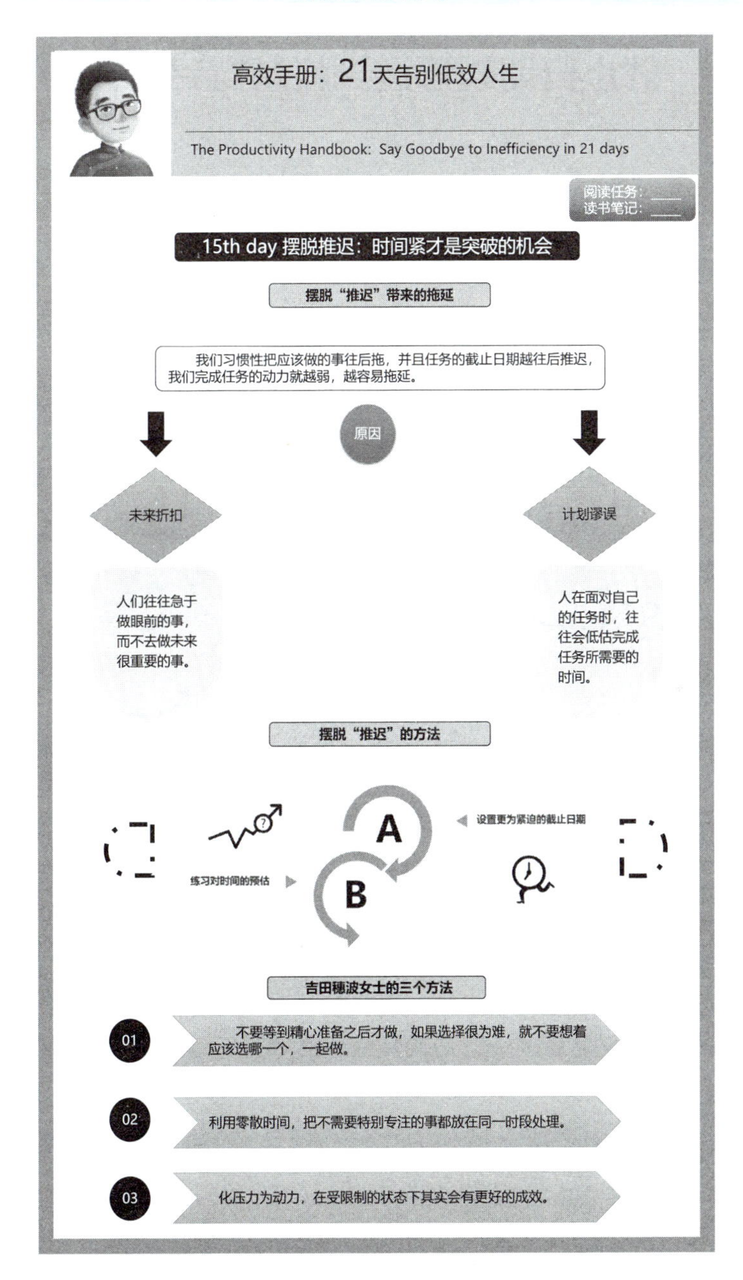
高效手册：21天告别低效人生
The Productivity Handbook: Say Goodbye to Inefficiency in 21 days
阅读任务：
读书笔记：
15th day 摆脱推迟：时间紧才是突破的机会
摆脱“推迟”带来的拖延
我们习惯性把应该做的事往后拖，并且任务的截止日期越往后推迟，我们完成任务的动力就越弱，越容易拖延。
原因
未来折扣
人们往往急于做眼前的事，而不去做未来很重要的事。
计划谬误
人在面对自己的任务时，往往会低估完成任务所需要的时间。
摆脱“推迟”的方法
A
B
练习对时间的预估
设置更为紧迫的截止日期
吉田穗波女士的三个方法
01
不要等到精心准备之后才做，如果选择很为难，就不要想着应该选哪一个，一起做。
02
利用零散时间，把不需要特别专注的事都放在同一时段处理。
03
化压力为动力，在受限制的状态下其实会有更好的成效。

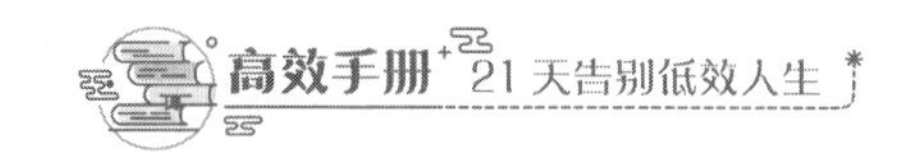

截止日期越遥远，就越容易拖延

当一件任务的截止日期越遥远，就越容易拖延，我将其称为“推迟”导致的拖延，如图 15-1 所示。

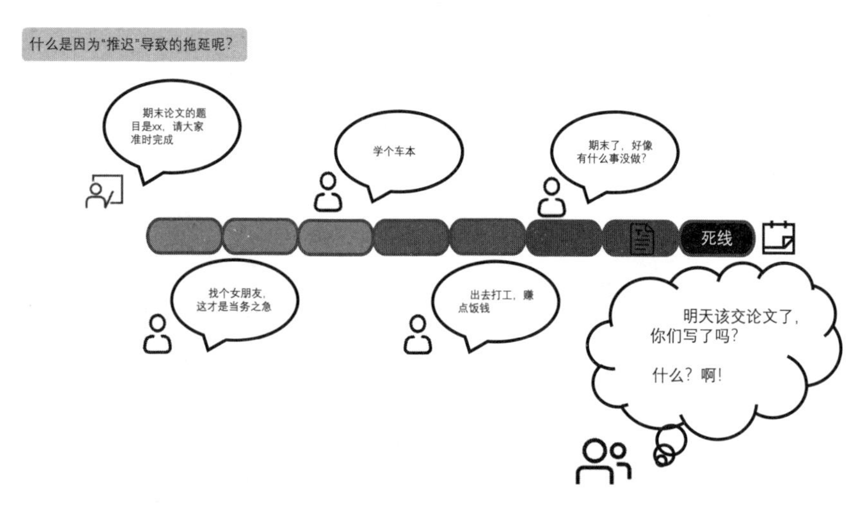

图 15-1　“推迟”导致拖延的情况

最典型的例子就是大学里的期末论文，如果你在学生时代存在比较严重的拖延行为，回忆一下，当老师开学布置完期末论文之后，你会马上开始写吗？我相信大部分同学的回答都是否定的，多数人一定会拖到最后几天，甚至最后一天，最后几个小时才开始写，这就是很典型的“推迟”。

不要以为这样的场景离你已经远了，我们的工作生活中到处是这样“推迟”的情况，如图 15-2 所示。

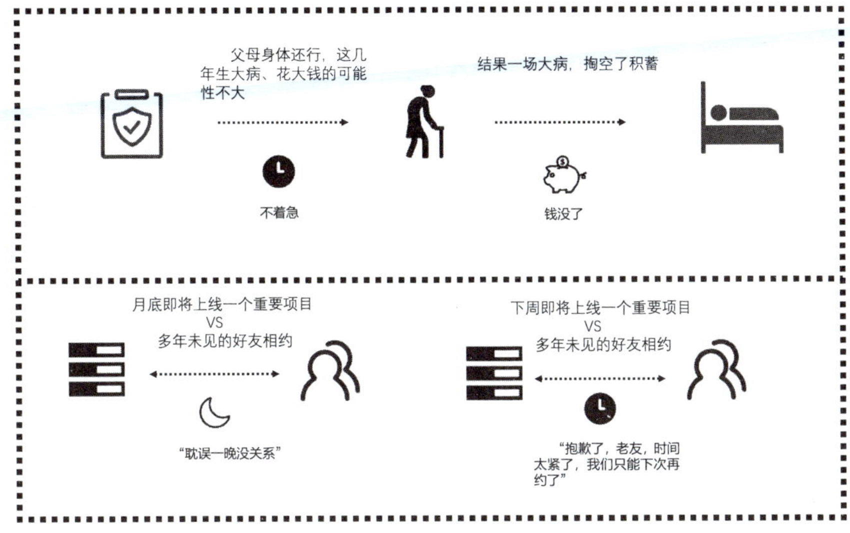

图 15-2 "推迟"导致拖延的情况

你本来想给家人买合适的商业保险，毕竟没有保险的话，一场大病就可能让一个小康家庭赔上好几年的积蓄。但是因为没有具体的期限，家人身体也还不错，你觉得生大病、花大钱的可能性很低，于是就一直拖着没去做，结果……

公司一个项目月底要上线，这个项目很重要，需要大量的准备。但是一个多年未见的好友突然约你出去，你会怎么选择？我们可以做一个测试。

选项 A："耽误一晚上没关系，明天早起再做吧"。

选项 B："抱歉了老友，我有一个项目需要赶进度"。

你的答案：______________

如果情境改变一下，公司的项目下周就要上线了，你会怎么选择？选 A 还是 B？

你的答案：______________

这就是不同的时间节点对拖延的影响。和时间相关的推迟性拖延，指的是我们习惯性把应该做的事往后拖，并且任务的截止日期越往后推迟，我们完成任务的动力就越弱，越容易拖延。

“未来折扣”和“计划谬误”

为什么截止日期越遥远，越容易出现拖延呢？主要有两个原因：一个叫未来折扣，另一个叫计划谬误。

“未来折扣”是一个行为经济学中的概念，说的是未来的收益会因为距离现在时间的长短打折扣，距离的时间越久，打的折扣也就越大，我们就越容易觉得它相对来讲不重要。

更通俗的解释就是，人们往往急于做眼前的事，而不去做未来很重要的事。

举个例子，假设你参加比赛赢得了10000元，现在有两个选择，如图15-3所示。

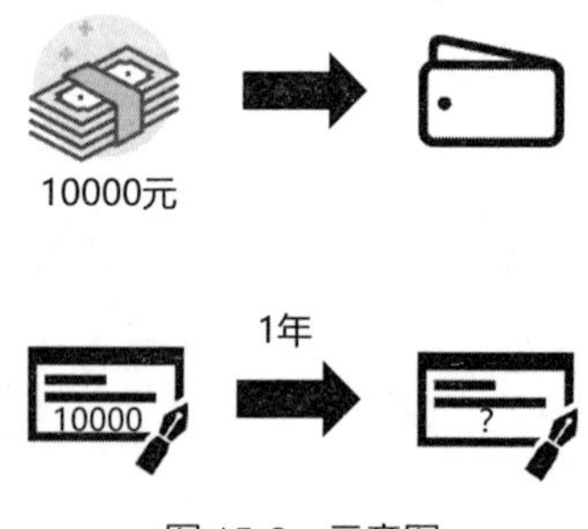

图15-3 示意图

选项A：10000元现金直接拿走。

选项B：给你一张未填金额的支票，需要一年之后兑换。

现在请你考虑一下，要在这张支票上填多少金额，你才会愿意等上1年，而不是立即拿走眼前的10000元。

显然，兑换需要等待的时间越久，你就会越觉得这10000元不值钱。这就是未来折扣。

以此解释这一节所讲的“推迟性拖延”就是，哪怕这件任务很重要，但因为它的截止日期还比较远，你就容易感受不到它的重要性。或者说，你更容易急着去做眼前的事情，哪怕它和这件任务相比没有那么重要。

另一个原因是计划谬误，心理学家研究发现，人们在安排任务的时候最容易出现这个问题。这是诺贝尔经济学奖得主丹尼尔·卡尼曼提出的，说的是人在面对自己的任务时，往往会低估完成任务所需要的时间。

不管是不是严重的拖延症患者，潜意识里大部分人都倾向于更乐观地看待自己能完成的任务。于是就容易对时间产生一种错觉，总觉得未来有时间，现在的自己可以忙点别的，如图15-4所示。

图15-4 时间的错觉

面对一件截止日期还很遥远的任务，你想要“明天再开始”“未来有时间再开始”，这恐怕是世界上最大的谎言。

摆脱“推迟”的方法

针对因为“推迟”而造成的拖延，主要有两种解决方法，如图 15-5 所示。

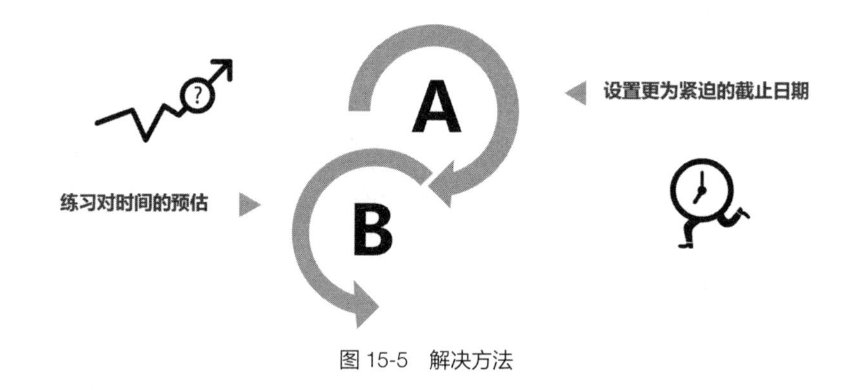

图 15-5　解决方法

第一，针对“推迟”造成的拖延，截止日期越往后，你就越容易拖。那你要做的就是给自己设置更紧迫的期限。

比如，项目预算老板下周二才要，但你这周正好没有其他更重要的任务，你就可以给自己设置一个提前的节点，比如本周三先给老板一个初稿，留出反馈修改的时间。

再如，项目一个月之后才需要验收，那么你就要考虑在这一个月内你需要做什么，项目的每个环节在什么时间节点需要完成。这样拆分下来，可能一周之内你就有两三个需要完成和确认的小任务，这些提前的时间节点就能够促使你去做，不拖着。

第二，你需要练习对时间的感知和预估。这样即使你面临截止期限遥远的任务，也能有把握安排好。

你不妨做好两件事：一是重新认识未来的时间精力，二是了解工作中主要任务的耗时。

关于第一件事，你可以先做一个小实验：记录并统计未来一周的时间，观察周末能用来做事的时间会比周一的多吗？以下是我的记录对比，如图 15-6 所示。

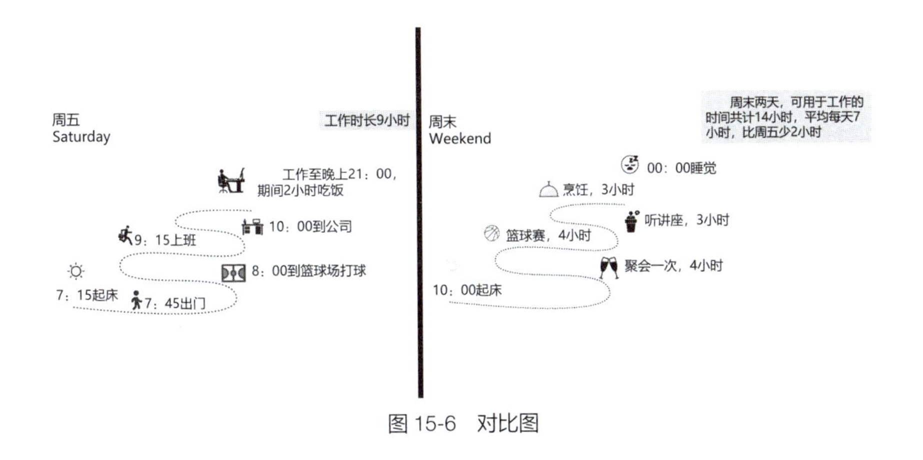

图 15-6　对比图

根据我的时间记录，周末可用来工作的时间比工作日更少。这是我的例子，读者可以尝试记录自己的时间花费，相信很快会发现，其实你每天用于工作的时间都是差不多的，周末并没有更多的时间。

关于第二件事，我建议你从今天开始，每天记录一下完成工作中每项基础任务的耗时。比如写一稿文案需要多少时间，一篇合格的文案你需要改多少稿；做一个项目的正常周期是多少时间，项目中每个环节的基础耗时是多少时间……

如图 15-7 所示，将每天核心任务的耗时填在表中。

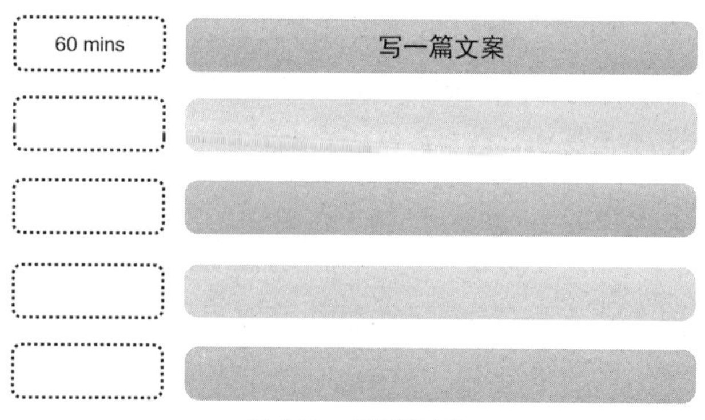

图 15-7　任务耗时表

这样记录一个月，你对自己完成工作任务的时间把控就会比其他人好得多，再出现“一个项目月底要上线”这样的事，你就能安排得游刃有余。

时间紧，任务重，正是自我突破的机会

先看一个问题，你觉得以下三件事可以一起做成吗？

（1）做一名全职的妇产科医师。

（2）家里养育三个小孩。

（3）抽空复习，考上哈佛大学医学院。

我相信大多数人的第一感觉就是：啊！这太难了啊！能做好一件事就非常不容易了，更何况是三件都不容易的事。

但世界上真就有这样的牛人，她就是畅销书《就因为没时间，才什么都能办到》的作者吉田穗波。更厉害的是，在哈佛读书期间，她的第四个宝宝出生了；这本书出版的时候，第五个宝宝出生了。

她的信条就是：越繁忙、越没时间，才越能做到更多的事。

那她是怎么做到的呢？下面总结了几个小方法。

第一点，不要等到精心准备之后才做，如果选择很为难，就不要想着应该选哪一个，一起做。

吉田女士在想考入哈佛大学之前，一边上班一边带着两个女儿，肚子里还怀着一个。每天的日程是早上5:45起床，准备早餐，一直忙到晚上11:30才睡觉，根本没有时间学习。但是当她有了留学的想法之后，便决定做出改变。

她说，如果你想做一件事，一定要珍惜最初的冲动，那是促使你开始行动的重要动力。随着推迟，做事的动力会随之下降。所以，不要陷在开始之前的所有预设和纠结里，想做就先去做。问题会随着你的开始，逐步解决。

第二点，利用零散时间，把不需要特别专注的事都放在同一时段处理。

吉田女士的策略是这样的，用整块的时间做需要集中专注力的事，比如在孩子起床前用3个小时准备留学的英语考试。

把不需要投入大量专注力的多个任务集中在同一时段一起做，比如用晾衣服的时间给孩子讲故事，做家务的时候听学习音频，坐车的时候去填写那些厚厚的《奖学金申请表》……

她说，当她认识到所有事情不得不一起进行的时候，就开始认真分配时间。同时执行多项任务，反而会有事半功倍的效果。

第三点，化压力为动力，在受限制的状态下其实会有更好的成效。

关于这一点，多数人应该都有体会，时间充裕就能百分百准备好的情况少之又少，相反，在有限的时间内要完成某件事情的时候，压力会让你更加专注，甚至更有爆发力。我们常常说：Deadline（截止日期）才是第一生产力，说的就是这个道理。

最后，我想用吉田女士书中的一段话作为结束：你有一份工作，职位薪水都不错，但生了小孩后，时间管理和梦想就离你远去，你不得不想着今天没完成的工作计划，还要一边安抚小孩，一边煮饭擦地洗碗，真希望每天都能多出两个小时来！那你多出的时间想做什么呢？现在就把你想做的事情列出来，去做啊。不是有了时间以后才开始，而是开始做了就会产生时间。

【今日训练任务】

根据表 15-1，记录你完成工作中各项基础任务需要花费的时间，记录要精确到分钟。同时考虑，之后遇到类似任务时，预计留出多少时间。

希望你对工作时间的记录能够坚持 1 个月，你会发现自己对工作任务和时间的把控得到极大提升。

表15-1　工作任务耗时记录表

工作任务耗时记录表				
	要完成的任务	预计时间	实际耗时	下次预估时间
填写示例	宣传文案 1 篇	4 小时	第一稿 150 分钟 （9:00—11:30） 修改两次，共计 240 分钟 （第一次修改 14:00—15:00 第二次修改 16:00—19:00）	2 天 （给出一天的提前量，让任务在截止日期前提早完成）
1				
2				
3				
4				
5				

【阅读盲盒】

概念卡片

本书涉及了一些专业领域的术语，请将它们整理出来并制作为概念卡片，有条件的读者可以打印出来，并将其作为书签。

由于专业术语并不容易理解，制作为概念卡片之后，每次看到就会加深记忆，时间久了就会逐渐理解并且牢牢记住。

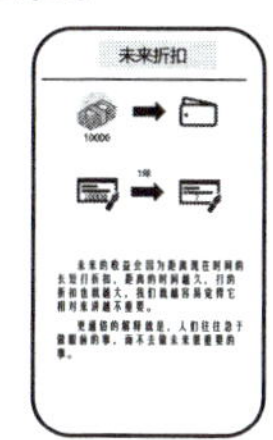

第十六天

改变习惯：拖延行为的记录、改变与打破

【知识卡片】

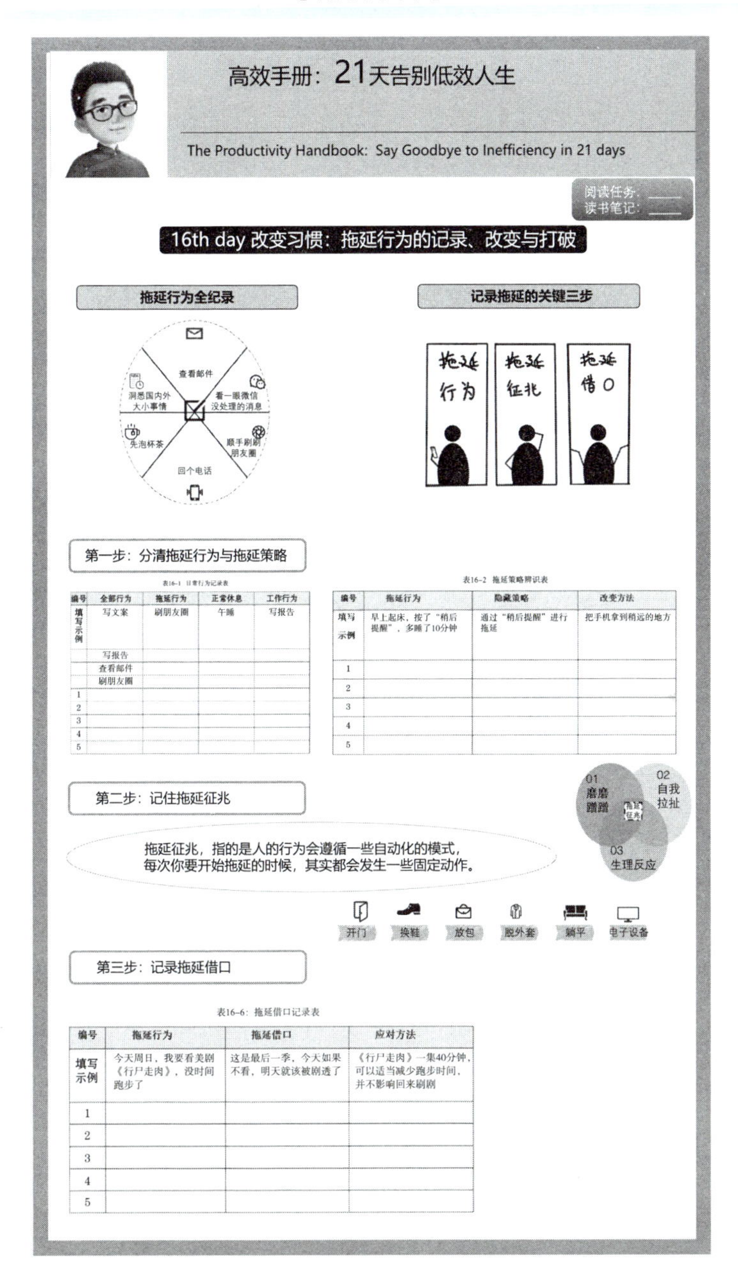

高效手册：21天告别低效人生
The Productivity Handbook: Say Goodbye to Inefficiency in 21 days
阅读任务：
读书笔记：
16th day 改变习惯：拖延行为的记录、改变与打破
拖延行为全纪录
查看邮件
看一眼微信没处理的消息
顺手刷刷朋友圈
回个电话
先泡杯茶
洞悉国内外大小事情
记录拖延的关键三步
拖延行为
拖延征兆
拖延借口
第一步：分清拖延行为与拖延策略
第二步：记住拖延征兆
拖延征兆，指的是人的行为会遵循一些自动化的模式，
每次你要开始拖延的时候，其实都会发生一些固定动作。
01 磨磨蹭蹭
02 自我拉扯
03 生理反应
开门
换鞋
放包
脱外套
躺平
电子设备
第三步：记录拖延借口

表16-1 日常行为记录表

编号	全部行为	拖延行为	正常休息	工作行为
填写示例	写文案	刷朋友圈	午睡	写报告
	写报告			
	查看邮件			
	刷朋友圈			
1				
2				
3				
4				
5				

表16-2 拖延策略辨识表

编号	拖延行为	隐藏策略	改变方法
填写示例	早上起床，按了“稍后提醒”，多睡了10分钟	通过“稍后提醒”进行拖延	把手机拿到稍远的地方
1			
2			
3			
4			
5			

表16-6：拖延借口记录表

编号	拖延行为	拖延借口	应对方法
填写示例	今天周日，我要看美剧《行尸走肉》，没时间跑步了	这是最后一季，今天如果不看，明天就该被剧透了	《行尸走肉》一集40分钟，可以适当减少跑步时间，并不影响回来刷剧
1			
2			
3			
4			
5			

拖延行为全记录

很多时候，我们之所以拖延，是因为在无意识状态下忙这忙那浪费了时间，比如你打算静下心来写一篇文章，但是迟迟没能开始，如图16-1所示。

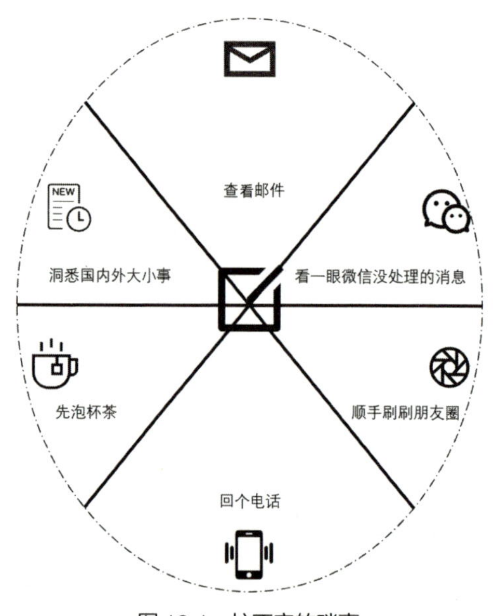

图16-1　忙不完的琐事

在开始重要任务之前，你似乎总有很多事情需要处理，时间就这样莫名其妙地过去了。所以，想要改变拖延，你必须先把自己的拖延行为揪出来，做好记录。这样，你就会意识到自己都做了哪些事情，其中哪些是有必要的，哪些是没必要的。之后，通过训练慢慢戒掉那些盲目的行为就可以了。

记录的时候，主要分为三步，如图 16-2 所示。

第一步：分清拖延行为与拖延策略。

第二步：记住拖延征兆。

第三步：记录拖延借口。

图 16-2　记录拖延的关键三步

第一步：分清拖延行为与拖延策略

表 16-1 是一张日常行为记录表，在这张表格中，将工作中的全部行为记录下来，然后筛选出哪些是拖延行为，哪些是正常休息，哪些是工作行为。这里面的关键点就是区分出正常休息的行为，因为它是对工作状态的必要调整，有利于更好地辅助工作。

表16-1　日常行为记录表

编号	全部行为	拖延行为	正常休息	工作行为
填写示例	写文案	刷朋友圈	午睡	写报告
	写报告			
	查看邮件			
	刷朋友圈			
1				
2				
3				

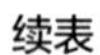
续表

编号	全部行为	拖延行为	正常休息	工作行为
4				
5				

如何区分正常休息的行为呢？最简单的办法就是看这件事对你的工作状态是否起到了必要的调整，以及相对你的工作任务，这件事有没有直接关联或必要。例如午睡的行为，很显然属于正常休息的范畴，因为通过短暂的午睡可以很好地提升工作效率。

还有一些不容易区分的行为，例如刚工作半小时就去泡茶提神，写了一会儿报告觉得自己得去上个厕所，这是工作中很常见的行为，也是典型的拖延策略。

除了需要分清拖延行为之外，还需要辨识出那些看似不起眼的、隐藏的拖延策略。请根据自己的实际情况填写表 16-2。

表16-2　拖延策略辨识表

编号	拖延行为	隐藏策略	改变方法
填写示例	早上起床，按了“稍后提醒”，多睡了 10 分钟	通过“稍后提醒”进行拖延	把手机拿到稍远的地方
1			
2			
3			
4			
5			

例如早上起床的拖延行为，你的拖延策略就是按掉闹铃，再睡一会儿。只有了解到全部拖延行为，以及背后的相关策略，才能对症下药，

彻底改变拖延。例如可以把手机拿远点，够不到，又不想听闹铃，你就必须起床，这样睡意就没了，也就不会拖延了。

第二步：记住拖延征兆

拖延征兆，指的是人的行为会遵循一些自动化的模式，每次你要开始拖延的时候，其实都会发生一些固定动作。

比如下班回家，你会开启一系列自动化的动作，如图 16-3 所示。

图 16-3　自动化动作

这套动作完全不用思考，身体就会自己完成，而且一旦启动其中一环，这个系列动作就会运转起来，像多米诺骨牌一样。

某天，你在下班回家的途中突然接到领导电话，让你抓紧给客户发一封邮件。本来 3 分钟就能搞定的事情，结果一进门之后无意识开启了上面这套自动化的动作，浪费了 10 分钟，还被领导骂了一顿。

所以，在多次记录个人拖延行为之后，你要做的就是识别经常出现的拖延行为，在这些拖延行为发生之前你都有哪些反应，以及是否会出现一系列自动启动的行为。这就是拖延征兆，记住你的这些反应，一旦再遇到这种情况，就要立刻给自己拉响警报："啊，我又要开始拖延了！"

研究人员将这些拖延征兆分为三类，如图 16-4 所示。

第一种，磨磨蹭蹭。写一份难度很大的报告，写完第一章之后就不往下写了，而是反复修改，查错别字、改标点符号……就这样把时间浪费掉了，这是潜意识对自己拖延行为的庇护。

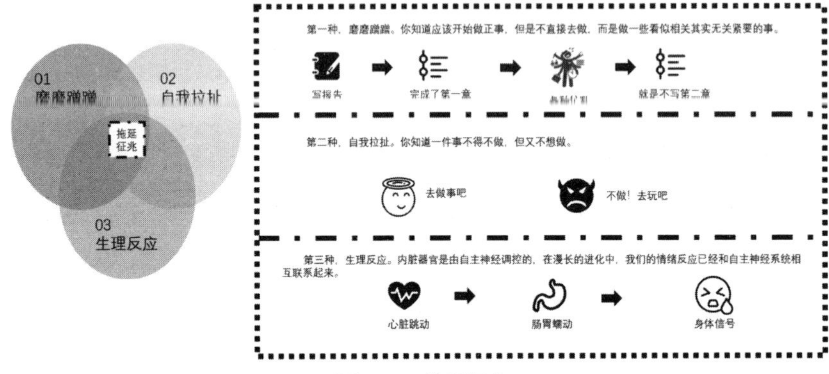

图 16-4　拖延征兆

第二种，自我拉扯。当你想做某件事的时候，脑海中总会跳出两个想法，一个鼓励你做事，一个告诉你不用做，就像天使与恶魔一样不断掐架。这是因为控制理性的前额叶和原始冲动的边缘系统产生了冲突。针对这种情况，你需要把内心活动如实记录下来，将你的真实想法填入表 16-3。

表16-3　内心活动记录表

编号	具体事件	积极想法	消极想法
填写示例	锻炼身体	去跑步吧，好身体比什么都重要	跑步多累啊，还是打会儿游戏吧
1			
2			
3			
4			
5			

把内心活动记录下来之后，下次再遇到天使与恶魔交战的时候，就要意识到这是拖延的征兆，立刻“掐死”代表冲动的小人，停止纠结。

第三种，生理反应。当你要做某件事的时候，出现诸如浑身酸痛、想上厕所这样的生理反应，也是一种拖延征兆。在漫长的进化过程中，我们的情绪反应已经和自主神经系统相互联系起来，当你感到恐惧和焦虑的时候，自主神经系统会认为你处在危险的处境，就会调动身体保持应激状态。

因此，当你满怀焦虑地拖延、满怀恐惧地赶任务最后期限的时候，自主神经就处于比较紊乱的状态，让你觉得身上哪儿都不舒服。所以说，身体的信号反映出的是你的情绪问题或行为问题。

那么，哪些生理反应属于拖延征兆呢？这也需要长期的自我观察与记录，如果你每次赶进度都会肚子疼，每次写论文都会头昏脑涨，那么这些征兆很可能属于你的拖延反应。

认识到这点之后，你就能理性地看待它们，不过度放大身体的不适，也不要以此为借口，把注意力收回到自己该做的事情上，抓紧完成它。

表16-4是每周生理反应记录表，有助于更好地发现自己的拖延征兆。

表16-4　每周生理反应记录表

日期	具体事件	生理反应
周一	写论文	头昏脑涨
周二		
周三		
周四		
周五		
周六		
周日		

以周为单位进行自我观察，找到拖延征兆。

思维专家彼得·M. 戈尔维策发明了一种对治疗拖延症特别有效的思维工具，叫作执行意图，这是一种帮人们建立习惯的工具。

当你发现自己的拖延征兆之后，可以通过“如果……就……”的句式建立习惯。“如果”的后面连接的是你的拖延征兆，“就”的后面连接的是具体要做的事。例如“如果我想刷朋友圈，就去读几页书”“如果我想刷剧，就做一组仰卧起坐”。

你在“如果”后面给出的条件，就像是对大脑埋下的一个行为线索，一旦这个线索出现，大脑就会顺藤摸瓜的反应出你该做的事情。这样，下次再出现拖延征兆的时候，就不会轻易就范，而是通过预设条件任务这样的机制，让自己去做该做的事。

用这种方式制订的计划往往比普通计划更容易执行，而且你给出的条件越具体、越明确，你的大脑也就越容易“中招”。在表16-5中列出自己的拖延征兆，并预设条件任务，也就是写出应该做的事。

表16-5　拖延征兆记录表

编号	拖延征兆（如果……）	预设条件任务（就……）
填写示例	下班回家之后想刷剧	换上衣服去跑步
1		
2		
3		
4		
5		

第三步：记录拖延借口

回想一下，是不是每次拖延的时候理由都很充分？也正是因为这些理由，你才被最终说服不去行动的。

为了彻底改掉拖延的毛病，你需要将平时导致拖延的借口都记录在

案。为此，我设计了一张拖延借口记录表，见表 16-6。

表16-6 拖延借口记录表

编号	拖延行为	拖延借口	应对方法
填写示例	今天周日，我要看美剧《行尸走肉》，没时间跑步了	这是最后一季，今天如果不看，明天就该被剧透了	《行尸走肉》一集 40 分钟，可以适当减少跑步时间，并不影响回来刷剧
1			
2			
3			
4			
5			

面对自己的借口，秉承“不评判，不指责，不欺瞒”的原则，接受客观的现状，然后逐步尝试改变，每次改变一点点，渐渐地情况就会得到改善。

【今日训练营任务】

针对存在拖延行为的读者，建议以天为单位进行训练，利用本节设计的表格进行拖延行为、借口的记录，找到应对方法，并逐步培养习惯。以 21 天为一个周期进行练习，直到彻底改善拖延行为为止。

【阅读盲盒】

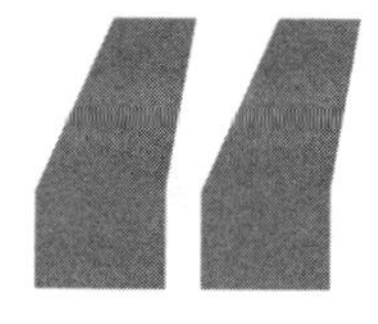

每天读书5分钟

如今，人们已经知道读书的重要性，但是就是读不下去。为了培养阅读习惯，我们从最简单的任务开始。

每天在包里放一本书，利用通勤时间或碎片时间阅读，只找自己最感兴趣的内容，或急需解决的问题。只读5分钟，但一定要确保自己读懂了，并能够运用到实践中。

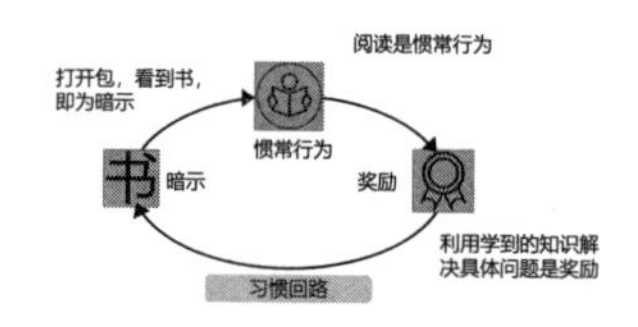

第十七天

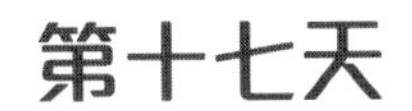

自我激励：用成功螺旋法建立自信

【知识卡片】

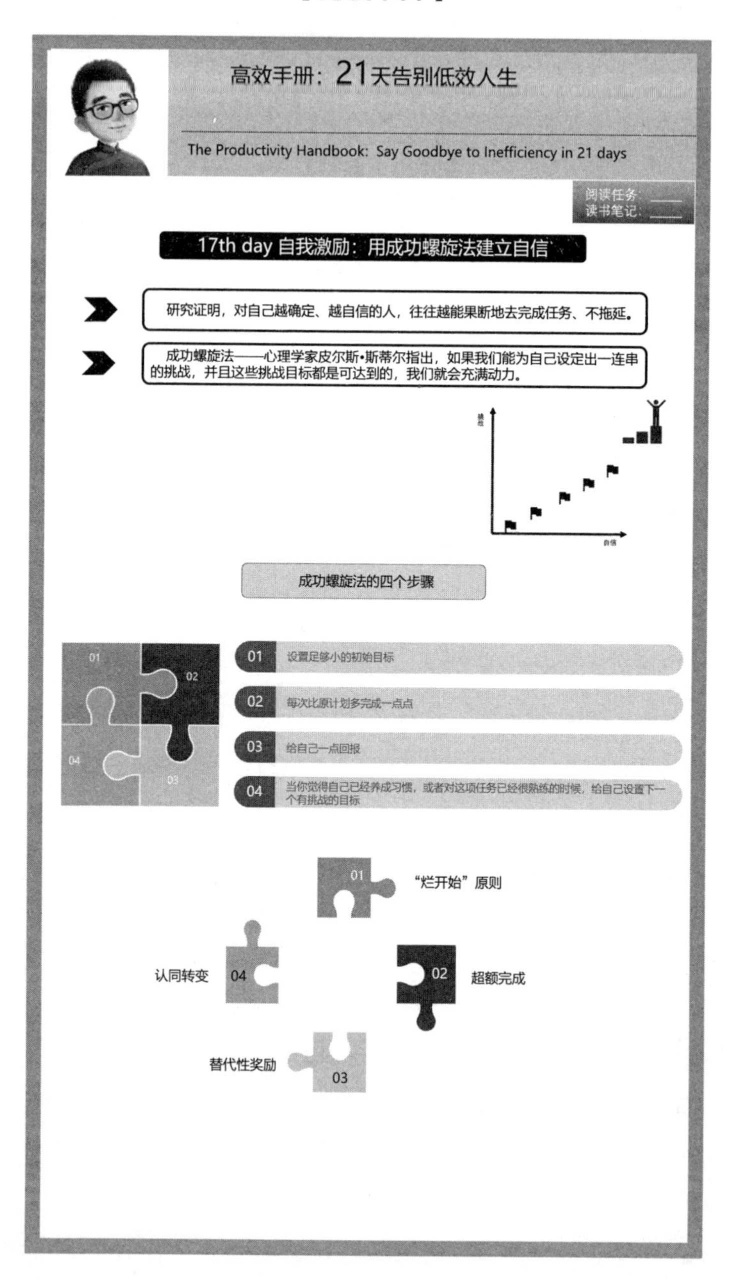
高效手册：21天告别低效人生
The Productivity Handbook: Say Goodbye to Inefficiency in 21 days
阅读任务：____
读书笔记：____
17th day 自我激励：用成功螺旋法建立自信
研究证明，对自己越确定、越自信的人，往往越能果断地去完成任务、不拖延。
成功螺旋法——心理学家皮尔斯·斯蒂尔指出，如果我们能为自己设定出一连串的挑战，并且这些挑战目标都是可达到的，我们就会充满动力。
成功螺旋法的四个步骤
01 设置足够小的初始目标
02 每次比原计划多完成一点点
03 给自己一点回报
04 当你觉得自己已经养成习惯，或者对这项任务已经很熟练的时候，给自己设置下一个有挑战的目标
01 “烂开始”原则
02 超额完成
03 替代性奖励
04 认同转变

重新找回乐观自信的自己

想要改变低效、拖延的行为，很重要的一点就是调整对自己的期望。研究证明，对自己越确定、越自信的人，往往越能果断地去完成任务、不拖延。

建立自信、乐观的心态并非一蹴而就之事，与每个人的性格、经历等诸多因素有关，可以说是个难题。但也不是没有办法，这一节就介绍一种行之有效的方法，叫作“成功螺旋法”。

什么是成功螺旋法呢？心理学家皮尔斯·斯蒂尔指出，如果我们能为自己设定出一连串的挑战，并且这些挑战目标都是可达到的，我们就会充满动力。背后的原因是，你每达成一个小目标，就能获得一定的自信，而增长的自信能带你向更高的追求迈进。同时，如果你在某一领域已经取得了成功，往往也会有信心去挑战其他领域，并且获得成功，如图 17-1 所示。

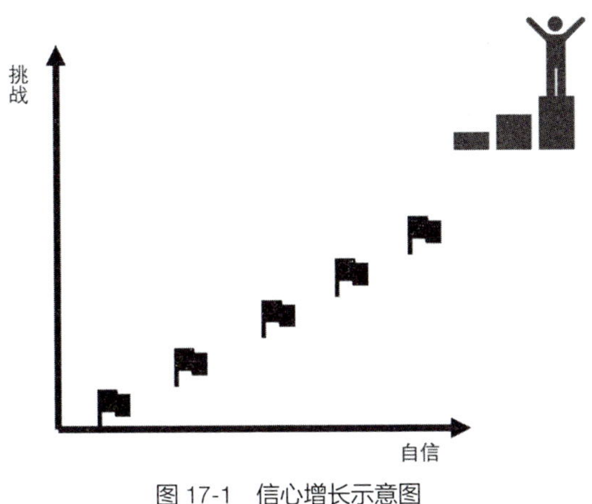

图 17-1　信心增长示意图

关于“成功螺旋法”，有两点需要注意的地方。

（1）你需要给自己设置可达到的、阶梯上升的“小目标”，并不断去实现它。

（2）一旦你能在某一个领域取得一些小成就，那么你在这个领域建立起的自信和成就感，就可以被迁移到其他你需要的地方。

这就是为什么很多成功人士往往在多个方面都很成功的原因。

设置可达到的进阶“小目标”

接下来，我们讲一下“成功螺旋法”的具体应用，一共分为四步，如图 17-2 所示。

第一步：设置足够小的初始目标

第二步：每次比原计划多完成一点点

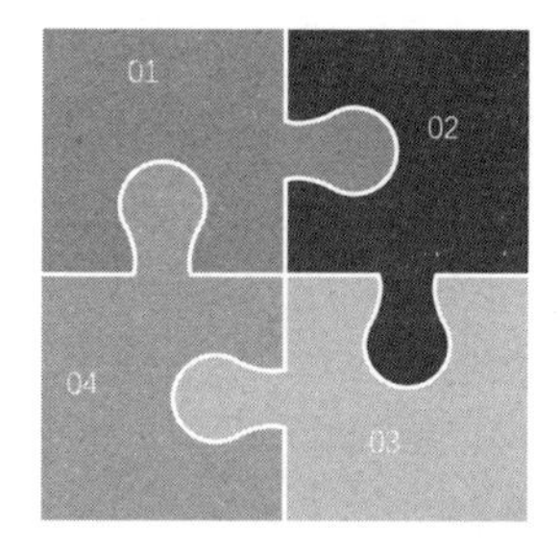

第四步：当你觉得自己已经养成习惯，或者对这项任务已经很熟练的时候，给自己设置下一个有挑战的目标

第三步：给自己一点回报

图 17-2 成功螺旋法的四个步骤

背后的逻辑其实跟游戏里的“升级打怪”是一样的。在游戏设计中，有个概念叫“粉末任务”。顾名思义，就是把每一个任务都化成粉末，每一粒粉末都非常容易达成。

举个例子，游戏中从来不会直接让一个 1 级的新手去打败 99 级的大魔王，而是会让他先去村口杀十只野猪，升到 10 级；再去镇里完成一次任务，

其间收获各种装备，达到 50 级……每个任务的难度递增，但是单个任务又是你当下能够完成的。并且每完成一次任务，就会给你一些经验值、技能点、草药之类的奖励。所以在游戏中，你会不断感受到自己的成就，不断分泌多巴胺，不断追求更难的任务。

在生活和工作中，给自己设置阶梯上升的小目标也是遵循这样的原则。

第一步：设置足够小的初始目标

把你畏惧的大任务拆成小块，小到第一步让你觉得微不足道，能马上动起来。记住“烂开始”原则，迈出第一步永远是最关键的。

你有多少次睡前踌躇满志，计划第二天早起吃早餐、健身，然后焕然一新去上班？然而实际情况如何呢？睡到卡点上班已经成为你的习惯，第二天闹铃响起之后，你开始进行激烈的思想斗争，天还没亮就起床？还要自己做早饭，然后再去运动……想想就头疼，于是果断按掉闹钟，继续睡觉。

同样，某日，你突然觉得自己知识量匮乏，很有必要认真地“看完一本书”了。然而，实际情况却是你已经很久没有打开过一本书了。

对于这次的目标，你打算尽自己所能地坚持下去。第一天，很顺利地看了 30 页。第二天，你发现这本书很厚，自己才看了十分之一，于是继续挣扎地读下去，中间穿插着玩手机。这次，你发现自己用时与昨天一样，结果只读了 10 页。第三天，你觉得读完这本书遥遥无期，索性合上了书本，拿起了游戏机，如图 17-3 所示。

如果你也像漫画中一样，那么你需要做的并不是设立一个早起 + 吃早饭 + 运动的任务，而是卡点起床之后，做几个俯卧撑的任务；你也不需要设立一个“看完一本书”的目标，而是一天看 5 页书的目标。

也就是说，这个初始目标一定要小到你认为自己的能力远远超出它，乐于把它放在日程表中转身就做。这样，你就已经战胜了大多数人无法攻克的阻碍——“开始做”这件事。

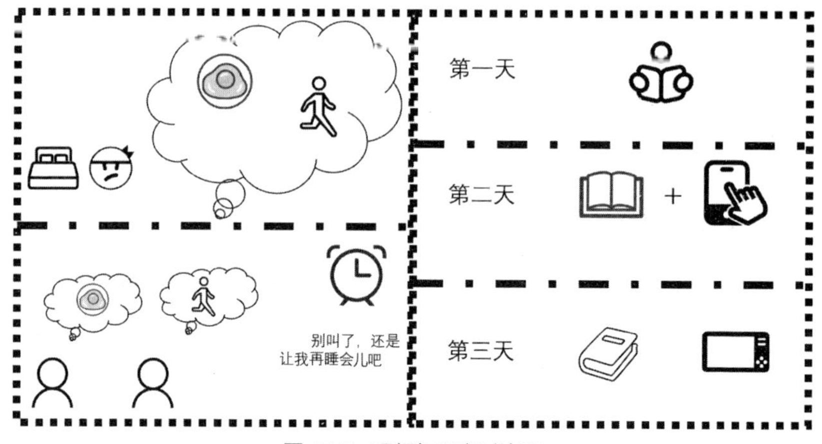

图 17-3　理想与现实对比图

【训练任务】

1. 找出你目前急需解决，同时让你感到畏惧的三件事。

____

____

____

2. 将任务拆解为若干步，不要怕琐碎，也不要因为过于简单而将两步合为一步，参考表 17-1。

表17-1　任务拆解表

步骤	任务1：看完一本书	任务2：	任务3：
第一步	周一太忙，看看目录		
第二步	周二读完 1 节内容		
第三步	周三读完 1 节内容		
第四步	周四读完 1 节内容		
第五步	周五聚会空缺		

续表

步骤	任务1：看完一本书	任务2:	任务3:
第六步	周末时间多，读完 2～5 节内容		
第七步	……		

3. 针对某项具体任务，通过记录找到适合自己的节奏。例如“看完一本书”这件事，你发现每天读一节内容是最可行的方法，按照这个节奏坚持读书，直至 21 天，养成习惯。如果 21 天之后没有养成习惯，就再坚持一个 21 天的周期，依次循环。

第二步：每次比原计划多完成一点点

任务简化到一定程度之后，行动就会变得容易。例如你想锻炼身体，通过拆解任务，你将第一步设定为做一个俯卧撑，这简直太容易了。当你趴在地上完成了一个俯卧撑的时候，你会想姿势都摆好了，索性多做几个吧。于是多做的这几个就变成了你超额完成的任务，这时候你的心态已经和设置了巨大的目标而完成不了的负罪感、放弃感完全不同了。你能感受到的是做这件事的兴趣和自信，如图 17-4 所示。

图 17-4　俯卧撑示意图

对于其他任务也是如此，当你给自己设定看 5 页书，不知不觉看了 10 页的时候；当你给自己设定弹一小节钢琴曲，不知不觉练了 3 个小节的时候，都是在原计划之上的超额完成。

第三步：给自己一点回报

虽然我们已经把“开始”变得很容易，但是坚持依旧不是一件容易的事。所以需要通过一点奖励让自己继续下去，并养成习惯。在这里，我介绍一个“替代性奖励”的小技巧。

什么是“替代性奖励”？因为我们给自己设定的任务很小，可能无法立刻看到这项任务本身带来的效果或回报，那就自己给大脑设置一个替代性的奖励。比如写报告，当你完成 200 字的内容后，奖励自己看一个搞笑视频，通过哈哈大笑会释放出让你心情变好的化学物质，大脑就会觉得你收到了回报，就会更容易继续下去。

这样，每当你达成一个小目标，大脑就会因为“奖赏”释放出多巴胺，让你重复这种行为的可能性大大增加，去努力达成下一个小目标。

【训练任务】

根据自己的实际情况，选择出适合自己的奖赏方式。例如，你的专注力较差，那么可以选择工作半小时之后喝杯茶，或者工作一小时之后散步 5 分钟等，见表 17-2。

表17-2　任务奖赏表

编号	具体任务	奖赏方式
示例	写论文	每完成一段内容，奖励自己一块饼干
1		
2		
3		

续表

编号	具体任务	奖赏方式
4		
5		

第四步：当你觉得自己已经养成习惯，或者对这项任务已经很熟练的时候，给自己设置下一个有挑战的目标

如何确定是否养成了习惯，就看你是不是对这件事有一种“认同感”。比如，过去你可能会说“我要阅读完多少页”，现在你会说“我经常阅读”，这就是一种认同的转变；或者做这件事是否已经不需要提醒了，比如以前会告诉自己“我今天应该坚持去跑步”，现在如果变成了到点就想跑步，就说明已经养成了习惯，如图 17-5 所示。

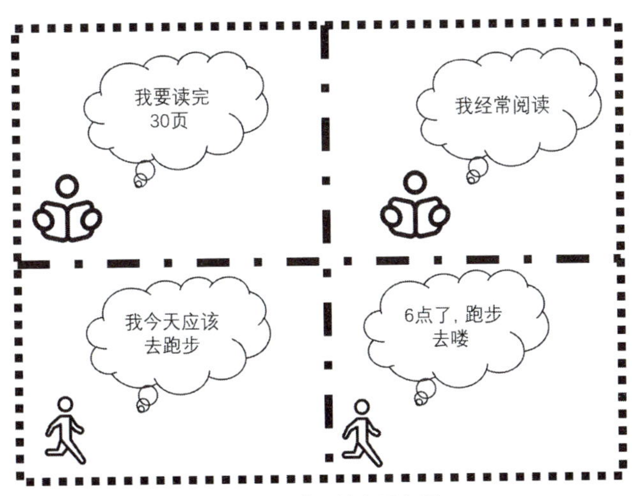

图 17-5 认同转变示意图

当你对一件事已经达到这样的程度，你就可以开始下一个目标了，同样回到第一步，把大任务分解成一个你马上就能开始的“粉末任务”，如是进行。

随着你完成的目标不断进阶、螺旋上升，你慢慢就会“进步成瘾”，越来越自信，也越来越不容易拖延，变得更加高效。

把你的成功和自信带到每个地方

你有没有注意过一些现象：

很多创业者都喜欢走戈壁；

学校开学都会给学生安排军训；

很多父母会让孩子从小学习乐器或去培训班培养一项兴趣爱好……

因为当创业者在走戈壁的时候，他会感受到坚持的力量，克服肉体和精神上的疲惫，以及没水、没钱、找不到方向的恐惧。而当他最终征服一片沙漠的时候，这段化险为夷的经历会一直印在他的脑海里，这种“我赢了”的感受会转化成“我能赢”，激励一个人很多年。

通过走戈壁，他的自信心提升了，当他再回到生活中创业时，就更容易为自己设定更高的目标，也更容易赢。在戈壁徒步中体验的冒险开拓、挑战极限、团队协作、无限沟通，也会对现实中的创业产生影响，如图 17-6 所示。

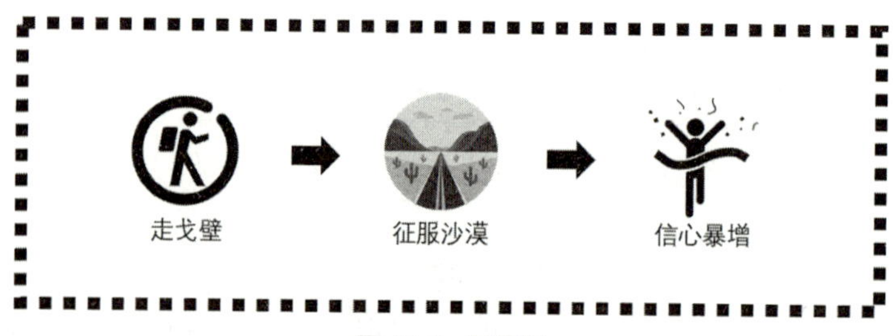

图 17-6　示意图

学校在入学前给学生安排军训，父母让孩子从小学习一门乐器，也是同样的道理。都是通过这一过程，让孩子感受到克服困难、达到成功、建立自信的感觉，再把这份毅力、成功感和自信感带回到日常的学习中。

也就是说，你要做的是，把在一个领域中“我赢了”的体验，转化为在其他领域“我能赢”的心理暗示。

如果你目前的状态不尽如人意，拖延、低效、不自信……不如试着捡起曾经的兴趣爱好，或者是学习一门全新的手艺。在选择项目的时候遵循两个原则，要么是自己擅长的，要么是自己感兴趣的。只有这样，你才会更容易在该领域获得成功，至少可以坚持得更久一些。

找到项目之后，在坚持的过程中，你要注意两点：一是要重视过程而不是结果，关注自己在这个过程中的点滴进步，把它们都视为你的成功；二是要敢于挑战自己，将原有爱好提升到新的水平。

依旧是通过视觉卡片举例，如图 17-7、图 17-8、图 17-9 所示。

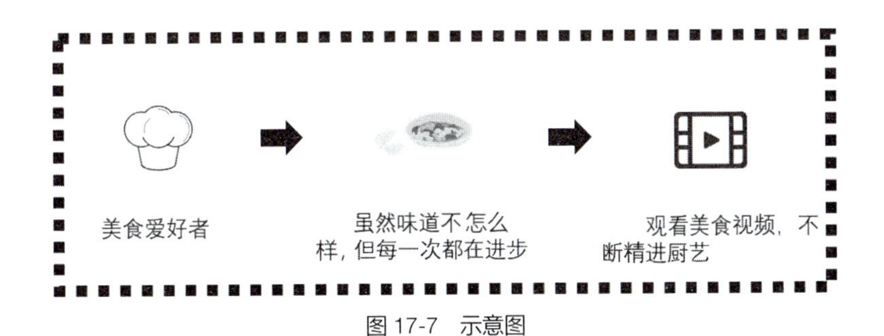

图 17-7　示意图

如果你和我一样喜欢美食，但只会做番茄炒蛋，那就多学习，试着做更多的菜式，享受烹饪的乐趣。

图 17-8　示意图

如果你喜欢跑步，可以尝试加入一些跑步俱乐部，结识更多朋友。当你取得一定成绩之后，甚至可以尝试参加马拉松比赛。

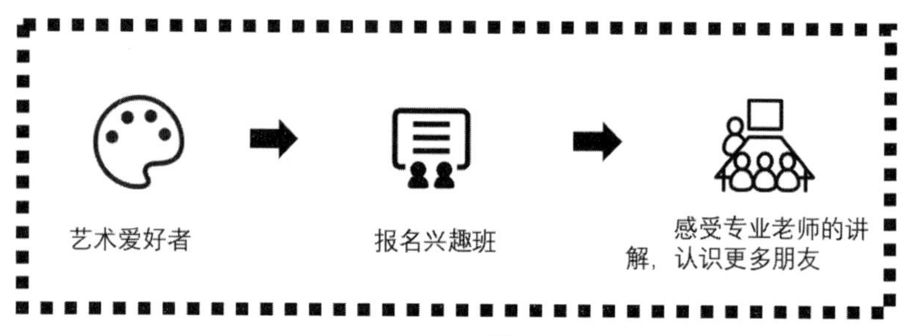

图 17-9　示意图

如果你是艺术爱好者，可以尝试报名油画体验课，让专业的老师带着你一点点感受色彩的表达和运用，认识更多朋友。

在参加活动的过程中，由于这些都是自己感兴趣或者擅长的事，你更容易体验到成功的美妙滋味。即便遭受失败，也没什么大不了的，反而会激发出更进一步的热情。

渐渐地，你会体验到成功的感觉，你要做的就是将这种感觉带到其他你想征服的领域中，也把这种面对失败和挫折没什么大不了的态度带到其他领域中。这会让你之后再面对工作和挑战时，不会因为不自信而拖着不去做，效率也会得到大幅提升。

为了帮助读者更好地感受“成功螺旋法”，我再提一个小建议：试着去一个自己一直想去，但总认为无法成行的地方旅行，如图 17-10 所示。

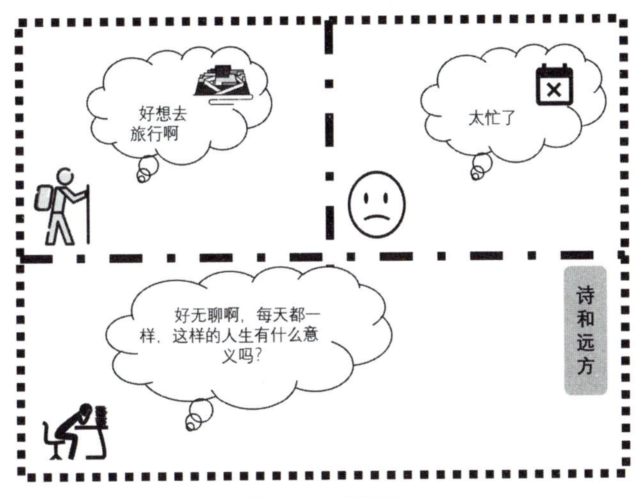

图 17-10　示意图

旅行的好处在于，你可以去感受和平时生活完全不一样的心境。如果一个人处在长期习惯的生活模式中，就会出现倦怠感，体会不到价值。去你想去但总认为去不了的地方，能够改变心境，从而更有动力去尝试以往不敢做的事，有所突破。

在旅行的情景下，你更容易感受到这件事对你平时生活的触动和影响，这是让你去体会成功螺旋法“迁移感”的部分。

【今日训练营任务】

以下两个任务你可以选择一个你喜欢的来做。

任务一：确定一个你早就想去但始终未能成行的旅行目的地，然后挑选 10 张该目的地的景点图片，打印出来贴在最显眼的地方，或者设置为手机、电脑的桌面，总之，确保每天都能看到它们。

任务二：填写表 17-3，设计你的“成功螺旋”。

表 17-3　成功螺旋

编号	你认为自己的优势是什么？（在哪些领域更容易成功）	你计划如何提升自己在这一领域的优势？	你认为有哪些能力可以迁移到目前的工作中？	第一步打算怎么做？
示例	喜欢与他人分享美食，喜欢烘焙	尝试做法式蛋糕	统筹规划能力（厨房布局，料理材料安排，步骤学习）； 动手能力； 对细节的把控能力，耐心； 社交能力（加入烘焙社群）； 总结与复盘能力（多次尝试并调整优化流程）	找到自己喜欢的美食博主，了解法式蛋糕中最简单的一款，亲手制作一个
任务 1				
任务 2				
任务 3				
任务 4				
任务 5				

【阅读盲盒】

读书变现：荐书稿

荐书稿是书评变现的一种方式，当你读完本书，写一篇200~300字的短评，通过投稿或带货的方式尝试变现。

最开始可以仅仅作为爱好，熟练之后关注一下如何变现。

变现方式如下。

1. 投稿变现。给博主或各类自媒体平台投稿。

2. 带货变现。将荐书稿发布到自媒体平台，挂对应图书带货赚佣金。

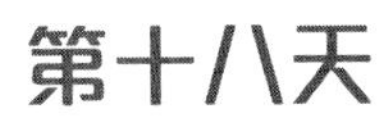

第十八天

奖赏机制：游戏化奖赏，工作也能变有趣

【知识卡片】

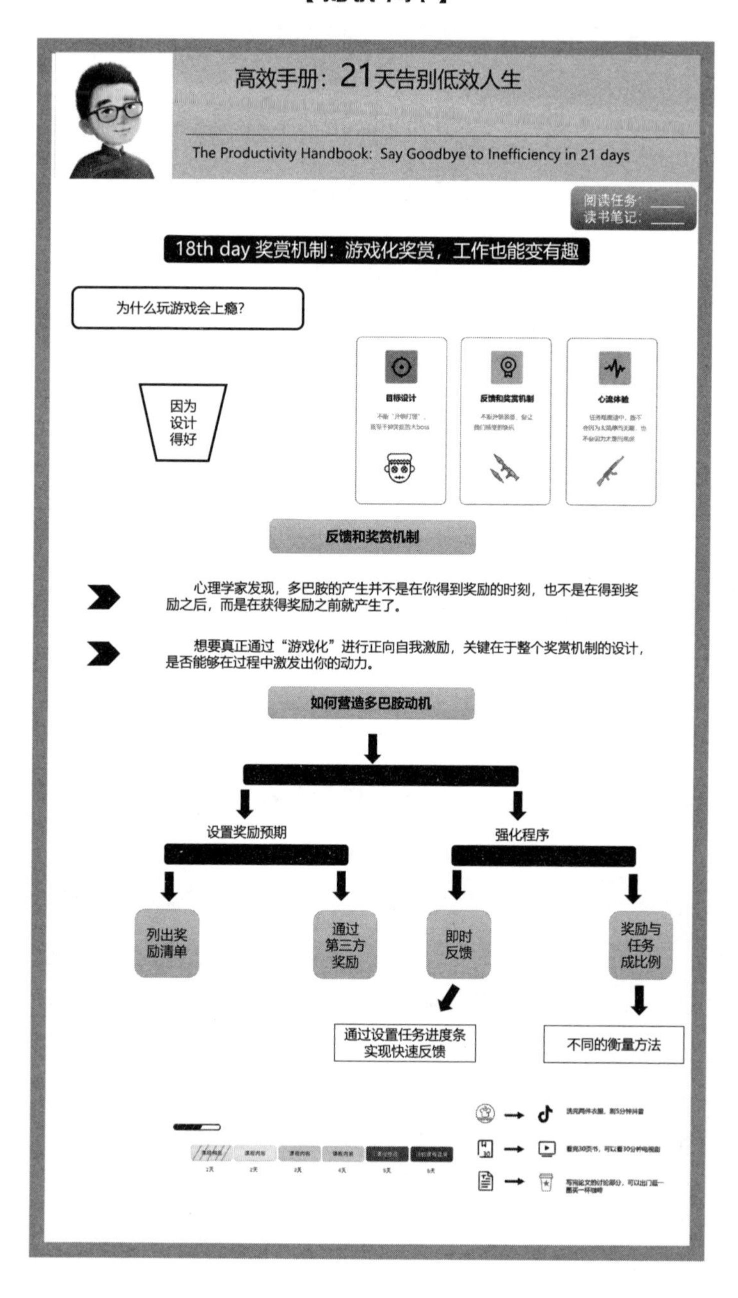
高效手册：21天告别低效人生
The Productivity Handbook: Say Goodbye to Inefficiency in 21 days
阅读任务：
读书笔记：
18th day 奖赏机制：游戏化奖赏，工作也能变有趣
为什么玩游戏会上瘾？
因为设计得好
目标设计
反馈和奖赏机制
心流体验
反馈和奖赏机制
心理学家发现，多巴胺的产生并不是在你得到奖励的时刻，也不是在得到奖励之后，而是在获得奖励之前就产生了。
想要真正通过“游戏化”进行正向自我激励，关键在于整个奖赏机制的设计，是否能够在过程中激发出你的动力。
如何营造多巴胺动机
设置奖励预期
强化程序
列出奖励清单
通过第三方奖励
即时反馈
奖励与任务成比例
通过设置任务进度条实现快速反馈
不同的衡量方法

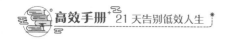

为什么玩游戏会上瘾？

你认为自己是一个低效、拖延的人吗？你熟悉图 18-1 吗？

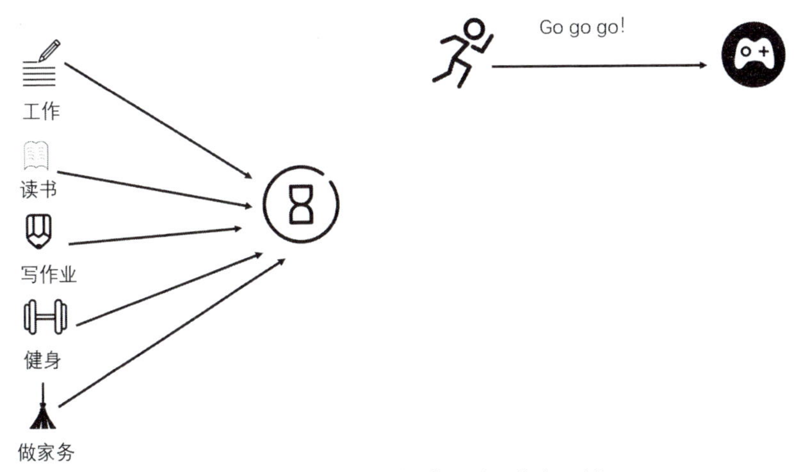

图 18-1　工作生活各种“拖”，除了游戏不耽搁

工作拖延、学习拖延、健身拖延、做家务也会拖延……你认为自己天生低效，当你在自怨自艾的时候，突然微信响了，“嘿，来打游戏啊”。

“嗖”的一声，你已经出门了，就连自己都惊讶于如此高效，直呼“这还是我吗？”

沃顿商学院的副教授凯文·韦巴赫，也是《游戏化思维》的作者，他得出的结论是，其实大多数的人类活动，比如参加考试、学习一项技能、从事商业活动等，本身就是游戏，你需要花时间和精力去练习、提升等级、克服困难，才能变强、成为高手。但是为什么人们对工作和学习任务不感兴趣，却容易沉迷于电脑游戏？答案是后者设计得好。

游戏设计中很重要的三点如图 18-2 所示。

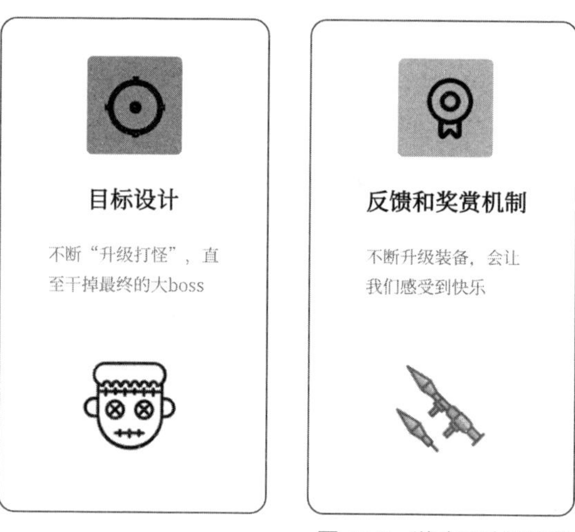

图 18-2　游戏设计的关键

关于目标设计，第十六天的内容已经讲过。游戏的终极目标只有一个，就是最后一关的大 boss，然而它并不会一开始就让你面对实力强大的对手，而是通过拆分终极目标，变成一个个容易上手、阶梯上升的“粉末任务”。

在不断“升级打怪”的过程中，你会通过成功干掉每一关的小怪兽而感到开心，吸引你不断向前。

关于反馈和奖赏机制，也就是我们第十八天要重点讲的内容；而关于如何达到心流体验，则放到第十九天来讲。

反馈和奖赏机制

游戏之所以能让你欲罢不能，是因为其中的奖赏机制能促使你产生多巴胺。多巴胺是一种能让我们感到快乐的激素，但如果你是这样理解整个游戏化过程的，如图 18-3 所示，那你就错了。剑桥大学神经科学教授沃尔弗拉姆·舒尔茨通过研究发现，多巴胺的产生并不是在你得到奖励的时刻，也不是在得到奖励之后，而是在获得奖励之前就产生了。

图 18-3 错误理解

我在初中的时候，有很长一段时间沉迷于游戏。最严重的时候，我先假装睡觉，等到凌晨父母睡着之后再爬起来“战斗”，直到早上 5:45 关机，上床躺好，等着父母 6 点叫我起床上学。那我的多巴胺动机产生在什么时候呢？

游戏里的魔法、道具、装备不是我的多巴胺动机，“我想要每天晚上打游戏”这个想法才是我的多巴胺动机。

对此，斯坦福大学的神经科学家布莱恩·克努森做过一个实验，他用核磁共振扫描仪观察人们在玩投资游戏时的大脑图像。发现人们的大脑在有可能获利的时候，受到的刺激比最后获得奖赏的时候还大，如图 18-4 所示。

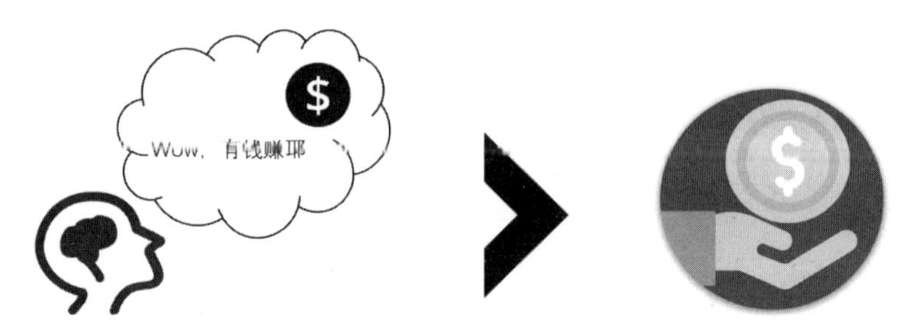

图 18-4　获利的刺激

回想一下，“双十一”什么时候最开心？如图 18-5 所示。

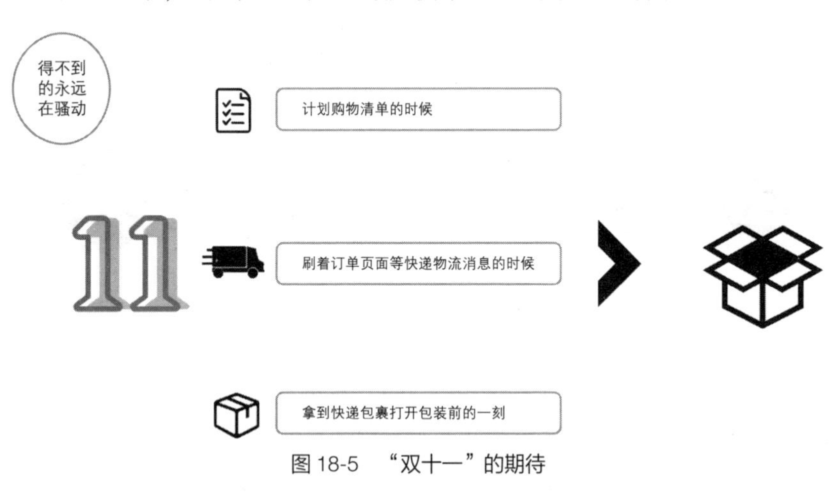

图 18-5　“双十一”的期待

图 18-5 中的三种情况，是不是远比你打开包裹，拿到商品之后更开心？所以，并不是游戏让你百爪挠心不能踏实做事情，而是你想要玩游戏的念头让你不想坐在书桌前。

想要真正通过“游戏化”进行正向自我激励，关键在于整个奖赏机制的设计，是否能够在过程中激发出你的动力。

如何营造多巴胺动机

关于如何营造多巴胺动机，主要有两点，如图 18-6 所示。

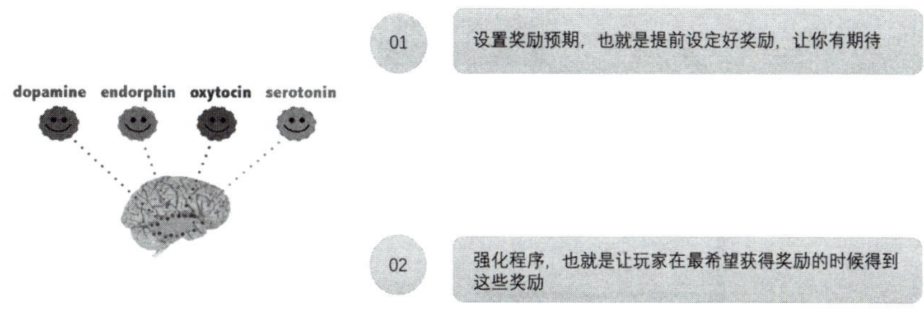

图 18-6 营造多巴胺动机

1. 设置奖励预期

什么是设置奖励预期？如图 18-7 所示。

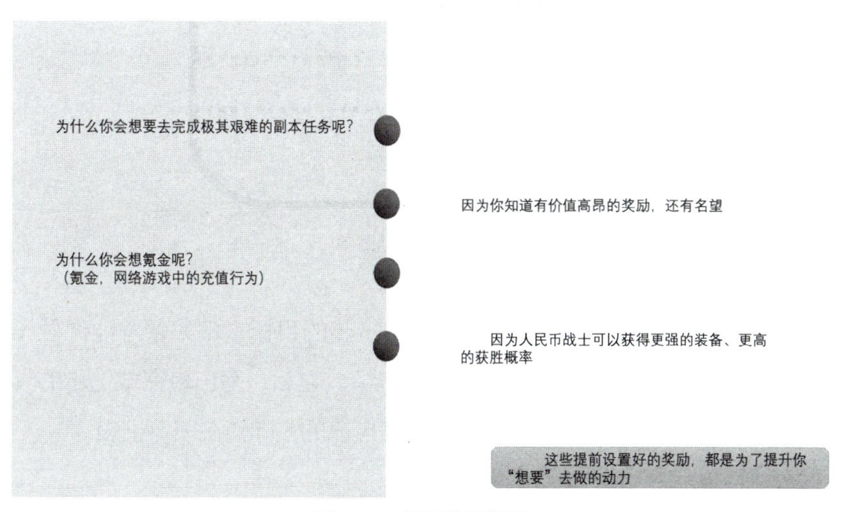

图 18-7 设置奖励预期

那么，在学习与工作中，如何设置奖励预期呢？

（1）列出奖励清单。

将你需要完成的目标拆解为“粉末任务”，每完成一步，设置一项奖励，如图18-8所示。

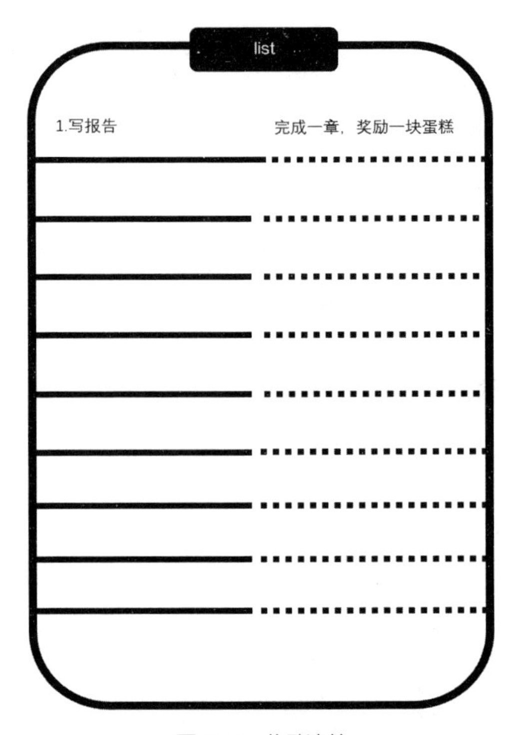

图18-8　奖励清单

在上面这张任务清单中，先写上每一步的目标，例如领导让你做一份工作计划，你将第一步设置为“写报告”。之后，写出每完成一步的具体奖励，例如“一块蛋糕”。请读者根据自己的实际情况填写上表。

（2）通过第三方奖励。

设置奖励预期有一个最大的问题，就是在这套自我激励系统中，你

既是运动员，又是裁判，对于意志力较差的人来说，很容易沦为走形式。这时，可以通过第三方奖励的形式来帮助你。第三方制定规则，第三方是裁判，这样所形成的奖励预期更有成就感。例如你想开车，就需要先考驾照；你想去欧洲留学，就需要先通过雅思考试。

在具体应用的过程中，可以邀请家人、好友进行监督，让他们制定规则与奖赏。例如，有些家长在培养孩子财商的时候，会根据考试分数给孩子零用钱，比如成绩比上一次提高 1 分，奖励 100 元，这样的方式就会起到很有效的激励效果。

接下来，根据你目前急需提升效率的目标，邀请第三方参与，并让他们制定规则与奖励。

目标 1：____

第三方：____

规则：____

奖励：____

目标 2：____

第三方：____

规则：____

奖励：____

目标 3：____

第三方：____

规则：____

奖励：____

2. 强化程序

什么是“强化程序”呢？要制造多巴胺动机，光有奖励不够，关键要有一套强化的奖励程序，也就是在什么时候发放奖励。把握好这个时机，才能让玩家知道什么行为能得到想要的奖励，玩家接下来也就会做出游戏设计者想要玩家做出的行为，如图 18-9 所示。

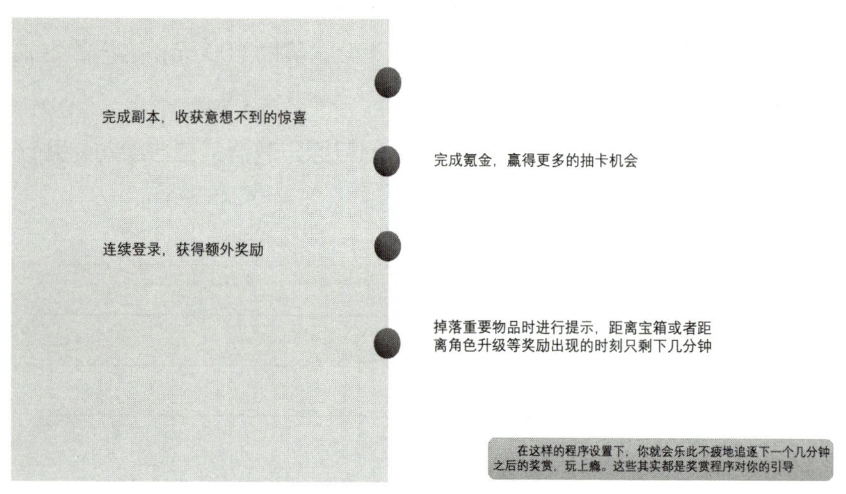

图 18-9　强化程序

那么，“强化程序”在工作中如何运用呢？这里重点指的是奖赏的程序，也就是如何奖励。要注意两点，如图 18-10 所示。

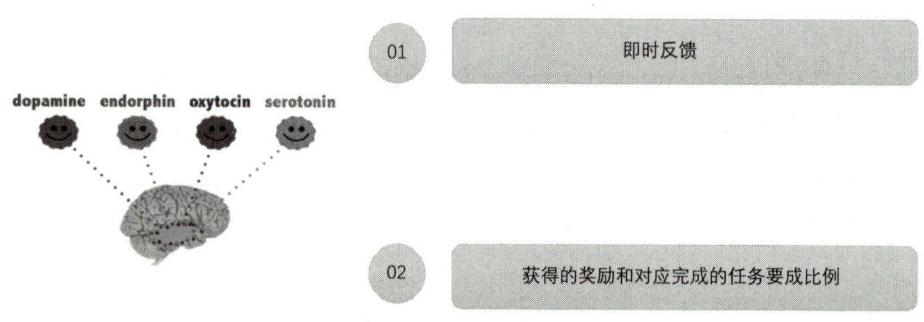

图 18-10　强化程序的运用

（1）关于即时反馈，如图 18-11 所示。

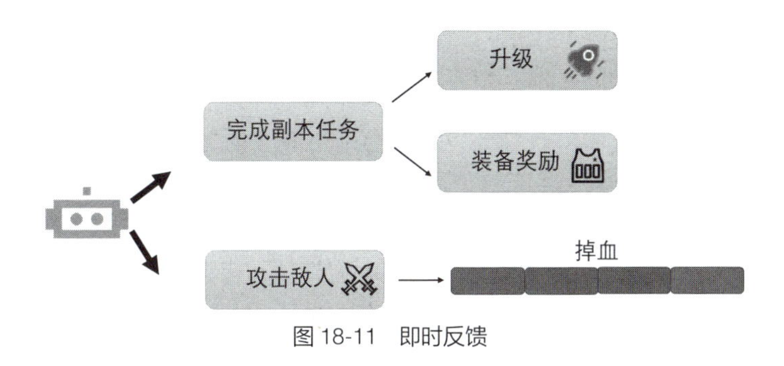

图 18-11　即时反馈

在游戏的强化程序中，你完成了副本任务就会得到升级和装备方面的奖励，攻击对方一下就会显示掉一格血……然而工作、学习方面却不会得到立竿见影的效果，如图 18-12 所示。

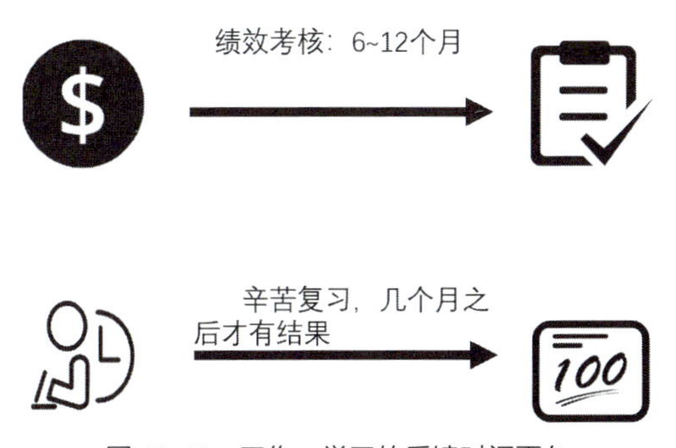

图 18-12　工作、学习的反馈时间更久

关于绩效考核，每家公司都有规定，可能需要半年甚至一年才有结果；准备一场考试，从开始复习到最终得到结果，要经过几个月的时间。对大脑来说，这些都是一种煎熬，很难制造出多巴胺动机。

所以，在学习和工作中，我们需要给自己制造快速反馈，具体如何应用呢？除了前面提到的提前设置奖励预期，还可以通过设置任务进度条的方式。

确定任务所需时间，如图 18-13 所示。

图 18-13　任务进度条

例如你的目标是设计课程，设计好该任务所需时间，比如一共 6 天，将每一天的任务填入进度条。每完成一项就划掉一段，时刻让自己看到进度条。

如果未能完成当天的任务，就在进度格打“×”，将任务移动到下一个进度格，并更改颜色，用来提示自己紧急程度，如图 18-14 所示。

图 18-14　任务进度条

奖赏不一定必须与物质奖励挂钩，时刻在前进的进度条，就跟游戏中的积分和等级一样，也是奖赏程序的一部分。

（2）获得的奖励和对应完成的任务要成比例。

奖励与任务完成度一定要成比例，如图 18-15 所示。

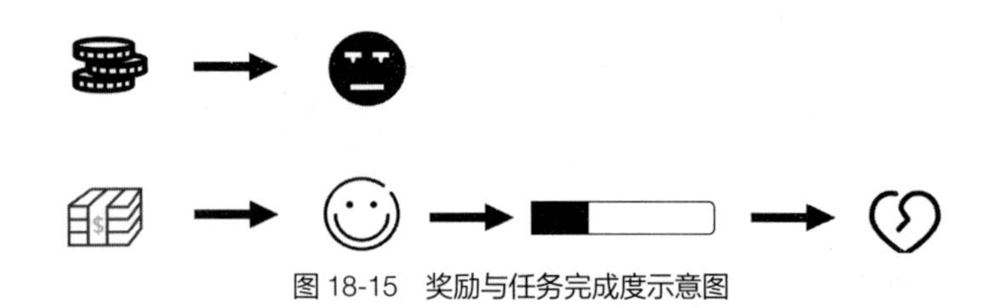

图 18-15　奖励与任务完成度示意图

奖励过小，起不到激励作用；奖励太多，完成的任务却太少，又违背了激励自己干活的初衷。设想一下，要是你累死累活两个星期完成了

一个项目，你就只奖励自己刷五分钟微博，那么该奖励的效果就微乎其微，跟没有一样；另外，如果你答应自己读5页书，就可以追5集电视剧，那么估计没几天剧追完了，书才读完第一章。

为了避免此类情况，在匹配的时候，对任务和奖励的衡量采用不同的方法。

什么意思呢？对于任务，我们要用完成的量来衡量，比如看多少页书，减掉多少厘米腰围；而对于奖励，我们用花在这件事情上的时间来做单位，比如看几分钟剧，打多久游戏。

举例说明，如图18-16所示。

这样做是为了防止你钻自己的空子，因为如果反过来用时间定任务，用数量定奖励，很可能出现做正经事的时候磨洋工，耗到时间就丢掉工作找奖励；又或者是在享受奖励的时候一发不可收，两把游戏打了三四个小时。

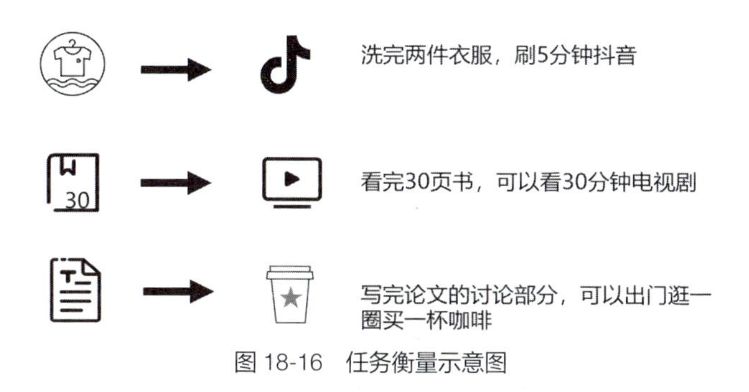

图18-16 任务衡量示意图

例如读书30分钟，奖励自己看一集美剧，那么30分钟你可能只看了两页书，甚至一点也没看进去，只等着耗过30分钟赶紧去看美剧。

【今日训练营任务】

挑选目前困扰你的三项任务，根据今天所学内容，给每项任务设计相应的奖励机制，并分析设计理由。

任务1：____

奖励机制：______________________________________

为什么这样设计：__________________________________

任务2：____

奖励机制：______________________________________

为什么这样设计：__________________________________

任务3：____

奖励机制：______________________________________

为什么这样设计：__________________________________

【阅读盲盒】

读书变现：拆书稿

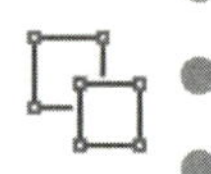

拆书稿难度较大，需要一定的系统学习才能胜任。拆书稿主要针对没时间或不喜欢读书的人群，通过将一本书拆分为若干文章，可以在短时间内了解本书精华，市场需求较大，因此稿费也相对较高。

感兴趣的读者可以具体了解，并在积累一定经验之后进行尝试。

变现平台：微信读书、喜马拉雅、蜻蜓FM……

第十九天

自我突破：走出舒适区，有挑战才有心流

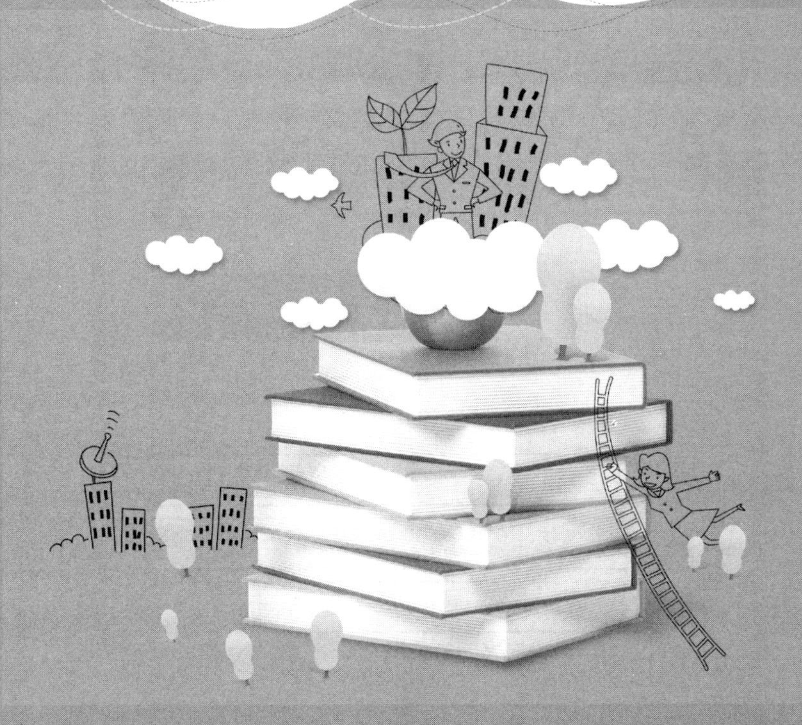

【知识卡片】

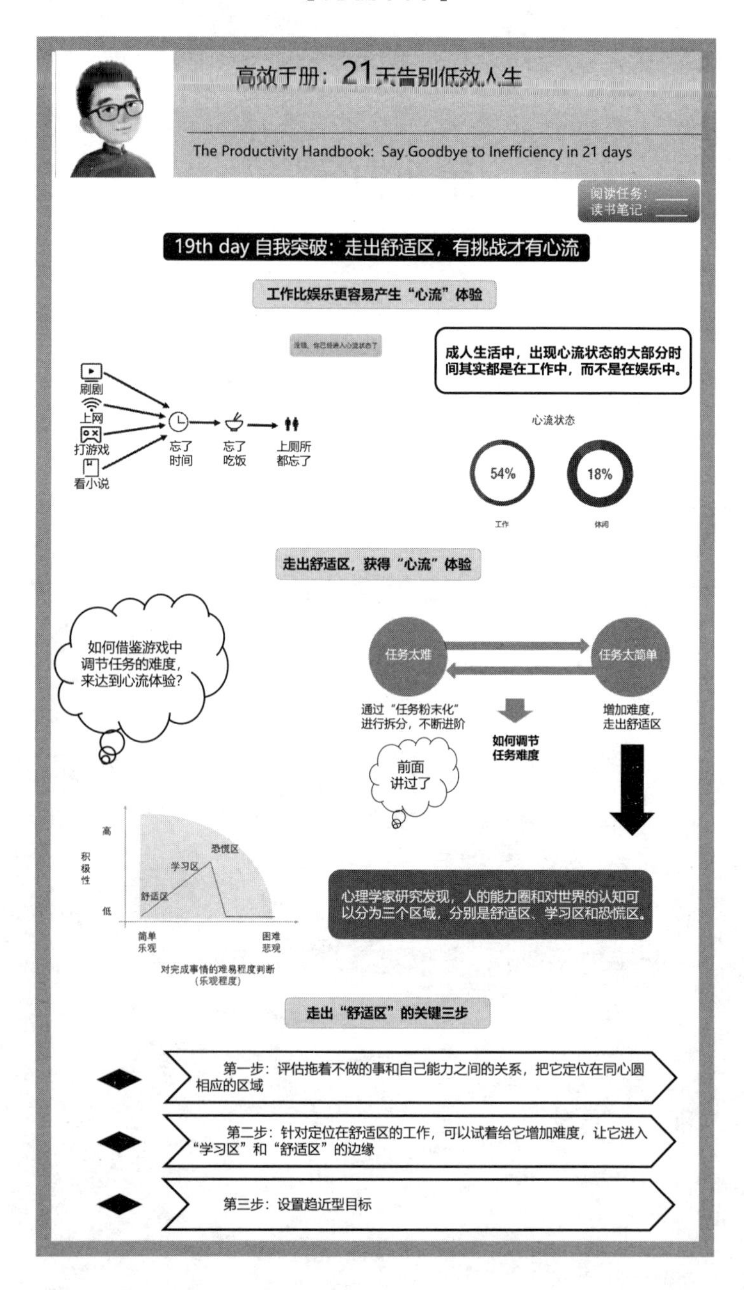
高效手册：21天告别低效人生
The Productivity Handbook: Say Goodbye to Inefficiency in 21 days
阅读任务：
读书笔记：
19th day 自我突破：走出舒适区，有挑战才有心流
工作比娱乐更容易产生“心流”体验
成人生活中，出现心流状态的大部分时间其实都是在工作中，而不是在娱乐中。
刷剧
上网
打游戏
看小说
忘了时间
忘了吃饭
上厕所都忘了
心流状态
54%
18%
工作
休闲
走出舒适区，获得“心流”体验
如何借鉴游戏中调节任务的难度，来达到心流体验？
任务太难
任务太简单
通过“任务粉末化”进行拆分，不断进阶
如何调节任务难度
增加难度，走出舒适区
前面讲过了
高
积极性
低
恐慌区
学习区
舒适区
简单乐观
困难悲观
对完成事情的难易程度判断（乐观程度）
心理学家研究发现，人的能力圈和对世界的认知可以分为三个区域，分别是舒适区、学习区和恐慌区。
走出“舒适区”的关键三步
第一步：评估拖着不做的事和自己能力之间的关系，把它定位在同心圆相应的区域
第二步：针对定位在舒适区的工作，可以试着给它增加难度，让它进入“学习区”和“舒适区”的边缘
第三步：设置趋近型目标

工作比娱乐更容易产生“心流”体验

在工作、学习过程中，那些让你拖延、导致效率低下的事情，往往也会让你感觉不舒服，要么让你觉得无聊，要么让你觉得焦虑。实际上，这是一个任务难度的问题。如果任务太简单，你就会觉得无聊；如果任务太难，你就会感到焦虑。

游戏的设计，恰恰就是通过调节难度，让你面临的任务不会过于简单，也不会过于复杂。在这样既不无聊也不焦虑的情况下，你就比较容易进入一种全神贯注、沉浸其中的心理状态，也就是“心流”状态。

现实生活中的心流状态如图 19-1 所示。

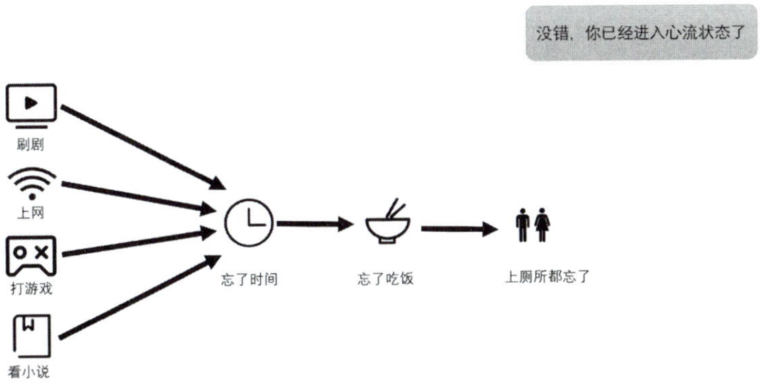

没错，你已经进入心流状态了

刷剧

上网

打游戏

看小说

忘了时间

忘了吃饭

上厕所都忘了

图 19-1　现实生活中的心流状态

你有没有过上述体验？如果你忘记了一切，就说明已经处于心流状态中了。“心流”这个概念，是由心理学家米哈里·契克森米哈赖提出的，他被称为“积极心理学的奠基人”。积极心理学的重要之处在于，它把心理学从关注人类心理的消极方面，转向了关注积极方面和幸福感。“心流”

就是在这样的背景下产生的。

你可能会想："打游戏确实能够让我忘记时间，有进入'心流'的幸福感，可是工作不一样啊，工作只会让我感到压力，每个周末过完要面对周一的夜晚都让我感到焦虑，我只想拖着。"

但是米哈里的研究发现，在成人生活中，出现心流状态的大部分时间其实都是在工作中，而不是在娱乐中，心流状态百分比如图19-2所示。

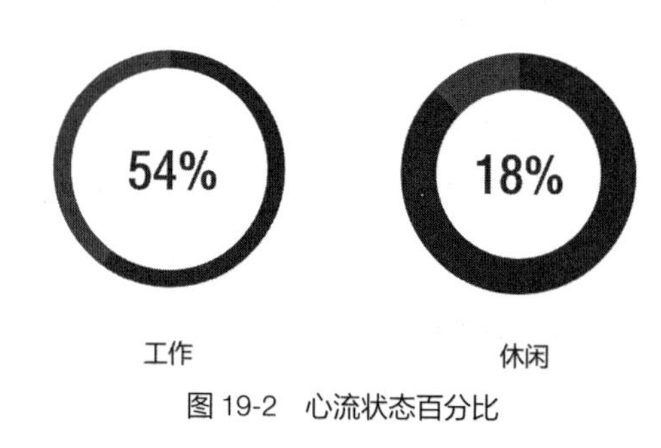

图19-2　心流状态百分比

这是因为工作其实和游戏很像，有目标（销售业绩）、有规则（规章制度）、有反馈（领导的评价）、有奖赏（工资奖金）。

要进入心流状态，我们只需要调整状态，也就是让工作难度和能力匹配，具备一定的挑战性，而你又需要集中精神来应对，这时就很容易产生心流状态。

走出舒适区，获得"心流"体验

如何在工作中达到心流状态呢？前面说了，它背后的心理机制是调节任务的难度，当你不会觉得焦虑或无聊的时候，就能够不想结果、关注当下，体验过程的快乐。

至于如何调节任务的难度，分为两种情况，如图 19-3 所示。

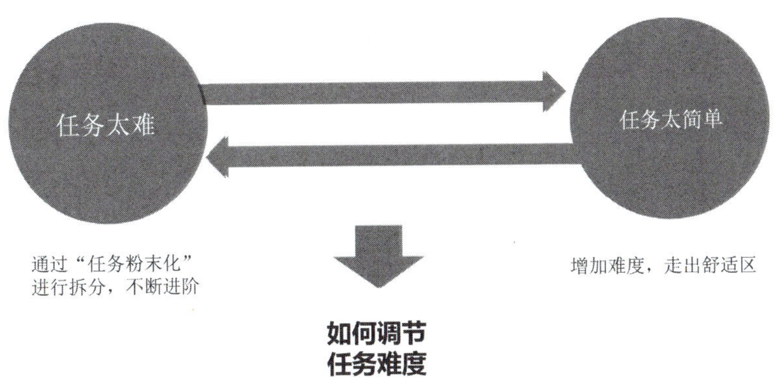

图 19-3　调节任务难度的方法

针对任务太难的情况，前面已经讲过具体解决方法，就是通过拆分任务实现不断进阶；今天主要讲解任务太简单的解决方法，也就是增加任务难度，走出舒适区。

不知道你身边有没有这样的同事：工作年头不短，日常工作也算兢兢业业、井井有条，但他永远在重复做一些基础工作，甚至连接电话、传文件、复印、扫描、发快递这种职场新人式的工作也还是交给他做。有的时候领导给他压压担子，稍微增加点难度，比如组织会议、策划展览，他就开始抱怨，做得匆匆忙忙，最终完成的效果也不好。

那么，究竟为什么会导致这样的情况呢？这是因为他平时都在做基础工作，并不能激发他对工作的热情，整个人已经处于懈怠状态。换句话说，就是闲废了，所以当有机会突破舒适区的时候，他往往不敢迈出那一步。

这样的人往往是效率最低的，而那些工作中永远很忙碌、敢于面对挑战的人，反而工作效率高、热情也高，相应地，获得的各种机会也多。想要改变人生，就要努力成为后者，而不是前者。

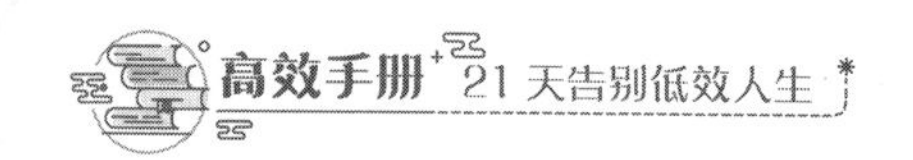

美国心理学家诺尔·迪奇经过研究发现，人的能力圈和对世界的认知可以分为三个区域，分别是舒适区、学习区和恐慌区。这三个区域可以用同心圆的方式形象地表示出来，如图 19-4 所示。

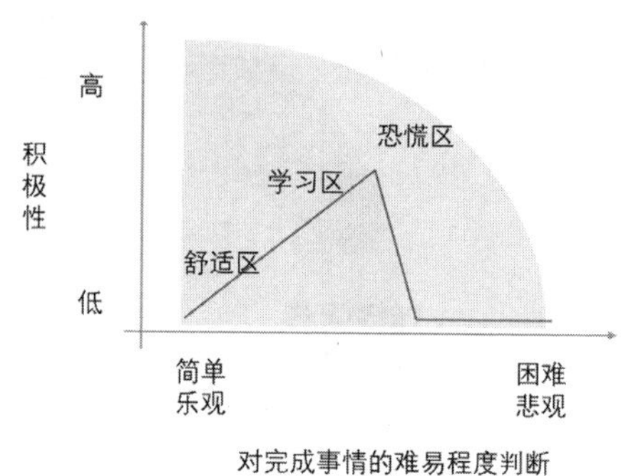

图 19-4　能力圈与认知示意图

三个区域的具体解释如图 19-5 所示。

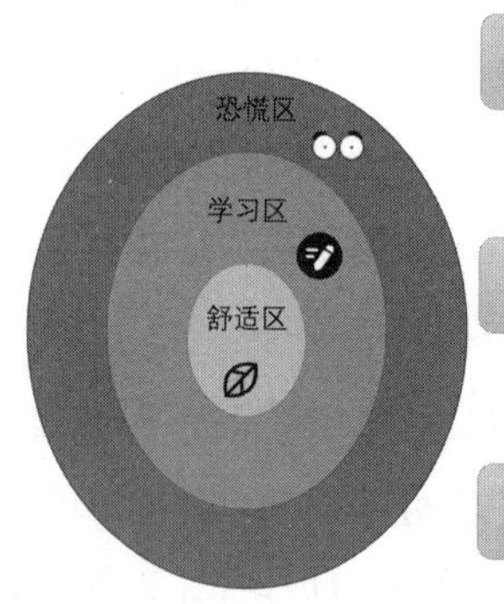

恐慌区
学习区
舒适区
舒适区指的是你对这个范围内的人和事都非常熟悉，有把握保持稳定的表现。待在舒适区，你会感到放松，焦虑也会降到最低，但是长期在舒适区，就只有重复没有挑战。也就是我们说的，会因为无聊而拖延。
舒适区外的“学习区”指的是对你来说有一定挑战，因此会感到有些不适，但是不至于太难受。
“恐慌区”指的是超出你能力范围太多的知识或者任务，你会感到严重焦虑、恐惧，甚至可能崩溃、放弃。也就是我们说的，因为太难而拖延。

图 19-5　三个区域的定义

举例说明，对于一个女强人来说，她熟悉的工作就是她的舒适区。当她选择作为全职妈妈回归家庭，那么下厨房、做家务这些事，可能一开始对于她来说是学习区，可是经过 1 ～ 2 年，等她习惯了家庭生活，

很久没有应酬、交际，想要重返职场，发现工作已经发生了巨大变化的时候，可能就变成家庭生活是“舒适区”，新的工作岗位是“学习区”甚至“恐慌区”，就会感到压力。

那么，最理想的状态是怎样的呢？如图 19-6 所示。

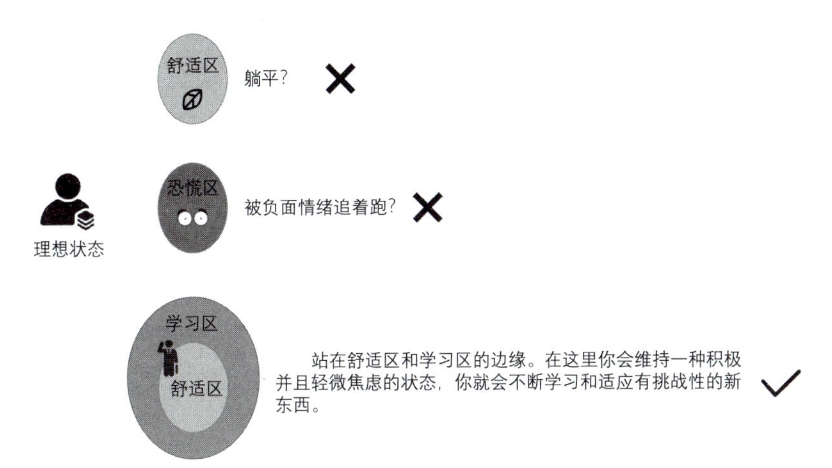

图 19-6　理想状态

不是躺在舒适区，也不是站在“恐慌区”，而是站在舒适区和学习区的边缘，我们称该区域为“最优焦虑区”。在这个区域，你可以保持最佳的创造力和工作表现，如图 19-7 所示。

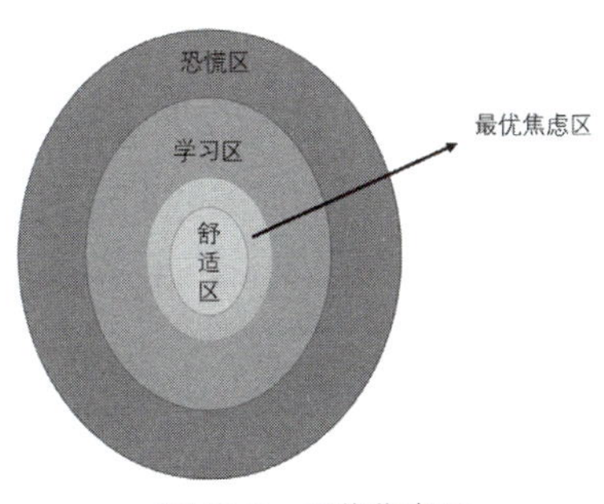

图 19-7　最优焦虑区

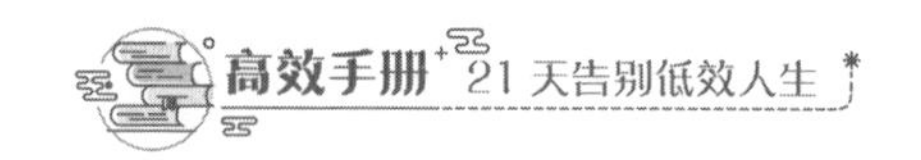

走出“舒适区”的关键三步

为了告别低效人生，我们就要设法走出“舒适区”，但又要避免一下跳得太远，进入“恐慌区”。因此，你需要按照下面三个步骤进行，如图19-8所示。

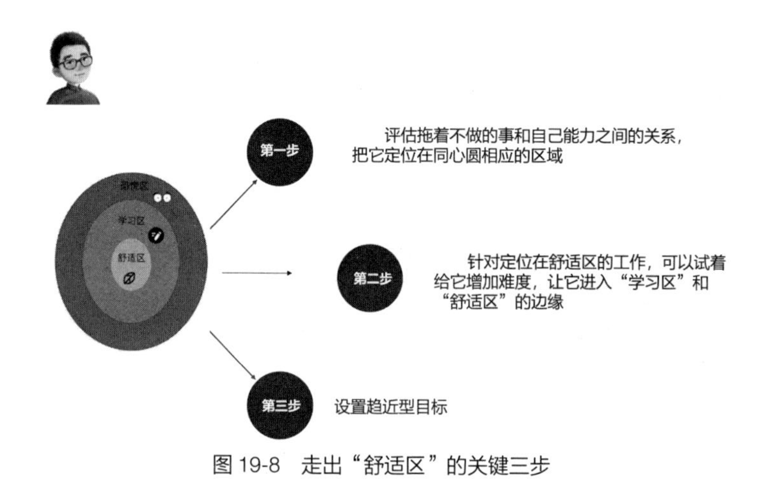

图19-8 走出“舒适区”的关键三步

第一步：评估拖着不做的事和自己能力之间的关系，把它定位在同心圆相应的区域

舒适区内的拖延，根源就在于内心深处认为该任务的价值感太低，解决方法就是为工作赋予价值，第十三天的训练中已经讲过。同时提醒自己，不要因为信心满满就迟迟不动，因为工作中有无数的不确定性，随时可能有新情况打乱你的节奏。如果不能安排好时间节奏，很可能在日常小事中翻船。

恐慌区内的拖延，根源在于你不确定自己能否完成，对工作的过程

和结果充满了怀疑和焦虑，所以不敢做——同样是第十三天所讲的内容，源于对自己期待低。这时候你应该搞清楚恐慌的原因，就不容易陷在这样的负面情绪里，解药也就有了一半。

一般来说，那些能让我们恐惧的工作通常都比较复杂，你要做的就是把任务拆分，先把擅长的部分完成，等进行到真正恐惧的部分，发现任务已经完成大半，自然就没那么可怕了。

第二步：针对定位在舒适区的工作，可以试着给它增加难度，让它进入“学习区”和“舒适区”的边缘

增加难度之后，对你来说任务就会具备一定的挑战了，如图 19-9 所示。以我来说，我特别讨厌写报告，它对于我来说是一个在舒适区的任务，但是作为常规性的报告太无聊，就是不想做。有一段时间我需要频繁地出差，而我又特别讨厌在机场候机，于是，我就想到把这两件事结合起来，在候机的时候写报告。

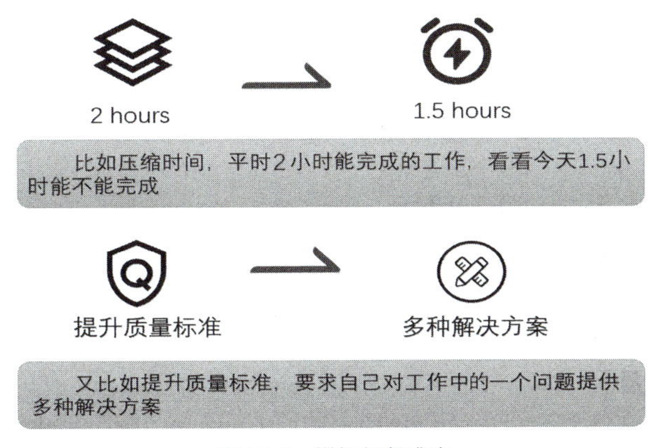

图 19-9　增加任务难度

这样一下子就能用一半的时间完成两件事，同时由于候机大厅会有一些嘈杂和干扰，我平时都习惯在绝对安静的环境下工作，这样还能考验我是否能在吵闹的环境下集中注意力，完成让自己满意的工作量。你看，这对于我来说就变成了一件舒适区之外的事，是我给自己制造的挑战。

这里额外提醒两点，如图 19-10 所示。

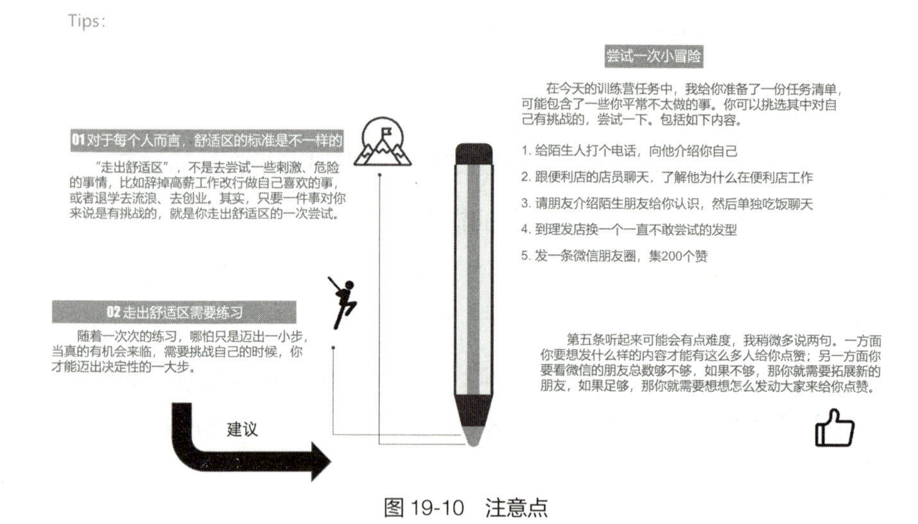

图 19-10　注意点

完成了小冒险之后，我想你很快就会发现，迈出舒适区也没那么可怕。

第三步：设置趋近型目标

突破舒适区不是一件简单的事，如果经过前面两步之后，你还是不敢行动，可以尝试下面的方法，以此强化你的动机，如图 19-11 所示。

美国心理学家约翰·威廉·阿特金森将这两种不同方向的表达方式称为“趋近型目标”和“回避型目标”。趋近型目标指的是那些暗示成功的目标；回避型目标指的是暗示我们要避免失败的目标。你要给自己设定的，是暗示成功的“趋近型目标”。

把你要做的有挑战的事，表述成你想达到的成就，而不是你想避免的失败。

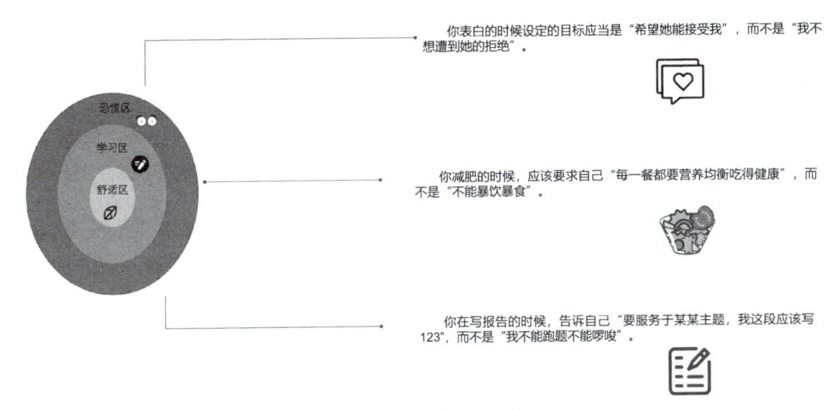

图 19-11　强化动机的方法

这样做的道理其实很简单，当我告诉你：别想一头大象，你会想什么呢？是不是在想一头大象？如图 19-12 所示。

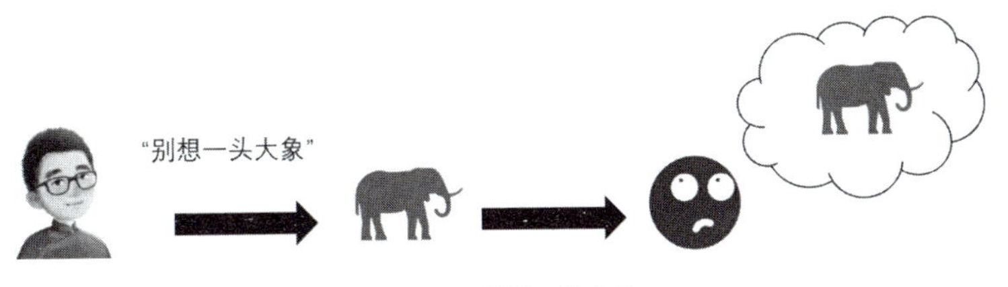

图 19-12　别想一头大象

所以当你已经做好准备要挑战自己的时候，你应该提醒自己的是正向的成功和努力方向，而不是可能的失败。这样可以大大加强突破舒适区的心理暗示。

Tips：关于“回避型目标”和“趋近型目标”的对比见表 19-1。

表19-1 对比

编号	回避型目标	趋近型目标
1	不要大吵大闹	保持安静
2	不要熬夜	早点休息
3	不要消磨时间	列出重要的事情，然后逐一完成
4	不能碰糖、奶茶、巧克力……各种甜品	一日三餐膳食均衡
5	不要忍受一段没有结果的关系	看到不同，勇于改变
6	不要抱怨老板、同事、合作方	找到问题积极应对，努力寻找合作的可能
	……	……

应该说，挑战舒适区是每个人一生都要面对的问题。舒适区的可怕就在于太舒适，舒适到你意识不到问题的存在，甚至意识不到自己因此而拖延，陷入低效状态。

嫌弃工作乏味、收入低，可找工作也很麻烦，就耗了下去；接触越久越觉得男朋友不合适，可找一个更好的也难，就这么凑合了。希望今天这节课后，你可以不被限定在舒适圈里，开启更广阔的道路，不留遗憾。

【今日训练营任务】

在前面的小冒险中，我已经列出了一份由简到难的任务清单，你可以挑选对你有挑战的任务进行尝试。如果其中的5个任务对你来说太难了，你也可以根据自己的实际情况，按照由简到难的规则自行设计任务。

任务1：____________________

任务2：____________________

任务3：____________________

任务4：____________________

任务5：____________________

【阅读盲盒】

读书变现：有声书

将本书内容录制为有声读物，投放到各大平台进行变现。如果你的声音很好听，还可以考虑成为有声书主播。

变现平台：千聊、知乎、荔枝FM、喜马拉雅、腾讯课堂……

第二十天

时间管理：打破“时间错觉”，建立良好的时间观

【知识卡片】

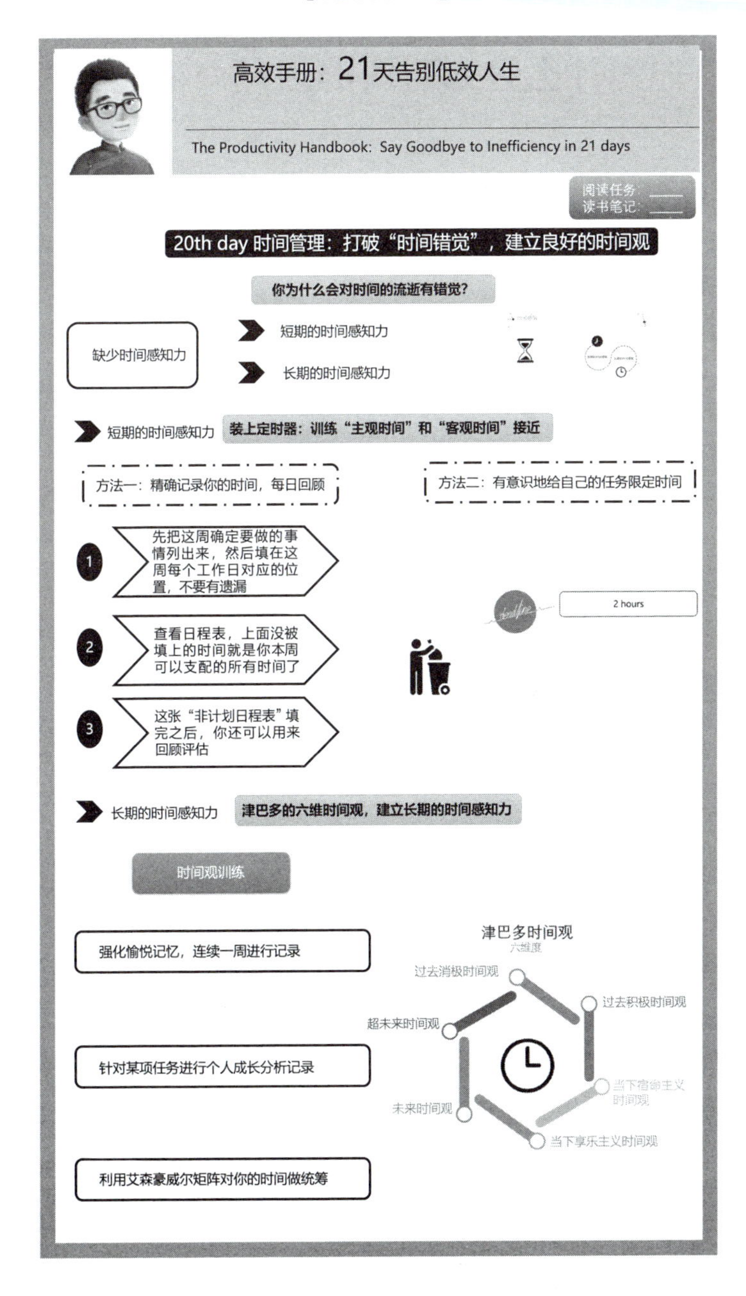
高效手册：21天告别低效人生
The Productivity Handbook: Say Goodbye to Inefficiency in 21 days
阅读任务：
读书笔记：
20th day 时间管理：打破“时间错觉”，建立良好的时间观
你为什么会对时间的流逝有错觉？
缺少时间感知力
短期的时间感知力
长期的时间感知力
短期的时间感知力
装上定时器：训练“主观时间”和“客观时间”接近
方法一：精确记录你的时间，每日回顾
方法二：有意识地给自己的任务限定时间
1
先把这周确定要做的事情列出来，然后填在这周每个工作日对应的位置，不要有遗漏
2
查看日程表，上面没被填上的时间就是你本周可以支配的所有时间了
3
这张“非计划日程表”填完之后，你还可以用来回顾评估
2 hours
长期的时间感知力
津巴多的六维时间观，建立长期的时间感知力
时间观训练
强化愉悦记忆，连续一周进行记录
针对某项任务进行个人成长分析记录
利用艾森豪威尔矩阵对你的时间做统筹
津巴多时间观
六维度
过去消极时间观
过去积极时间观
超未来时间观
当下宿命主义时间观
未来时间观
当下享乐主义时间观

你为什么会对时间的流逝有错觉？

在日常学习与工作中，你有没有发现自己对时间的判断其实并不准确？比如，你是不是发现你的空闲时间没有自己想象的那么多，或者那么少？如图 20-1 所示。

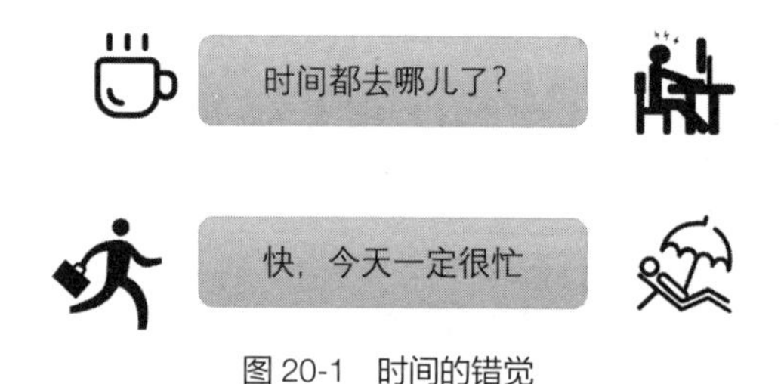

图 20-1　时间的错觉

做计划预计任务时间的时候，是不是和最后实际完成所用的时间差距挺大的？比如预计 1 个小时写完策划，结果写了 3 个小时？如图 20-2 所示。

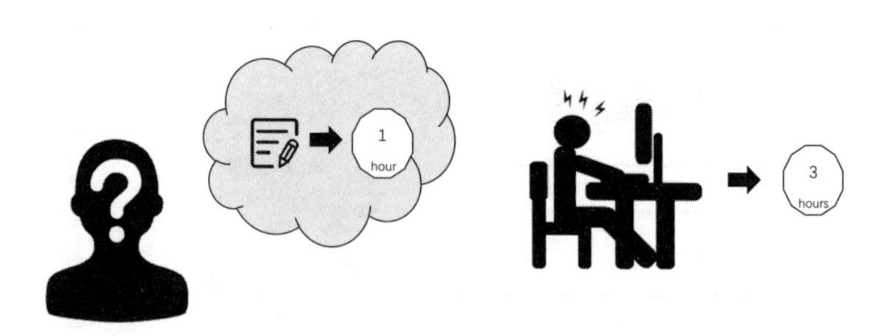

图 20-2　时间的错觉

预计下楼买菜需要 30 分钟，结果路上来回的时间，加上逛菜市场，一共花了 1 小时 30 分钟，如图 20-3 所示。

图 20-3　时间的错觉

这些都是你对时间的感知能力不足带来的问题。很多人学习了各种时间管理方法都没有用，就是这个根本问题没有解决。

一个人对时间的感知能力包含两个方面，如图 20-4 所示。

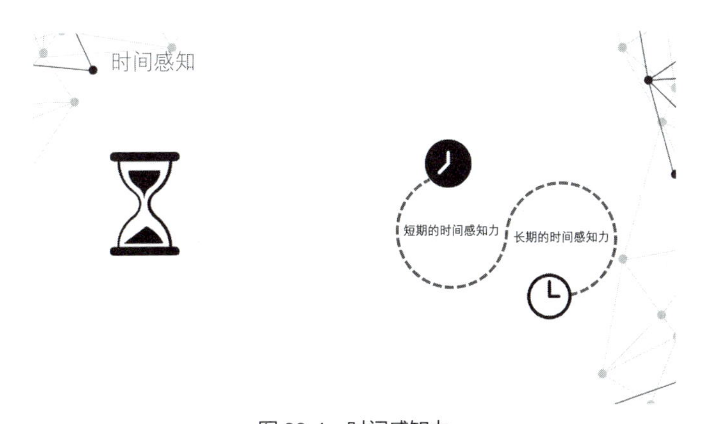

图 20-4　时间感知力

短期的时间感知力，指的是我们能否准确地体会到时间流逝了多少，能不能相对准确地预估自己在某件事情上要花多少时间。

比如前面说的，写一份策划到底需要 1 个小时还是 3 个小时？下楼买菜到底需要半小时还是一个半小时？能够准确预估时间的前提，是要能够相对准确地感知时间的流逝。

很多效率低的人都有过这样的体验，看剧的时候感觉没花多少时间，可是一集、两集……转眼两三个小时就过去了，如图 20-5 所示。

图 20-5　时间的错觉

周末本打算起床，想着就看一眼朋友圈，刷两分钟微博，结果一不留神就到了该吃午饭的时候了，如图 20-6 所示。

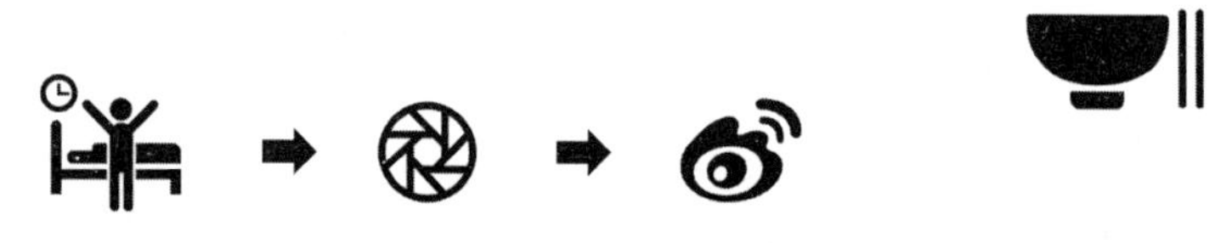

图 20-6　时间的错觉

于是，各种吃惊的表情、惊讶的语录随之而来，如图 20-7 所示。

图 20-7　各种震惊

很多人对时间没概念、容易拖延，就是对时间的流逝无法准确、客观地感知。他们心里对时间的感受和我们平时用来计时的“钟表时间”不一致，而且相差还挺大。

为什么会不一致呢？这是因为人对时间的感知本来就是主观的，做喜欢的事感觉时间过得快，做不喜欢的工作就会觉得时间过得慢。我们不妨把这种主观对时间的感受叫“主观时间”。那客观时间是什么呢？ 1小时是60分钟，1分钟是60秒，嘀嗒一下是1秒，这就是客观时间，也就是我们每天用的“钟表时间”，如图20-8所示。

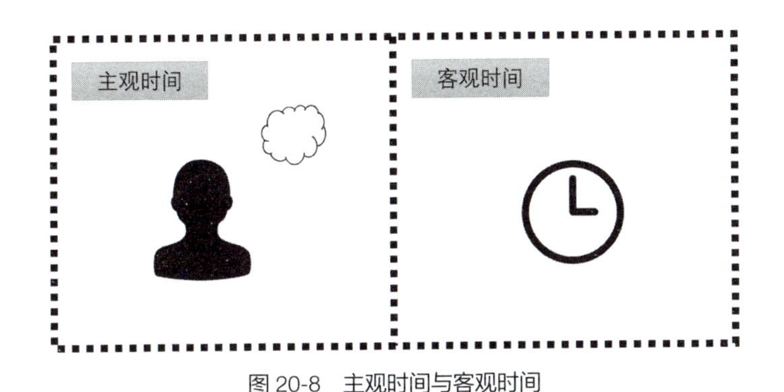

图20-8　主观时间与客观时间

人在对时间进行判断的时候，天然启动的就不是“客观时间”，而是围绕一件事在进行时间判断，比如你潜意识想的不是“23分钟之后，我要去机场”，而是“把房间收拾好之后，我要去机场”，如图20-9所示。

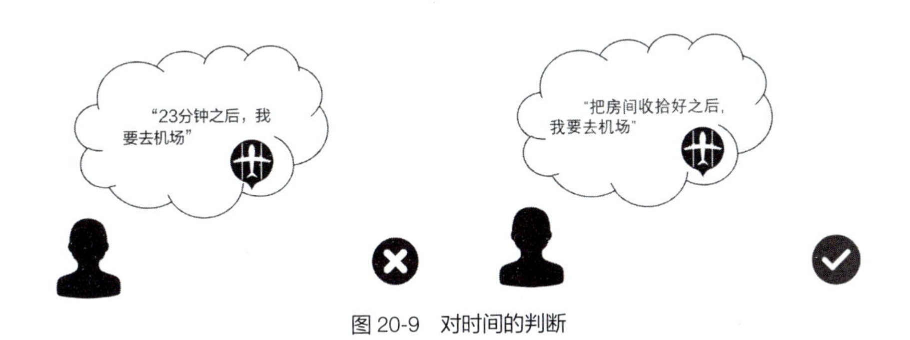

图20-9　对时间的判断

不是“晚饭后我要看32分钟书”，而是“晚饭后我要看一会儿书”。

这些围绕完成一件事需要多少时间的判断又非常主观，所以就出现了我们心里的“主观时间”和客观的“钟表时间”之间的不同，如图 20-10 所示。

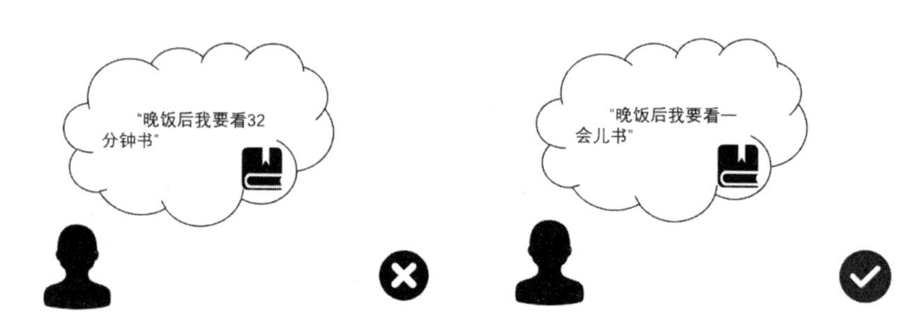

图 20-10　对时间的判断

如果一个人很幸运，心里的“主观时间”和客观的“钟表时间”相差无几，那这个人的时间观念一定很强；而如果一个人心里的“主观时间”和“客观时间”相差较大，还不愿意面对这两者之间的差异，就容易在两者间挣扎，陷入拖延。

装上定时器：训练“主观时间”和“客观时间”接近

通过训练，可以让“主观时间”和“客观时间”尽可能一致。下面介绍两个非常有效的方法。

方法一：精确记录你的时间，每日回顾

如何精确记录时间呢？我推荐使用“非计划日程表”。

非计划日程表是由心理学家尼尔·费奥发明的，它是一张以周为单

位的日程表，注意，不是按天单独计划日程，而是以周为单位进行计划，如表 20-1 所示。这样的好处是，你的时间安排会更全面，更有整体性。

表20-1　非计划日程表

	周一	周二	周三	周四	周五	周六	周日
6:00	洗漱吃早餐	洗漱吃早餐	洗漱吃早餐	洗漱吃早餐	洗漱吃早餐	睡觉	睡觉
7:00							洗漱吃早餐
8:00	通勤	通勤	通勤	通勤	通勤	洗漱吃早餐	
9:00	收发邮件	收发邮件	收发邮件	收发邮件	收发邮件		去超市采购
10:00	周例会		项目A研发	项目C			
11:00		项目A研发		物料清单	项目B会议	看电影	
12:00			甲方会议				
13:00	午休	午休	午休	午休	午休	午休	午休
14:00		沟通	沟通		甲方会议		约朋友
15:00	项目C企划	项目B对接	项目B跟进	项目A会议			
16:00					周总结	大扫除	
17:00							
18:00	晚饭	晚饭	晚饭	晚饭	晚饭	晚饭	看球赛
19:00	通勤	通勤	通勤	通勤	通勤		
20:00	锻炼	追剧	打扫卫生		运动		
21:00					看综艺	看综艺	
22:00	准备洗漱	准备洗漱	准备洗漱	准备洗漱			准备洗漱
23:00	睡觉	睡觉	睡觉	睡觉	睡觉	睡觉	睡觉
0:00	睡觉	睡觉	睡觉	睡觉	睡觉	睡觉	睡觉

非计划日程表和计划日程表的制作不同，它一共分为三步。

第一步，先把这周确定要做的事情列出来，然后填在这周每个工作日对应的位置，不要有遗漏。标注之后，本周日程表上确定会被占用的时间与可以支配的时间就会清晰地显示出来。

第二步，查看日程表，上面没被填上的时间就是你本周可以支配的所有时间了。现在你要做的不是继续在上面安插任务，而是先利用这些可以支配的时间去做能够帮助你完成目标的事。

第三步，这张“非计划日程表”填完之后，你还可以用来回顾评估。因为这张表上都是你做过的事情，你立刻就能更好地了解自己都是怎么安排时间的，你的娱乐和学习的比例是什么样的，你的工作和生活的安排是不是真的平衡，你还可以看看自己在日程安排上可以怎样优化。

接下来，你可以在下面这张非计划日程表中（见表20-2）用“事件—花费时间”的形式详细记录你做每件事的时长。记住，记录的时候一定要精确到分。比如下午写一份策划花了3小时，你不能只写“3小时”，而是要标清楚“15:00开始写，到18:13写完，花费193分钟”。这样精确记录的好处，是能把你对时间的感知锻炼到更小的时间单位，自然对时间的预估也就更准确。

表20-2　非计划日程表

时间	周一	周二	周三	周四	周五	周六	周日
6:00							
7:00							
8:00							
9:00							
10:00							
11:00							
12:00							
13:00							
14:00							
15:00							
16:00							
17:00							
18:00							
19:00							
20:00							
21:00							
22:00							
23:00							
0:00							

这个办法可不是我发明的，前苏联有位昆虫学家叫柳比歇夫，他就对自己进行了这样的训练。柳比歇夫对时间判断的准确度强到即使不看表，也能说出做每件事情花费的时间，精确到分。就像身体里装了一个计时器一样。他说，记录时间这件事要坚持。如果只记录某一天的时间日志是没用的，要记录一周、一个月、一年甚至更久。

如果你希望能培养自己良好的时间感，对时间有更好的安排和利用，

你也要试着坚持记录。刚开始的时候可能会觉得麻烦，但是坚持下去，相信你会有收获。

方法二：有意识地给自己的任务限定时间

你对时间的感知力不足，一个很重要的原因是你做大部分事情的时候，都很少给自己限制时间。举个简单的例子，今天要收拾屋子，一般人都是什么时候收拾完什么时候结束，具体用时并不关心。这就会导致习惯性拖延，什么事都可以慢慢做。

从现在开始你不妨换个方式，今天要收拾屋子了，你觉得两个小时能收拾完，那就打开手机闹钟，游戏化一下。前面说了很多游戏化的方法，这里就可以把收拾屋子当作游戏里的限时任务，给自己定一个两小时的闹钟，然后开始，如图 20-11 所示。

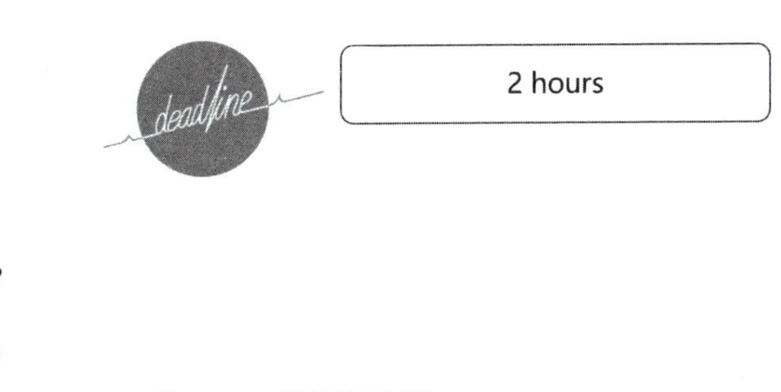

图 20-11　限定任务时间

最后也许闹钟还没响你就收拾完了，那就看看你到底花了多少时间；也许闹钟响了你还没收拾完，那就再给自己一点时间，比如 30 分钟，定个闹钟再来一次，直到你真正收拾完为止。不断重复几次，你就会知道收拾屋子到底需要多少时间。对于其他事情也是同样的道理，多给自己几次有趣的限时任务，你就能很好地把握做各种事情需要的时间了。

津巴多的六维时间观，建立长期的时间感知力

在长期的时间感知力上，如何建立良好的时间观呢？

首先要明确“长期”的概念，并不是指一个月、一个季度这样的时间段。而是一个“大时间”跨度上的概念，包括“过去”“现在”“未来”。也就是心理学家菲利普·津巴多提出的“时间观”。

津巴多教授在一系列的研究后发现，每个人都有“过去”“现在”“未来”不同的时间导向，这些时间导向也就是一个人的时间观，会对他看待生活、工作的角度，以及现实中的行为产生明显的影响。

举例来说，你看着“非计划日程表”上空出的可支配时间，不知道该怎么安排，不知道该怎么用它们去完成工作与生活的规划，可能就是在“未来时间观”的导向上比较弱，不知道如何把未来的目标和期限纳入现在的安排中。

而有些人容易陷入拖延症的焦虑情绪里，甚至陷在过去不好的回忆中，导致现在遇到一些任务宁愿拖着也不想做，可能就是“过去消极的时间观”影响太大了。

具体来说，津巴多把“时间观”分成了六个维度，如图 20-12 所示。

六种时间观分别对应“过去、现在、未来”三个时间段，每个时间段又分成“消极”和“积极”两种态度。

第一组，过去消极时间观和过去积极时间观。过去消极时间观会让你更关注过去发生的不好的事情，勾起你的负面情绪；过去积极时间观则会让你更关注过去美好的回忆，带来积极的影响。

第二组，当下宿命主义时间观和当下享乐主义时间观。前者更偏向消极，后者更偏向积极。当下宿命主义时间观会让你觉得自己不能改变任何事情，也就是现在常说的非常“丧”；相反，当下享乐主义时间观会让你更愿意享受当下。当然，如果积极过头了，过于关注当下的享乐，也会因为不考虑未来而拖延应该做的事。

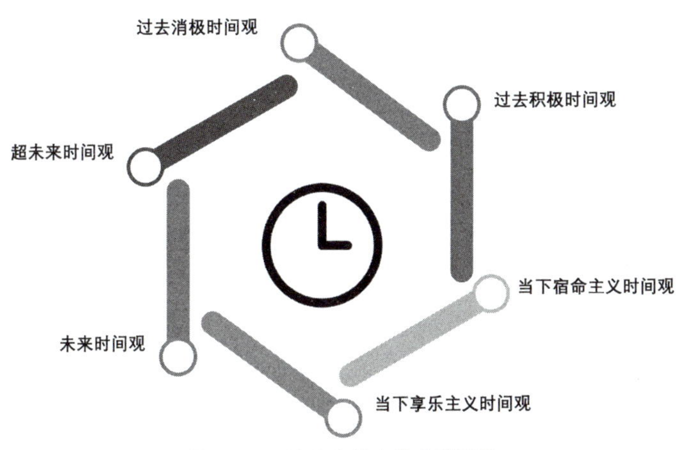

图 20-12　津巴多的六维度时间观

第三组，未来时间观和超未来时间观。有未来时间观的人，更愿意为未来可能面临的各种问题提前做好准备，仔细规划。不过如果未来时间观太强，也可能容易过于焦虑；至于超未来时间观，一般是有宗教信仰的人才会有，因为相信有来世，可以很淡然地看待自己的生活。

根据津巴多等人的研究，每个人的时间观都不是单一的，而是由这六种时间观混合而成。它们就像是六个住在你头脑里的小人，当你做决策的时候，就看它们谁的话语权更大了。

对于一个容易低效率的人来说，可能“过去消极时间观”和“当下宿命主义时间观”的影响更大，也就是说这个人更容易沉浸在过去和现在悲观、焦虑的情绪里；对于一个有规划、更积极、不容易拖延的人来说，“过去积极时间观”“当下享乐主义时间观”和“未来时间观”影响更大，也就是说，这个人更容易想起曾经的成就，相信在这份任务中会有开心的体验，同时更能够为完成任务做好各项准备。

比如，老板交给你一项任务，你做不做？一个低效能者可能会很自然地产生以下几种想法，如图 20-13 所示。

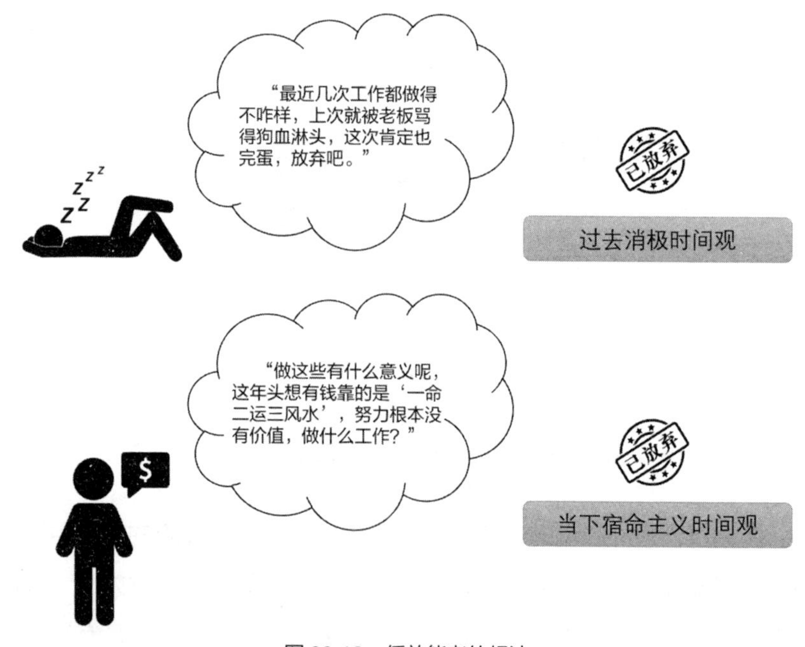

图 20-13　低效能者的想法

如果是一个做事不拖延、高效率的人会怎么想呢？如图 20-14 所示。

在不同时间观的作用下，人们会很自然地产生不同的行为。所以，要想从根源拒绝拖延、低效，就要建立良好的时间观。

那么，具体应该怎么做呢？

首先，针对过去，要尽可能弱化不好的情绪和回忆，强化那些令你愉悦的记忆。你可以每天临睡前记录一个曾经让你感到开心或者感动的瞬间或故事，至少每周翻阅一次。通过这样的方式，强化脑海中的“过去积极时间观”。

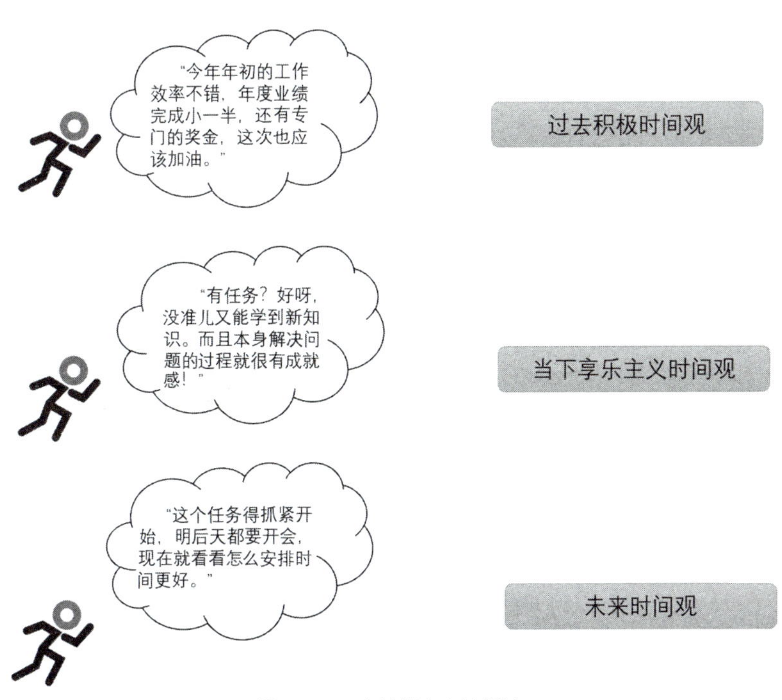

图 20-14　高效能人士的想法

连续一周进行记录练习，强化愉悦的记忆。

周一・曾经让你开心 / 感动的记忆：________________________

周二・曾经让你开心 / 感动的记忆：________________________

周三・曾经让你开心 / 感动的记忆：________________________

周四・曾经让你开心 / 感动的记忆：________________________

周五・曾经让你开心 / 感动的记忆：________________________

周六·曾经让你开心/感动的记忆：________________

周日·曾经让你开心/感动的记忆：________________

其次，针对“现在”这个维度的时间观，你可以多用之前说的“游戏化”和提升专注力的方法。在工作中找到乐趣，实时关注自己的成长，并学会把注意力集中在当下，排除干扰。

针对某项任务进行个人成长分析记录。

具体任务：________________

经验提升：________________

技能提升：________________

人脉提升：________________

效率提升：________________

最后，针对“未来时间观”的强化，你要让自己看见未来该有的样子。利用艾森豪威尔矩阵对你的时间做统筹，那些放在“重要不紧急”这一栏里的事情就是你未来的样子，如图 20-15 所示。

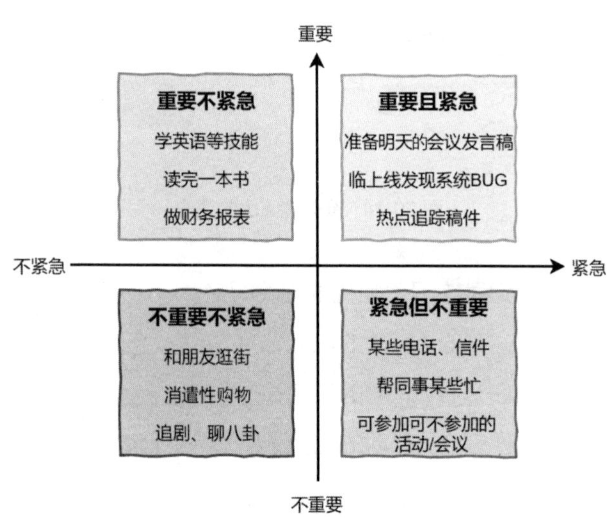

图 20-15　时间统筹

第二象限，重要但不紧急的事，是那些对你来说很重要，但没有明确完成期限，或者完成期限比较久远的事。多把这部分任务纳入你的时间规划，多想想怎么更快地完成它们，就是在强化你的“未来时间观”导向。

此处，虽然“过去积极时间观”“当下享乐主义时间观”和“未来时间观”更能帮助我们提升效率、达成目标，但另外三个时间观也并非一无是处。比如“过去消极时间观”能让我们铭记犯下的错误，吸取教训；“当下宿命主义时间观”能让我们更坦然地面对失败；“超未来时间观”能在一定程度上帮我们缓解压力。

我们要做的是在这六种时间观里寻找平衡和偏重，这样才能让我们既高效又不至于生活得像机器。

【今日训练营任务】

以下是津巴多时间知觉量表（ZTPI），测一测你的时间观导向，用今天学到的方法来调整你的时间观。

注意：极不符合 =1；不符合 =2；中间状态 =3；符合 =4；极为符合 =5。

___（1）我相信和朋友一起参加聚会是生活中重要的乐趣之一。

___（2）和童年相似的情景、声音、味道经常使我回忆起一系列美好往事。

___（3）命运决定了我人生中很多事。

___（4）我经常想起生命中有些事我本该做的不一样。

___（5）我的决定在很大程度上受到周围的人和事的影响。

___（6）我相信人的一天应该在每天早上就提前计划好。

___（7）回想我的过去令我愉悦。

___（8）我做事冲动。

___（9）即使事情不能按时做完，我也不担心。

___（10）当我想完成某件事时我会设定一些目标，并考虑如何通过具体的方法达成那些目标。

___（11）总的来说，在我的过去，美好回忆比糟糕回忆多得多。

___（12）听我最喜欢的音乐时，我经常忘了时间。

___（13）赶完明天截止的任务，还要完成其他必要的工作，优先于看今晚的演出。

___（14）该来的总是会来，所以我做什么其实不重要。

___（15）我喜欢那些描述“美好旧时光”里一切都是怎么样的故事。

___（16）过去痛苦的经历经常在我脑海里重现。

___（17）我试着让我的生活尽量充实，过一天算一天。

___（18）自己赴约迟到会让我觉得沮丧不安。

___（19）理想地说，我想把每天当作生命中的最后一天来过。

___（20）我很容易想起曾经快乐的时光和美好的回忆。

___（21）我按时履行对朋友或领导的承诺。

___（22）过去我受到的侮辱和拒绝都是应得的。

___（23）我会一时冲动做出决定。

___（24）我顺其自然地度日，而不是试着计划它。

___（25）过去有太多不愉快的回忆了，我宁愿不回想。

___（26）在我生活里找刺激是重要的。

___（27）我在过去犯了错误，要是可以撤销就好了。

___（28）我觉得享受正在做的事比按时完成工作更重要。

___（29）我怀念我的童年。

___（30）做决定之前，我会衡量得失。

___（31）冒险让我的生活不会无聊。

___（32）对我来说，享受人生旅程比只关注目的地更重要。

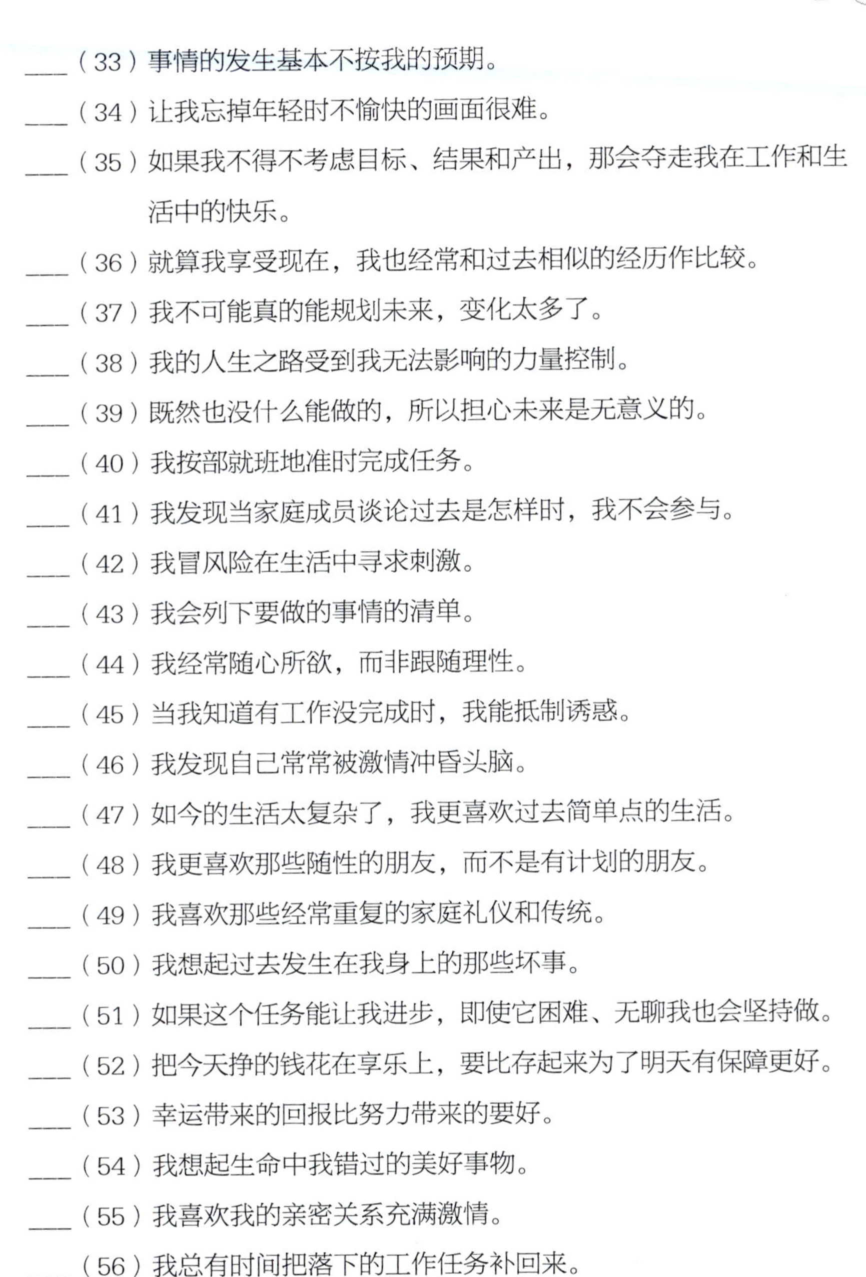

___（33）事情的发生基本不按我的预期。

___（34）让我忘掉年轻时不愉快的画面很难。

___（35）如果我不得不考虑目标、结果和产出，那会夺走我在工作和生活中的快乐。

___（36）就算我享受现在，我也经常和过去相似的经历作比较。

___（37）我不可能真的能规划未来，变化太多了。

___（38）我的人生之路受到我无法影响的力量控制。

___（39）既然也没什么能做的，所以担心未来是无意义的。

___（40）我按部就班地准时完成任务。

___（41）我发现当家庭成员谈论过去是怎样时，我不会参与。

___（42）我冒风险在生活中寻求刺激。

___（43）我会列下要做的事情的清单。

___（44）我经常随心所欲，而非跟随理性。

___（45）当我知道有工作没完成时，我能抵制诱惑。

___（46）我发现自己常常被激情冲昏头脑。

___（47）如今的生活太复杂了，我更喜欢过去简单点的生活。

___（48）我更喜欢那些随性的朋友，而不是有计划的朋友。

___（49）我喜欢那些经常重复的家庭礼仪和传统。

___（50）我想起过去发生在我身上的那些坏事。

___（51）如果这个任务能让我进步，即使它困难、无聊我也会坚持做。

___（52）把今天挣的钱花在享乐上，要比存起来为了明天有保障更好。

___（53）幸运带来的回报比努力带来的要好。

___（54）我想起生命中我错过的美好事物。

___（55）我喜欢我的亲密关系充满激情。

___（56）我总有时间把落下的工作任务补回来。

【评分标准】

测验的记分：第9、24、25、41和56题为反向计分题。

1. 过去消极时间观

将第4、5、16、22、27、33、34、36、50和54题的分数相加，然后除以10。

2. 当下享乐主义时间观

将第1、8、12、17、19、23、26、28、31、32、42、44、46、48和55题的分数相加，然后除以15。

3. 未来时间观

将第6、9（转换过的）、10、13、18、21、24（转换过的）、30、40、43、45、51和56（转换过的）题的分数相加，然后除以13。

4. 过去积极时间观

将第2、7、11、15、20、25（转换过的）、29、41（转换过的）和49题的分数相加，然后除以9。

5. 当下宿命主义时间观

将第3、14、35、37、38、39、47、52和53题的分数相加，然后除以9。

【测试结果说明】

按照记分规则计算出分数之后，你可以在表20-3中查看自己的分数在人群中的相对位置，看看自己超过了百分之多少的人。并且可以横向比较自己六个时间观的导向，看看应当如何调整。

比如，如果你测试出来的“过去消极时间观”是3.3分，“过去积极时间观”是3.2分，看似差距不大，但是在整体人群的相应位置，你的

“过去消极时间观”在人群的 30% ～ 40%，“过去积极时间观”在人群 50% 左右。

这意味着你在“过去消极时间观”上处在比大多数人更消极一点的状态，而在“过去积极时间观”上和人群的平均水平一致。所以你可能需要在“过去消极时间观”上做一些调整。

关于怎样调整，津巴多给出了理想时间观的分数，在表格中以深色表现。你可以以此为参考，调整自己的时间观，让自己成为适应性更好的人。

表20-3　测试结果说明

你超过了___%的人	过去消极时间观	过去积极时间观	当下宿命主义时间观	当下享乐主义时间观	未来时间观	超未来时间观
99%	1.4	4.11	1.11	4.65	4.15	1.4
90.00%	2.1	3.67	1.67	4.53	3.85	1.9
80.00%	2.4	3.56	1.89	4.33	3.69	2.5
70.00%	2.6	3.44	2	4.13	3.62	2.9
60.00%	2.8	3.33	2.22	4	3.54	3.2
50.00%	3	3.22	2.33	3.93	3.38	3.4
40.00%	3.2	3.11	2.44	3.8	3.31	3.6
30.00%	3.4	3	2.67	3.67	3.23	3.9
20.00%	3.7	2.78	2.78	3.47	3.08	4.1
10.00%	4	2.56	3.11	3.27	2.85	4.4
1%	4.7	2	3.89	2.67	2.31	4.8

【阅读盲盒】

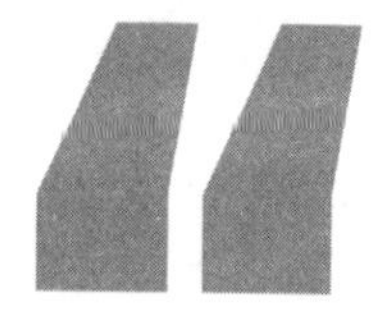

书评变现：打造读书IP

通过自媒体打造读书IP，在多平台积累粉丝，成为读书博主。当粉丝达到一定的量级，就会接到各种合作需求。

变现平台：抖音、快手、知乎、百家号、小红书、今日头条……

第二十一天

寻找伙伴，与高效者为伍

【知识卡片】

高效手册：21天告别低效人生

The Productivity Handbook: Say Goodbye to Inefficiency in 21 days

阅读任务：____
读书笔记：____

21th day 寻找伙伴，与高效者为伍

不同圈子，不同模仿对象

初中的我

高中的我

漫画

漫画

看到理想自我，找到高效动力

- 美国心理学家、人本主义心理学的主要代表人物之一卡尔·罗杰斯通过研究发现，我们对自己的认知分为两个，一个是理想自我，一个是现实自我。
- 拖延的产生，是因为现实自我跟不上理想自我。

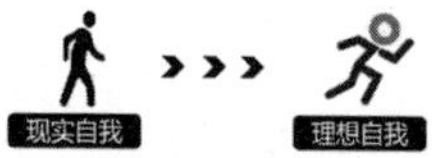

现实自我 ››› 理想自我

找圈子、结对子、减朋友

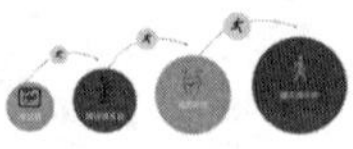

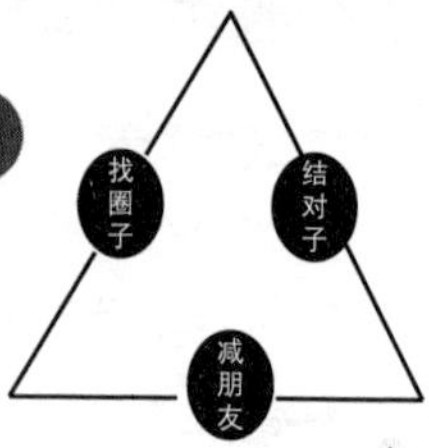

找圈子

结对子

减朋友

最后一天了，今天要分享的是，除了从自身出发以外，你还可以从外部的社群中获得对抗拖延、低效的力量，让别人带着你行动。

社群可以是线上的，也可以是线下的。简单来说，社群就是因为某个原因聚在一起的一群人。比如，公司里一起工作的项目小组，每天一起跳广场舞的阿姨们，网络游戏里几个人组成的小战队，或者是线上听音频学习的微信群。

不同圈子，不同模仿对象

当你想要做一件事的时候，如果能找到志同道合的一群人，会极大地提升行动力与成功的概率。举一个我自己的例子，对我影响最明显的，要数我在初中和高中的两个完全不相同的圈子，如图 21-1 所示。

图 21-1　初、高中对比图

初中的时候，我身边一起玩的小伙伴们普遍都对好好学习没什么兴趣，每天大家聊的要么是正在播的电视剧，要么是哪一款游戏更好玩，甚至会把早上来学校抄作业当成一件非常自豪的事情。可想而知我们这群人的拖延程度，即便晚上回家偶尔想写作业了，转念一想：“兄弟们都不写，我写了多不合群。”于是也就顺理成章地拖着了。

等我升到高中，因为各方面的原因，身边的小伙伴换成了一群学霸，和这群人待在一起的感觉和初中那个圈子就完全不一样了。所有人对学习和写作业好像都有一种执念，不管下课还是放学，只要今天该做的事情没做完，这些人就不会离开座位。甚至连中午吃饭，大家都要比谁吃得快，因为吃得快的人就能更早一点回教室学习，考出好成绩，才有值得夸赞的资本。

在这样的学习氛围里，我每天就像打了鸡血一样，完全没了之前做作业拖拖拉拉的习惯，每天想的都是怎么才能学得更好。

看到理想自我，找到高效动力

为什么一个人所处的社群和圈子能有这么大的魔力呢？美国心理学家阿尔伯特·班杜拉经过大量研究发现：人们大部分的学习不是通过尝试错误进行的，而是通过观察其他人的行为和行为的结果来进行的。意思是说，从广义上讲，人的学习主要是通过模仿他人获得的。我们常说“言传身教”，就是这个道理。

尤其是如果这个圈子里有能成为榜样的人，这种带动的效果会更明显。小时候老师和家长总说“榜样的力量是无穷的”，有一个榜样喜欢看书，你也会在闲时看书；有一个榜样每天高强度地学习、工作，你也会每天高强度地学习、工作；如果榜样取得了好成绩，你也会想取得好成绩。这就是对榜样的行为和行为结果的模仿。

这里说的“榜样”，不一定要特别完美，只要他们身上有你需要学习的地方，能给你带来正向影响就可以。榜样之所以会带动你积极行动，是因为他身上有你希望成为的样子。

美国心理学家、人本主义心理学的主要代表人物之一卡尔·罗杰斯通过研究发现，我们对自己的认知分为两个，一个是理想自我，一个是现实自我。我们讲过，拖延的产生其实是因为你的行动跟不上意愿，也就是你的现实自我跟不上理想自我。顾名思义，就是你实际的情况跟不上你希望成为的样子，如图 21-2 所示。

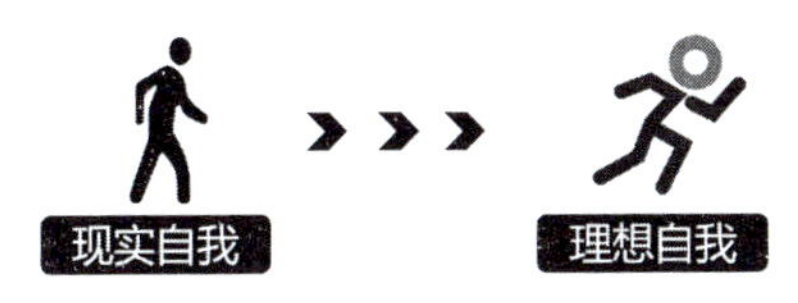

图 21-2　现实追不上理想

再来看看理性自我与现实自我的例子，如图 21-3 所示。

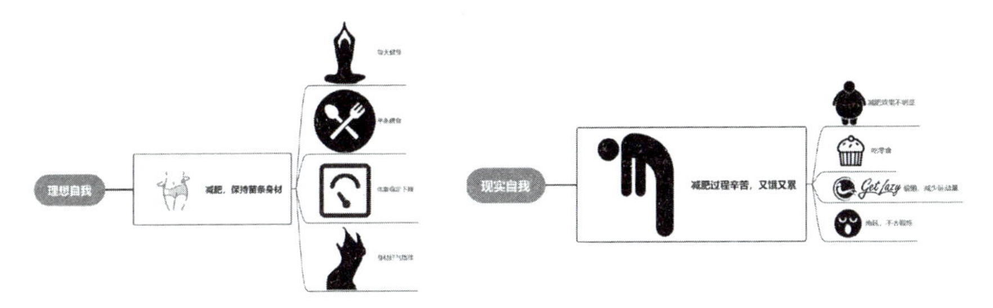

图 21-3　理想自我与现实自我对比图

通常当你这样拖延时，会增强自己对理想自我的想象，比如，一个假期之后再上班，自己就减肥成功了，更有气质、更漂亮，胖子都是潜力股——同时会拉大理想自我与现实自我的差距。随着差距越拉越大，当你发现实际情况很难赶上想象时，就会导致更严重的拖延，甚至放弃。

而在美国社会学家派登的研究中，找到和你做同样事情的圈子，更容易坚持下去。比如大家都减肥，这就会对你起到督促作用；如果这个圈子里还有你可以学习的榜样，其实就是给自己找到一个能看见的追赶目标。当你能切实看到理想自我，让现实自我去追赶他，就更容易拉近两者的距离，不拖延，也更容易带动你向目标前进。

找圈子、结对子、减朋友

如何利用社群、圈子的力量呢？下面介绍三种方法，如图21-4所示。

图21-4　三种方法

1. 找圈子

如果你想学习一项技能、坚持做一件事，比如减肥、学设计、学做饭……你最好能找到一群和你做同样事情的人，并且这些人中最好还有你可以学习的对象，也就是榜样。这样你才能模仿他们，让圈子和榜样的力量带动你。

你可以加入各种圈子，如图 21-5 所示。

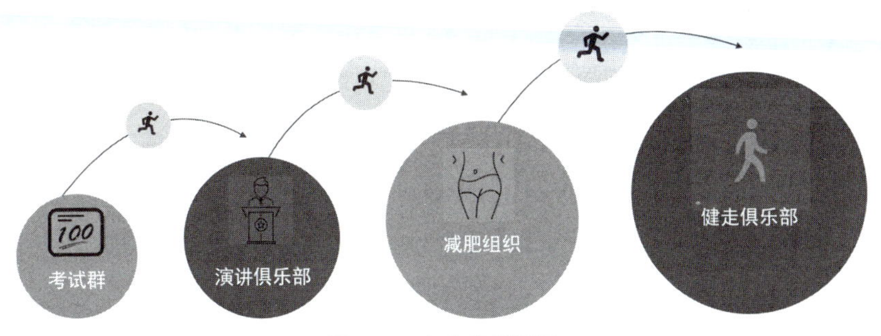

图 21-5 加入各类圈子

我有一个朋友小朱，当时他对自己的工作不满意，想改行学设计。最初，他在家自学，但是发现根本学不进去，买来的 PS 教材始终停留在第一章。于是我建议他先加入几个设计爱好者的交流群。加进去之后，小朱发现群里几乎每天都有人分享各种各样的设计经验和方法，还经常有人将最新的设计成果发到群里。其中有"大神"，也有像小朱一样的初学者。看着一个个跟自己相似的人在努力，看到"大神"们学成之后的设计成果，小朱的动力一下就足了，各种没意义的聚会也不去了，学习进度和效果得到了很大提升。

加入这样的社群和圈子，除了能让你有被别人拉着跑的感觉，还能够得到很多宝贵的建议和资源。在交流中，你的信息不闭塞了，才能够更好地调整学习的方向和进度，远远好过自己一个人闷头学。有道是读万卷书不如行万里路，行万里不如名师指路，不是吗？

另外，一定要记得，要找的是有榜样、高质量的圈子。不要一下加了一大堆线上、线下的社群，每天沉溺于社群里的聊天，或者被超负荷的群信息轰炸，而让正事更加拖延，这就得不偿失了。

刚开始可以多加一些社群，然后经过筛选，留下一到两个最好的即可。

2. 结对子

有时候找到合适的圈子并不容易，或者你也无法时刻让你的“榜样”监督你。那在学习、工作中，你就可以用“结对子”的方法，通过有人陪伴的方式帮助自己持续努力，不拖延。

具体来说，就是找一个或者几个伙伴和你一起做事。他做的事情和你要进行的工作可以完全不相关，重点是你们要在一个空间里一起学习、工作。

别小看这样的方法，“结对子”能帮助我们摆脱拖延，它源于一个心理学概念，叫“平行模仿”，是由美国社会学家派登提出的。

什么是平行模仿呢？如果你仔细观察孩子的行为方式就会发现，孩子在一岁到两岁半的时候都会经历一个阶段，叫作“平行式玩耍”阶段。意思是，孩子们会在一起各自玩自己的玩具，而不是一起玩，甚至相互之间几乎没有交流，但也会玩得很起劲。可是如果你让他一个人玩，他一会儿就不想玩了。

这是因为孩子开始意识到别的孩子的存在，并开始想与他们互动，当孩子们共享一个空间时，他们会观察并模仿对方的动作。这样互不干涉的平行式陪伴，其实能够提升孩子在玩耍中的专注力。

学习或工作也是同样的道理，当你找到一个人或几个人一起工作时，哪怕各做各的事，你们几个人也都更容易保持专注，坚持下去，如图21-6所示。

比如你要进行资格考试了还不想复习，就找个要加班的朋友一起办公，他加他的班，你复习你的考试；你的职业是自由媒体人，早上起不来，怕工作拖延，你就可以去公共办公空间或者创业孵化基地工作；你担心写稿子拖延，可以找一个程序员朋友，他编程，你写稿。

如果你是公司的部门领导，还可以试试把工作效率不那么高的同事换到最勤奋的同事旁边，不是同一部门的也没关系。试一段时间，你会发现原本工作效率不那么高的同事，被勤奋的同事一带，效率也会得到

提升，这就是“结对子”起到的效果。

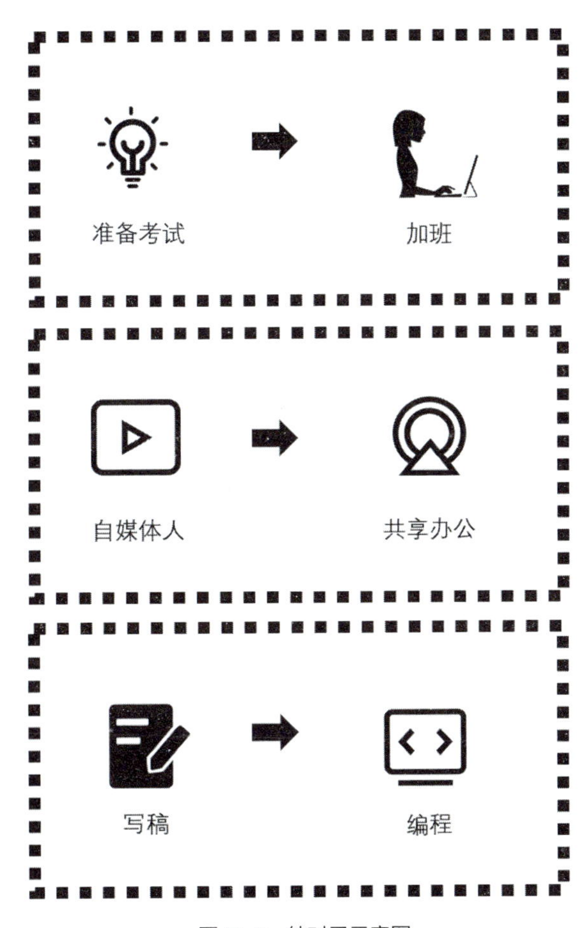

图 21-6　结对子示意图

3. 减朋友

美国杰出的商业哲学家吉米·罗恩提出过一个“密友五次元理论”，说的是你的财富和智慧，是和你亲密交往的 5 个朋友的平均值，如图 21-7 所示。

图 21-7　密友五次元理论

当然，每个人的情况都不太一样，但如果你仔细观察就会发现，我们身边的人很大程度上决定了自己成就的高度，或者至少决定了自己的下限。所以，如果你的效率总是很低，可能有时候需要从你的朋友圈里去掉几个人。

圈子的力量可以带着你前进，也能带着你拖延。你在这个方法里要做的，就是把带着你拖延的朋友清理出你的朋友圈，尽量减少和他们的接触，至少在你做正事的时候，尽可能屏蔽他们的信息。

哪些朋友要留，哪些朋友要减？听起来好像是个复杂的问题，答案其实特别简单，我给你一个判断依据：就看在你想做正事的时候，哪些朋友给你鼓励、帮你找解决方案；哪些朋友向你传达努力无用、及时行乐的信息；又是哪些朋友完全不顾及你的感受，不分场合地拉着你陪着他或者干脆帮他做各种事。

对于第一种朋友，你当然要留，而对于后面两种朋友，你就应该果断和他们减少联系。不要让帮助这样的朋友成为你拖延、低效的借口。

当这些拖你后腿的朋友越来越少的时候，你的朋友圈里留下的就大多是可以成为你榜样的朋友，或者是你可以结对子的朋友。

在这样的圈子里，即便你想拖延，你的朋友们也会时刻拉着你“起飞”的。

【今日训练营任务】

回顾一下自己有没有想学习的技能，或者想达成的目标一直拖着没做。这里面有没有可以得到社群的助益，不拖延的。试试用今天讲的方法，列出你可以去哪里找相关的圈子和榜样，又应该减去哪些朋友。

示例：

【我想要】我想多读书，把《西方艺术史》读完

【我需要】读不完是因为没人跟我一起去博物馆，我自己一个人没法分享读书和看展的感受

【能加入】我可以找到线上讲西方艺术史的课，同时在同城找到艺术沙龙

【要减少】减少刷剧、分享八卦的群聊

根据自己的实际情况填写：

我想要 ______________________（学习什么技能 / 达到什么目标）

我需要 ______________________（符合需求的社群的帮助）

我可以加入 ___________________（什么样的朋友 / 线上或线下社群）

我应该减少 ___________________（什么样的朋友 / 线上或线下社群）

【阅读盲盒】

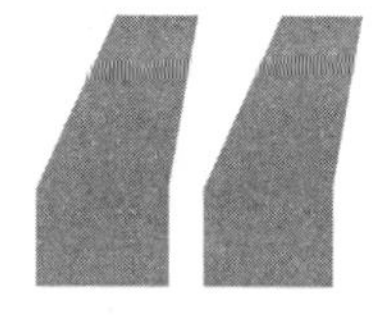

读书变现：视频

读书视频是目前比较有效的变现形式，如果你很擅长做视频，或者已经成为具备一定流量的读书博主，通过读书视频带货是不错的变现渠道。

变现平台：抖音等各类短视频平台

变现方式：短视频+直播

附录

读书笔记模板

1st day 掌控生活：如何高效地活在当下

线索栏	笔记栏
总结栏	

2nd day 告别纠结：让高效成为你不需要考虑的选择

线索栏	笔记栏
总结栏	

3rd day 时间与精力：为什么优秀的人永远精力充沛

线索栏	笔记栏
总结栏	

4th day 睡眠训练：告别没有尽头的辗转反侧

线索栏	笔记栏
总结栏	

5th day 自我接纳：不要与自我为敌

线索栏

笔记栏

总结栏

6th day 释放天性：只有真正看见问题才能解决问题

线索栏

笔记栏

总结栏

7th day 驾驭沮丧：避免被沮丧情绪所消耗

线索栏

笔记栏

总结栏

8th day 驾驭冲动：浪花再大，也会变为泡沫

线索栏

笔记栏

总结栏

9th day 驾驭焦虑——让美好的未来近在眼前

线索栏

笔记栏

总结栏

10th day 拒绝崩溃：情绪崩溃之前如何自救

线索栏

笔记栏

总结栏

11th day 执念与他人：总是挥别错的，才能与对的相逢

线索栏

笔记栏

总结栏

12th day 执念与主角心态：
选择成长，选择不将就，也选择幸福

线索栏

笔记栏

总结栏

13th day 关键要素：改变期望与任务赋值

线索栏	笔记栏

总结栏

14th day 对抗干扰：克服分心，保持长时间专注

线索栏	笔记栏

总结栏

15th day 摆脱推迟：时间紧才是突破的机会

线索栏	笔记栏

总结栏

16th day 改变习惯：拖延行为的记录、改变与打破

线索栏	笔记栏

总结栏

17th day 自我激励：用成功螺旋法建立自信

线索栏

笔记栏

总结栏

18th day 奖赏机制：游戏化奖赏，工作也能变有趣

线索栏

笔记栏

总结栏

19th day 自我突破：走出舒适区，有挑战才有心流

线索栏

笔记栏

总结栏

20th day 时间管理：
打破“时间错觉”，建立良好的时间观

线索栏

笔记栏

总结栏

21th day 寻找伙伴，与高效者为伍

线索栏	笔记栏

总结栏